JN147014

# 日本蚕糸業の衰退と文化伝承

高崎経済大学地域科学研究所【編】

日本経済評論社

# 刊行にあたって

本書は2016年3月に刊行された『富岡製糸場と群馬の蚕糸業』に引き続き，地域科学研究所において行われた，わが国蚕糸業を取り上げた2年間の研究成果である．上記『富岡製糸場と群馬の蚕糸業』の刊行を記念して開催されたシンポジウムにおいて，戦前・戦後においてわが国産業の中核を占めていた蚕糸業の衰退のその要因や経過が，ほとんど研究されてこなかったという研究課題が提起された．そこで，この課題に正面から取り組んだのが本研究である．いずれの章も読みごたえのあるすぐれた研究成果といえる．研究会のみなさんに敬意を表したい．刊行のあいさつとして，ここでは私が本書全体を通して感じた点を述べてみたい．それは，蚕糸業の戦後をトレースした本書を通して，戦後日本のあり様が浮き彫りにされていると感じたからである．

周知のように，戦後のわが国経済はアメリカの世界戦略の一環としての重化学工業化の道を歩むことで始まった．それによってもたらされた高度経済成長は国民生活を一変させ，所得増大と豊かな生活を実現した．しかし農業分野においては，高度経済成長は農家の兼業化を推し進めるとともに，工業製品の輸出の見返りとしての農産物の輸入自由化が進められ，わが国農業・食料生産を衰退させることとなった．重化学工業と農業をともに発展させたアメリカやEU先進諸国とは，大きく異なる姿である．ちなみに，主要穀物である小麦，大豆，トウモロコシのほとんどがアメリカからの輸入である．食材のアメリカ化，アメリカ依存の食構造である．

もちろん，国内農業保護政策も行われた．その最大のものが食糧管理制度によるコメの流通統制と価格支持であり，髙木氏が指摘しているように蚕糸業もまた保護政策の対象とされた．髙木氏は蚕糸価格安定法の改正による一元輸入措置が議員立法によってなされたことを紹介しているが，それは（当時人口の多くを占めていた）農山村地域の経済的安定が国内の政治的安定に不可欠であったことを示している．

しかし高木氏と石井氏が指摘するように，国産生糸を使用する高級和服等の絹製品はいわば奢侈品であり，保護にも限界がある．また西野氏が指摘するように，安価な外国の絹織物と競争にさらされる絹織物業界との対立は避けられなかった．そして何よりも，各著者が指摘するように生活スタイルの洋風化，高度経済成長期に小中学校時代を生きた私の実感から敢えて言えばアメリカ化，による和装市場の急速な縮小が，わが国の蚕糸業と絹織物業界そのものの縮小を決定づけた．また，コメをはじめとした国内農業保護も80年代以降の保守政党の都市政党化によって，ガットウルグアイラウンド交渉とその後のWTO交渉を機に転換＝削減され，自由化が進められた．価格支持による保護から市場を通じた需給調整重視の政策への転換であり，そうした環境下でも収益をあげることができる経営体の育成が農業政策の主眼となっているのである．さらにTPP交渉では農業分野のみならず，あらゆる分野で自由化が進められ，アメリカンスタンダードが適用されようとされた（トランプ政権はTPPから離脱したが，再加入がいわれ始めている）．

そして今日の地方創生である．若年人口の東京一極集中と地方の高齢化・人口減少はわが国の国土構造を大きく変貌させようとしているが，その背景にあるのは，地域経済の衰退とともに地域アイデンティティーに対する住民の自信の喪失であろう．しかし，それは今に始まったことではなく，戦後の豊かさの享受＝生活のアメリカ化の中で増幅されてきたといえよう．佐滝氏の景観保全に関する日欧比較は，同じ先進国でありながら地域価値＝個性に対する社会の関心の違いを際立たせている．こうして蚕糸業と絹織物業の戦後過程は，私たちが失った大切な何かを，あらためて考えさせてくれるのである．

折りしも今，わが国の戦後が問われている．憲法・安保体制・沖縄・原発・地方自治等である．大きく言えば，政治と経済，そして文化であり，日本人が戦後において形成してきた近代化のあり様そのものである.

高木氏が言う農業の過保護論などものともしない徹底的な対策の構築,西野氏の言う現代生活の中に和の文化を取り入れる取り組みの強化,石井氏の言う人の営みの積み重ねとしての地域文化の理解促進,大島氏が紹介した養蚕の文化伝承の学習,佐滝氏が言う無理のない持続的な世界遺産地域管理等は,日本の今を考える重要な契機となるであろう.

高崎経済大学は地方公立大学として地域と世界を,そして地域の現実と知・理論を結びつける役割を担っていることを自負している.本書の読者の多くは高崎市や群馬県内に住まわれている方々であろう.高崎経済大学が地域の知の拠点として,その役割を果たすことができるよう地域科学研究所をはじめ,本学が取り組む知の活動にご参加,ご協力いただくようお願いして,刊行のあいさつとしたい.

高崎経済大学長　村山元展

# 目次

# 第1章
# 日本の蚕糸業の縮小過程とその要因

髙木　賢

## はじめに

この小論は，関係者の努力にもかかわらず，なぜ日本の蚕糸業がこの約30年間に急激に衰退し，今日のような状況になってしまったのか，その要因を主として政策展開過程とその背景となった事実の分析を通じて解明することを目的とするものである.

このため，第1節では，戦後の日本の蚕糸業の推移について，生糸・繭の生産量，生糸等の輸入の動向を含め，その概況を記述し，第2節では，生糸・繭生産が縮小していく過程における政策の動向について記述した．そして，第3節では，蚕糸業の縮小の要因に関する総括的考察を行った.

戦後の蚕糸業の生産縮小過程についての主な先行研究としては，1996年の「現代蚕糸業と養蚕経営」（小野直達）と2012年の「戦後蚕糸業経済論」（矢口芳生）がある．しかし，両者とも蚕糸業の生産縮小過程に触れてはいるが，過程の詳細な記述と原因分析についての深い記述はなく，また，著作の時期的関係もあって，ごく最近の動向までは対象となっていない．その他の縮小過程に関する研究文献は見当たらない．一般論として言えば，衰退過程を探求し記述することはあまり愉快なことではないから，取り組む意欲が乏しいのはやむを得ないであろう．しかし，筆者は，生産縮小過程において一再ならず蚕糸業担当の行政官として苦闘した経験を有し，その後の取組みも含めて蚕糸業への取組みは人生の紛れなき一部でもあった．後世にその過程，特に政策展開過程を記述しておくことは責務と思い，基本的データを収集し，かつ，その時々の経験を踏まえ，執筆したものである．

なお，本小論においては，繭ではなく生糸の生産・輸入と価格の動向を中心に記述しているが，戦後の蚕糸業において，生糸の原料である繭の取引は基本的に特定の製糸工場と結びついたものとなっていて，市場と直接対峙し価格の変動に直接さらされるのは，生糸という商品になってからであり，また，本小論の主要な記述対象である繭糸価格安定制度も，生糸の価格を直接の指標として組み立てられていたことによるものである．

## 1. 戦後の蚕糸業の推移概況

### (1) 生糸・繭の生産の推移と時期区分

戦前戦後の生糸生産量及び輸出・輸入量の推移について，図 1-1 に掲げた．この図で大まかな生糸生産量等の推移を念頭において，以下の記述を読んでいただければ幸いである．

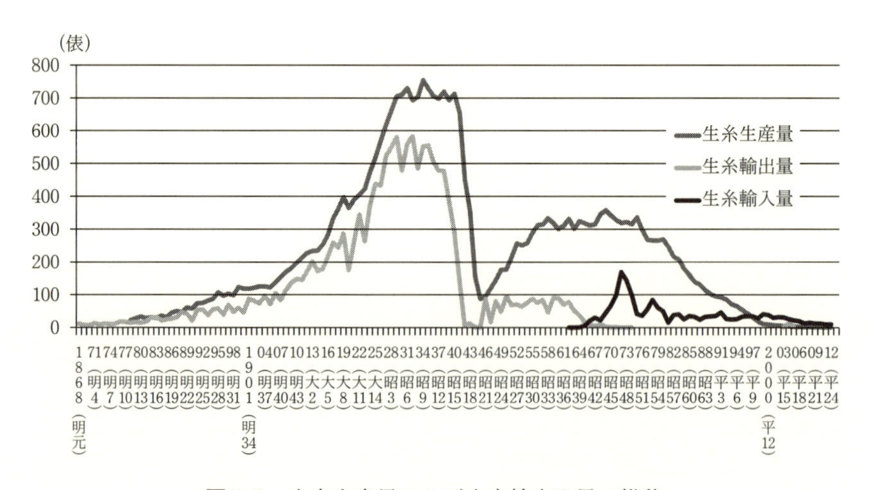


**図 1-1** 生糸生産量および生糸輸出入量の推移

### 1）戦後復興期

1945（昭和20）年の生糸の生産量は，8万7千俵[1)]であったが，GHQの指示を受けて，46年に，51年を目標とする「蚕糸業復興五か年計画」が閣議決定され，復興に向けた動きが始まった．食糧危機に対処するため，生糸輸出で外貨を獲得し，食糧の輸入ができるようにするというのがそのねらいであった．生産目標数値は，生糸27万3千俵，繭13万8千トンとされた．実績数値は，目標には達しなかったものの，10万俵を割り込んでいた生糸の生産量は，その後順調に伸びて，1947年に12万俵，49年に17万5千俵，51年には21万5千俵となった（表1-1）．1947年に発足した蚕業改良普及

**表1-1**　生糸生産量の推移

（単位：俵）

| 暦　　年 | 生糸生産量 | 暦　　年 | 生糸生産量 | 暦　　年 | 生糸生産量 |
|---|---|---|---|---|---|
| 1945（S20） | 87,075 | 1969（S44） | 358,090 | 1993（H5） | 70,899 |
| 1946（S21） | 94,192 | 1970（S45） | 341,924 | 1994（H6） | 65,017 |
| 1947（S22） | 119,773 | 1971（S46） | 328,071 | 1995（H7） | 53,810 |
| 1948（S23） | 144,315 | 1972（S47） | 318,945 | 1996（H8） | 42,976 |
| 1949（S24） | 175,375 | 1973（S48） | 321,943 | 1997（H9） | 31,698 |
| 1950（S25） | 176,993 | 1974（S49） | 315,603 | 1998（H10） | 18,459 |
| 1951（S26） | 215,268 | 1975（S50） | 336,146 | 1999（H11） | 10,829 |
| 1952（S27） | 256,687 | 1976（S51） | 298,078 | 2000（H12） | 9,312 |
| 1953（S28） | 250,721 | 1977（S52） | 268,036 | 2001（H13） | 7,191 |
| 1954（S29） | 257,915 | 1978（S53） | 265,959 | 2002（H14） | 6,521 |
| 1955（S30） | 289,476 | 1979（S54） | 265,829 | 2003（H15） | 4,791 |
| 1956（S31） | 312,787 | 1980（S55） | 269,247 | 2004（H16） | 4,387 |
| 1957（S32） | 314,775 | 1981（S56） | 247,012 | 2005（H17） | 2,508 |
| 1958（S33） | 333,573 | 1982（S57） | 216,542 | 2006（H18） | 1,956 |
| 1959（S34） | 318,677 | 1983（S58） | 207,611 | 2007（H19） | 1,747 |
| 1960（S35） | 300,796 | 1984（S59） | 179,662 | 2008（H20） | 1,588 |
| 1961（S36） | 311,311 | 1985（S60） | 159,859 | 2009（H21） | 1,152 |
| 1962（S37） | 331,601 | 1986（S61） | 139,013 | 2010（H22） | 882 |
| 1963（S38） | 301,318 | 1987（S62） | 131,073 | 2011（H23） | 731 |
| 1964（S39） | 324,306 | 1988（S63） | 114,362 | 2012（H24） | 506 |
| 1965（S40） | 318,438 | 1989（H1） | 101,301 | 2013（H25） | 409 |
| 1966（S41） | 311,572 | 1990（H2） | 95,347 | 2014（H26） | 446 |
| 1967（S42） | 315,435 | 1991（H3） | 92,110 | 2015（H27） | 378 |
| 1968（S43） | 345,913 | 1992（H4） | 84,748 | | |

出典：蚕糸業要覧，シルクレポート．

事業，51年に創設された繭糸価格安定制度にも後押しされて，生産量は伸び続け，56年には30万俵を超えるに至った（表1-1）．しかし，ナイロンが実用化され靴下に使われるようになって生糸を駆逐したため，輸出量はそれほど大きくは伸びず，昭和20年代には生産量の3割程度で推移した（表1-2）．しかし，輸出は伸びなかったものの戦後は国内需要に支えられて，我が国蚕糸業は順調な復興を遂げた．

その後，1957（昭和32）年のなべ底景気と言われる不景気に見舞われ，また輸出も停滞し，生産・供給過剰となって価格が下落し，繭糸価格安定制度に基づき，国による生糸の買入れが行われた．需給不均衡を危惧した政府は，58年に，桑の抜根を含む生産調整対策や製糸設備処理対策を行うに至ったが，幸い需給不均衡は一時的なものであった．59年，輸出が9万俵弱に増加するとともに，きものブームが起きて，需要は持ち直し，生産調整の必要はなくなった．政府が買い入れた生糸も60年には全量売り渡された．

以上のように，終戦直後の1946年から相当程度に生糸生産量が回復した58年ころまでは，「戦後復興期」と言えよう．

### 2）戦後興隆期

日本経済は，昭和30年代に入ると復興期を脱却し高度経済成長を開始し

**表1-2**　生糸輸出量の推移

（単位：俵）

| 暦　年 | 生糸輸出量 | 暦　年 | 生糸輸出量 | 暦　年 | 生糸輸出量 |
|---|---:|---|---:|---|---:|
| 1945（S20） | — | 1955（S30） | 86,514 | 1965（S40） | 17,285 |
| 1946（S21） | 86,427 | 1956（S31） | 75,366 | 1966（S41） | 8,790 |
| 1947（S22） | 17,273 | 1957（S32） | 73,886 | 1967（S42） | 3,729 |
| 1948（S23） | 80,032 | 1958（S33） | 46,759 | 1968（S43） | 9,436 |
| 1949（S24） | 48,663 | 1959（S34） | 89,577 | 1969（S44） | 3,072 |
| 1950（S25） | 94,622 | 1960（S35） | 88,323 | 1970（S45） | 1,242 |
| 1951（S26） | 68,379 | 1961（S36） | 70,101 | 1971（S46） | 1,146 |
| 1952（S27） | 70,185 | 1962（S37） | 77,448 | 1972（S47） | 355 |
| 1953（S28） | 63,422 | 1963（S38） | 57,806 | 1973（S48） | 146 |
| 1954（S29） | 75,986 | 1964（S39） | 37,259 | 1974（S49） | 786 |

出典：蚕糸業要覧．

た．特に1959（昭和34）年から所得の増大を背景にきものの需要が増大したことにより，生糸の生産量は安定的に推移した．75年に至るまで，年により多少の変動はあるものの約20年間，戦前の全盛期の約半分の30万俵台の生産量を確保した（表1-1．ピークは，1969（昭和44）年の35万8千俵)．この時期は，我が国の戦後における蚕糸業の栄光の時代といってよいであろう．この間，輸出量はさらにそのウエイトを低くし（1962年から生産量の1割以下になり，74年の輸出を最後にゼロとなる（表1-2)），国内需要が主力となって生産量を維持した．繭糸価格安定制度を強化するものとして1966（昭和41）年度から発足した中間価格安定制度も生産安定の後押しをした．

しかし，影は忍び寄ってきていた．第1の影は，外国産生糸の輸入量が増大し国産生糸の市場を奪い始めたことである．1963（昭和38）年に始まった生糸輸入は，68年に2万2千俵，71年には9万9千俵に急増した（表1-3)．輸入糸増加の原因は，中国や韓国で生産される輸入糸の価格が，国内産糸の価格より低かったためであり，これらの国からの輸入が多かった（表1-4)．これは高度経済成長により国内の賃金が上昇し，国産糸の生産コストが高くなる一方，外国では賃金の上昇はみられず，外国産生糸の価格競争力がついたためと考えられる．第2の影は，生活の洋風化に伴い，いわゆるきもの離れが進行するなど絹の需要が減退してきたことである．しかし，まだ昭和40年代には国産生糸の生産量は維持されていた．

以上のように，需要が高度経済成長に支えられるとともに，輸入の脅威はあったもののまだそれほど国産生糸への打撃が大きいとはいえず安定した生産量を維持した1959（昭和34）年から71（昭和46）年ころまでは，「戦後興隆期」と言えよう．

### 3）輸入糸競合・需要減退期―縮小開始期

1971（昭和46）年に，世界経済はそれまでの固定相場制から変動相場制に移行し，年末の日本の為替レートは，それまでの1ドル360円から308円になるなど，輸出国側に有利な為替レートになっていった（表1-5)．また，

**表 1-3** 外国産生糸の輸入量と価格の推移

(単位：俵，千円，円/kg)

| 暦　年 | 数　量 | 金　額 | 単価 |
|---|---|---|---|
| 1963（S38） | 66 | 15,211 | 3,847 |
| 1964（S39） | 429 | 86,244 | 3,354 |
| 1965（S40） | 5,451 | 1,260,523 | 3,854 |
| 1966（S41） | 20,665 | 5,373,269 | 4,334 |
| 1967（S42） | 30,002 | 9,415,692 | 5,231 |
| 1968（S43） | 21,824 | 7,403,519 | 5,654 |
| 1969（S44） | 43,726 | 13,735,155 | 5,235 |
| 1970（S45） | 65,978 | 24,885,050 | 6,286 |
| 1971（S46） | 98,510 | 37,322,914 | 6,315 |
| 1972（S47） | 168,641 | 58,641,979 | 5,796 |
| 1973（S48） | 143,341 | 77,785,192 | 9,044 |
| 1974（S49） | 98,677 | 54,342,093 | 9,178 |
| 1975（S50） | 41,078 | 19,409,155 | 7,875 |
| 1976（S51） | 35,819 | 17,750,124 | 8,259 |
| 1977（S52） | 55,918 | 28,698,223 | 8,554 |
| 1978（S53） | 83,833 | 39,230,943 | 7,799 |
| 1979（S54） | 60,467 | 31,955,639 | 8,808 |
| 1980（S55） | 49,598 | 28,707,182 | 9,647 |
| 1981（S56） | 15,254 | 6,332,341 | 6,919 |
| 1982（S57） | 38,252 | 19,532,983 | 8,511 |
| 1983（S58） | 40,489 | 19,054,097 | 7,843 |
| 1984（S59） | 25,389 | 9,754,661 | 6,404 |
| 1985（S60） | 34,979 | 12,922,442 | 6,157 |
| 1986（S61） | 32,616 | 9,364,761 | 4,785 |
| 1987（S62） | 24,280 | 5,755,298 | 3,951 |
| 1988（S63） | 32,612 | 8,307,880 | 4,246 |
| 1989（H1） | 34,129 | 16,013,635 | 7,820 |
| 1990（H2） | 35,366 | 17,415,521 | 8,207 |
| 1991（H3） | 46,094 | 19,755,012 | 7,143 |
| 1992（H4） | 25,999 | 9,084,774 | 5,824 |
| 1993（H5） | 24,733 | 6,198,544 | 4,177 |
| 1994（H6） | 25,719 | 6,247,425 | 4,049 |
| 1995（H7） | 33,208 | 6,307,876 | 3,166 |
| 1996（H8） | 44,281 | 8,369,604 | 3,150 |
| 1997（H9） | 35,284 | 8,136,156 | 3,843 |
| 1998（H10） | 29,109 | 6,630,290 | 3,796 |
| 1999（H11） | 42,242 | 6,895,725 | 2,721 |
| 2000（H12） | 41,976 | 7,173,264 | 2,848 |
| 2001（H13） | 30,366 | 5,590,979 | 3,069 |
| 2002（H14） | 32,437 | 4,814,460 | 2,474 |
| 2003（H15） | 31,380 | 3,938,395 | 2,092 |
| 2004（H16） | 25,419 | 3,800,469 | 2,492 |
| 2005（H17） | 22,915 | 3,720,441 | 2,706 |
| 2006（H18） | 21,148 | 5,115,671 | 4,032 |
| 2007（H19） | 12,858 | 2,638,702 | 3,420 |
| 2008（H20） | 15,212 | 2,936,207 | 3,217 |
| 2009（H21） | 12,075 | 2,071,542 | 2,859 |
| 2010（H22） | 12,207 | 2,716,968 | 3,709 |
| 2011（H23） | 9,323 | 2,555,759 | 4,569 |
| 2012（H24） | 10,032 | 2,667,918 | 4,432 |
| 2013（H25） | 9,332 | 3,445,428 | 6,153 |
| 2014（H26） | 8,235 | 3,308,486 | 6,696 |
| 2015（H27） | 6,479 | 2,719,333 | 6,996 |

注：生糸と玉糸の合計である．
資料：1996 年までは，蚕糸業要覧．1997 年以降は，通関統計．

73 年には，いわゆるオイルショックが発生した．経済政策の失敗もあり，狂乱物価と言われる物価高騰がもたらされた．これらのことを背景に，価格水準がより低くなった外国産生糸の輸入はさらに増加した．72 年に 16 万 9 千俵，73 年には 14 万 3 千俵，74 年には 9 万 9 千俵の輸入を記録した（表 1-3）．このような外国産生糸の浸透は，国産生糸のマーケットを縮小させるとともに，価格低下の圧力となり，蚕糸業関係者を輸入抑制に向けた運動に

**表 1-4**　国別生糸輸入数量の推移

(単位：俵)

| 暦　　年 | 中　国 | ブラジル | 韓　国 | その他 | 合　計 |
|---|---|---|---|---|---|
| 1974 (S49) | 43,660 | 5,802 | 39,020 | 10,196 | 98,677 |
| 1975 (S50) | 24,639 | 2,728 | 11,203 | 2,508 | 41,078 |
| 1976 (S51) | 24,952 | 3,125 | 6,008 | 1,734 | 35,819 |
| 1977 (S52) | 36,397 | 3,610 | 14,891 | 1,019 | 55,918 |
| 1978 (S53) | 53,660 | 2,326 | 26,590 | 1,258 | 83,833 |
| 1979 (S54) | 42,078 | 2,350 | 14,761 | 1,279 | 60,467 |
| 1980 (S55) | 34,633 | 4,211 | 9,278 | 1,476 | 49,598 |
| 1981 (S56) | 10,766 | 4,309 | 10 | 169 | 15,254 |
| 1982 (S57) | 29,867 | 3,325 | 4,186 | 873 | 38,252 |
| 1983 (S58) | 30,060 | 1,758 | 8,324 | 338 | 40,479 |
| 1984 (S59) | 19,992 | 4,454 | 702 | 210 | 25,358 |
| 1985 (S60) | 29,377 | 5,264 | | 322 | 34,964 |
| 1986 (S61) | 26,900 | 5,420 | | 296 | 32,616 |
| 1987 (S62) | 20,835 | 3,445 | | | 24,280 |
| 1988 (S63) | 29,096 | 2,972 | | 544 | 32,612 |
| 1989 (H1) | 30,461 | 2,275 | | 1,393 | 34,129 |
| 1990 (H2) | 25,047 | 7,196 | | 3,124 | 35,366 |
| 1991 (H3) | 40,745 | 4,277 | | 1,073 | 46,094 |
| 1992 (H4) | 19,827 | 5,180 | | 992 | 25,999 |
| 1993 (H5) | 20,317 | 3,988 | | 428 | 24,733 |
| 1994 (H6) | 19,998 | 5,557 | | 163 | 25,719 |

注：原統計は kg で表示されているが，他の表の表示と平仄を合わせるため，kg を俵に換算して示した．このため，合計欄の数値が各国の数値を合計したものと一致しないものがある．
資料：財務省関税局．

立ち向かわせる要因となった．一方，物価高騰は，きものなどの絹製品の価格にも及び，需要減退の一因になった．

生糸の輸入抑制措置としては，1971 年，議員立法により，繭糸価格安定法の改正が行われ，輸入生糸の増大のために日本蚕糸事業団の中間買入措置では糸価を支えることができない場合には，期間を限定して，政府は事業団による生糸の一元輸入措置等の外国産生糸に対する措置をとるべきことが制度化された．

一方，73 年以降，物価高騰を鎮静させることは経済政策の緊要の課題となり，そのために総需要抑制策が実施された．これにより景気が後退して需

**表1-5　為替の推移**

| 暦　年 | 円/米ドル | 暦　年 | 円/米ドル | 暦　年 | 円/米ドル |
|---|---|---|---|---|---|
| 1971（S46） | 346.51 | 1986（S61） | 168.52 | 2001（H13） | 121.52 |
| 1972（S47） | 303.28 | 1987（S62） | 144.61 | 2002（H14） | 125.28 |
| 1973（S48） | 271.67 | 1988（S63） | 128.13 | 2003（H15） | 115.92 |
| 1974（S49） | 292.08 | 1989（H1） | 137.98 | 2004（H16） | 108.16 |
| 1975（S50） | 296.79 | 1990（H2） | 144.81 | 2005（H17） | 110.15 |
| 1976（S51） | 296.55 | 1991（H3） | 134.51 | 2006（H18） | 116.28 |
| 1977（S52） | 268.50 | 1992（H4） | 126.67 | 2007（H19） | 117.77 |
| 1978（S53） | 210.44 | 1993（H5） | 111.18 | 2008（H20） | 103.33 |
| 1979（S54） | 219.15 | 1994（H6） | 102.22 | 2009（H21） | 93.53 |
| 1980（S55） | 226.69 | 1995（H7） | 94.05 | 2010（H22） | 87.77 |
| 1981（S56） | 220.55 | 1996（H8） | 108.77 | 2011（H23） | 79.78 |
| 1982（S57） | 249.06 | 1997（H9） | 121.02 | 2012（H24） | 79.79 |
| 1983（S58） | 237.48 | 1998（H10） | 130.89 | 2013（H25） | 97.60 |
| 1984（S59） | 237.53 | 1999（H11） | 113.85 | 2014（H26） | 105.84 |
| 1985（S60） | 238.53 | 2000（H12） | 107.74 | 2015（H27） | 121.02 |

出典：1971，1972年は，ブルームバーグ．1973年以降は，日本銀行（東京市場）．

要が減退し，国産生糸の価格は，基準糸価の1万円を下回る事態が続き，事業団による買入れが増加する一方だったので，ついに74年7月の閣議決定において，同年8月1日から75年5月31日までの間，事業団による生糸の一元輸入措置が実施されることとされた．その後1年間の延長を経て，76年3月，議員立法により繭糸価格安定法の改正が行われ，生糸の一元輸入措置は，期限を定めず，「当分の間」継続実施することとされ，76年の輸入量は3万6千俵に減少した．

総需要抑制策を経て高度経済成長は終焉し，我が国の絹の需要が落ち込んできた．1972年に49万3千俵であった生糸引渡量[2)]は，波動を繰り返しながらも減退し，74年には35万5千俵，77年には28万俵となった（表1-6）．縮小する生糸のマーケットの中で，外国産生糸との競合はさらに厳しいものとなったのであった．

生糸の生産量の推移をみると，1972（昭和47）年から75年までは30万俵台を維持していたが，76年から30万俵台を割り，以後80年には，26万

**表 1-6　絹の国内需要の推移**

（単位：千俵）

| 暦　　年 | 生糸引渡純内需 | 輸入 | | | 計 | 暦　　年 | 生糸引渡純内需 | 輸入 | | | 計 |
|---|---|---|---|---|---|---|---|---|---|---|---|
| | | 絹糸 | 織物 | 二次製品 | | | | 絹糸 | 織物 | 二次製品 | |
| 1953（S28） | 165 | — | — | — | 165 | 1977（S52） | 280 | 28 | 43 | 12 | 362 |
| 1954（S29） | 150 | — | — | — | 150 | 1978（S53） | 338 | 40 | 52 | 15 | 445 |
| 1955（S30） | 163 | — | — | — | 163 | 1979（S54） | 284 | 34 | 53 | 18 | 390 |
| 1956（S31） | 190 | — | — | — | 190 | 1980（S55） | 247 | 31 | 44 | 21 | 342 |
| 1957（S32） | 185 | — | — | — | 185 | 1981（S56） | 231 | 21 | 42 | 24 | 317 |
| 1958（S33） | 146 | — | — | — | 146 | 1982（S57） | 244 | 14 | 42 | 26 | 326 |
| 1959（S34） | 204 | — | — | — | 204 | 1983（S58） | 196 | 15 | 30 | 29 | 269 |
| 1960（S35） | 183 | — | — | — | 183 | 1984（S59） | 177 | 20 | 28 | 30 | 255 |
| 1961（S36） | 194 | — | — | — | 194 | 1985（S60） | 191 | 16 | 39 | 32 | 279 |
| 1962（S37） | 199 | — | — | — | 199 | 1986（S61） | 152 | 24 | 40 | 48 | 264 |
| 1963（S38） | 204 | — | — | — | 204 | 1987（S62） | 156 | 21 | 42 | 63 | 283 |
| 1964（S39） | 247 | — | — | — | 248 | 1988（S63） | 206 | 20 | 44 | 79 | 348 |
| 1965（S40） | 290 | 0 | 1 | — | 291 | 1989（H1） | 144 | 22 | 48 | 94 | 308 |
| 1966（S41） | 299 | 0 | 2 | — | 302 | 1990（H2） | 119 | 16 | 44 | 93 | 273 |
| 1967（S42） | 323 | 0 | 10 | — | 334 | 1991（H3） | 117 | 29 | 47 | 93 | 286 |
| 1968（S43） | 325 | 0 | 15 | — | 340 | 1992（H4） | 116 | 21 | 53 | 101 | 291 |
| 1969（S44） | 382 | 0 | 19 | — | 401 | 1993（H5） | 106 | 38 | 58 | 132 | 334 |
| 1970（S45） | 393 | 1 | 21 | — | 414 | 1994（H6） | 91 | 37 | 57 | 195 | 380 |
| 1971（S46） | 397 | 1 | 18 | — | 416 | 1995（H7） | 79 | 30 | 53 | 204 | 366 |
| 1972（S47） | 493 | 1 | 29 | — | 524 | 1996（H8） | 79 | 49 | 53 | 180 | 361 |
| 1973（S48） | 447 | 2 | 43 | — | 491 | 1997（H9） | 65 | 35 | 32 | 124 | 256 |
| 1974（S49） | 355 | 4 | 29 | — | 389 | 1998（H10） | 52 | 23 | 17 | 117 | 209 |
| 1975（S50） | 382 | 55 | 48 | 6 | 491 | 1999（H11） | 53 | 28 | 21 | 127 | 229 |
| 1976（S51） | 346 | 57 | 49 | 9 | 461 | 2000（H12） | 52 | 32 | 14 | 149 | 247 |

出典：蚕糸業要覧，シルク情報，シルクレポート．

9千俵に減少した（75年の33万6千俵から見ると，20％の減）．76年から，減少局面に入ったことは明らかであった（表1-1）．

以上のように，1972年から80年までの間は，国産生糸と外国産生糸とのいわば激しいもみ合いの時期であったが，結局は需要減退の影響も加わって国産生糸の生産量の減少が始まった時期で，「輸入糸競合・需要減退期―縮小開始期」と言うことができよう．

**表 1-7　繭糸価格安定制度における安定基準価格（基準糸価）の推移**

| 生糸年度 | 決定日 | 異常変動防止 | | | 中間安定価格帯 | | |
|---|---|---|---|---|---|---|---|
| | | 安定上位価格（最高価格） | 安定下位価格（最低価格） | 最低繭価 | 安定上位価格 | 安定基準価格（基準糸価） | 基準繭価 |
| S26 | | 3,833 | 3,000 | — | — | — | — |
| S27 | | 3,833 | 3,000 | — | — | — | — |
| S28 | | 3,833 | 3,000 | — | — | — | — |
| S29 | | 3,833 | 3,167 | — | — | — | — |
| S30 | | 3,833 | 3,167 | — | — | — | — |
| S31 | | 3,833 | 3,167 | 373 | — | — | — |
| S32 | | 3,833 | 3,167 | 373 | — | — | — |
| S33 | | 3,833 | 3,167 | 373 | — | — | — |
| S33（改） | | 3,833 | 2,335 | 270 | — | — | — |
| S34 | | 3,833 | 2,335 | 270 | — | — | — |
| S35 | | 3,337 | 2,335 | 294 | — | — | — |
| S36 | | 3,337 | 2,335 | 294 | — | — | — |
| S37 | | 4,000 | 2,835 | 361 | — | — | — |
| S38 | | 5,000 | 3,500 | 440 | — | — | — |
| S39 | | 5,500 | 4,000 | 506 | — | — | — |
| S40 | | 5,500 | 4,000 | 506 | （創 | | 設） |
| S41 | | 5,800 | 4,300 | 540 | 5,300 | 4,800 | 613 |
| S42 | | 6,300 | 4,700 | 630 | 6,100 | 5,500 | 748 |
| S43 | | 7,000 | 5,200 | 700 | 6,700 | 6,100 | 822 |
| S44 | | 7,000 | 5,400 | 726 | 6,700 | 6,100 | 822 |
| S45 | | 7,400 | 5,600 | 753 | 7,100 | 6,500 | 875 |
| S46 | | 8,000 | 5,900 | 794 | 7,600 | 6,900 | 929 |
| S47 | | 8,500 | 6,300 | 849 | 7,600 | 7,100 | 957 |
| S48 | | 9,300 | 6,900 | 925 | 8,800 | 8,000 | 1,073 |
| S49 | | 11,500 | 8,600 | 1,233 | 11,000 | 10,000 | 1,434 |
| S50 | | 12,900 | 9,600 | 1,373 | 12,100 | 11,200 | 1,603 |
| S51 | | 13,900 | 10,300 | 1,497 | 13,100 | 12,100 | 1,759 |
| S52 | | 15,900 | 11,800 | 1,724 | 14,500 | 13,100 | 1,915 |
| S53 | | 16,800 | 12,500 | 1,831 | 15,400 | 13,900 | 2,036 |
| S54 | | 17,400 | 12,900 | 1,891 | 15,900 | 14,400 | 2,112 |
| S55 | | 17,800 | 13,200 | 1,933 | 16,300 | 14,700 | 2,153 |
| S56 | | 17,800 | 13,200 | 1,933 | 15,500 | 14,000 | 2,050 |
| S57 | | 17,800 | 13,200 | 1,933 | 15,500 | 14,000 | 2,050 |
| S58 | | 17,800 | 13,200 | 1,933 | 15,500 | 14,000 | 2,050 |
| S59 | 59.3.29 | 17,800 | 13,200 | 1,933 | 15,500 | 14,000 | 2,050 |
| S59（改） | 59.11.16 | 17,800 | 10,400 | 1,518 | 13,300 | 12,000 | 1,755 |
| S60 | 60.4.26 | （廃 | | 止） | 13,300 | 12,000 | 1,755 |
| S61 | 61.3.28 | — | — | — | 13,300 | 12,000 | 1,755 |
| S61（改） | 62.3.20 | — | — | — | 10,600 | 9,800 | 1,446 |
| S62 | 62.3.20 | — | — | — | 10,600 | 9,800 | 1,446 |
| S63 | 63.3.25 | — | — | — | 10,600 | 9,800 | 1,446 |
| H1 | 1.3.30 | — | — | — | 13,500 | 10,400 | 1,518 |
| H2 | 2.3.30 | — | — | — | 14,800 | 10,400 | 1,518 |
| H3 | 3.3.28 | — | — | — | 14,800 | 10,400 | 1,518 |
| H4 | 4.3.27 | — | — | — | 14,800 | 10,400 | 1,518 |
| H5 | 5.3.26 | — | — | — | 13,800 | 10,400 | 1,518 |
| H5（改） | 6.3.25 | — | — | — | 12,400 | 8,400 | 1,226 |
| H6 | 6.3.25 | — | — | — | 12,400 | 8,400 | 1,226 |
| H6（改） | | — | — | — | 10,600 | 7,200 | 1,051 |
| H7 | | — | — | — | 10,600 | 7,200 | 1,051 |
| H7（改） | | — | — | — | 9,200 | 6,000 | 592 |
| H8 | | — | — | — | 9,200 | 6,000 | 592 |
| H8（改） | | — | — | — | 8,700 | 5,500 | 500 |
| H9 | | — | — | — | 8,700 | 5,500 | 500 |

### 4）価格低落期―急速縮小期

需要の減退と外国産生糸の増大という傾向の下で，国産生糸は供給過剰に陥り，実勢価格は低迷していた．しかし，繭糸価格安定制度の下で，基準糸価[3)]は，連年引き上げられ，1980（昭和55）年には，75年の11,200円から14,700円（31％の引き上げ）になっていた（表1-7）．かくて，市場の実勢価格より高く買ってくれる事業団への売り込みが増加し，事業団の生糸の在庫が積みあがっていくという構造ができ上がっていった．また，一元輸入制度により，事業団が輸入した生糸も，実勢価格が基準糸価を下回っているときは売り渡せないというルールになっていたから，これも在庫として積みあがっていた（81年3月末で，14万8千俵．表1-8）．

ついに，農林水産省は，81（昭和56）年3月，基準糸価1,000円の引き下げ方針を提示するに至った．これに反対する養蚕・製糸団体，自民党との間でいわゆる40日間抗争が生じたが，5月になって700円の引き下げ（4.8％の引き下げ）で決着をみた．一時的には，この措置により小康状態を保ったが，82年末頃から国産生糸過剰傾向は再び顕在化し，事業団の生糸在庫は，84年当初には，17万俵を超えるに至っていた．

84（昭和59）年11月には，生糸年度の途中であったにもかかわらず，基準糸価の大幅な引き下げ（14,000円から2,000円引き下げて12,000円に．14.3％の引き下げ）が断行された．安い外国産生糸が影響して形成される実勢価格水準に基準糸価の方を合わせざるを得なくなったのであった．

また，膨大な在庫生糸が市況に悪影響を与えることを防止するため，85年4月，繭糸価格安定法の改正により，事業団に特別勘定が設けられ，在庫生糸はその勘定に移管されて慎重に管理されることとなった．また，在庫生糸を販売することによって生じた差損[4)]は，国費をもって補てんされることとなった．これらの措置により，縮小された規模ではあるが，それなりに再生産のサイクルが回ることが期待された．

しかし，その直後，85（昭和60）年9月には，いわゆるプラザ合意が成立し，急速に円高が進んだ（1ドル240円程度であったものが，翌年平均で

**表1-8　事業団の買入れ・売渡しの推移**

（単位：俵）

| 事業年度<br>（4月～3月） | 国産生糸 | | | 輸入生糸 | | | 国産＋輸入 | | | 調整金制度導入後 | |
|---|---|---|---|---|---|---|---|---|---|---|---|
| | 買入 | 売渡 | 期末在庫 | 買入 | 売渡 | 期末在庫 | 買入 | 売渡 | 期末在庫 | 実需者輸入 | 一般者輸入 |
| 1967（S42） | 2,448 | 1,236 | 1,212 | — | — | — | 2,448 | 1,236 | 1,212 | — | — |
| 1968（S43） | 17,667 | 1,470 | 17,409 | — | — | — | 17,667 | 1,470 | 17,409 | — | — |
| 1969（S44） | 515 | 17,772 | 152 | — | — | — | 515 | 17,772 | 152 | — | — |
| 1970（S45） | 0 | 0 | 152 | — | — | — | 0 | 0 | 152 | — | — |
| 1971（S46） | 19,817 | 174 | 19,795 | — | — | — | 19,817 | 174 | 19,795 | — | — |
| 1972（S47） | 0 | 19,795 | 0 | — | — | — | 0 | 19,795 | 0 | — | — |
| 1973（S48） | 0 | 0 | 0 | — | — | — | 0 | 0 | 0 | — | — |
| 1974（S49） | 60,013 | 8,906 | 51,107 | 920 | 0 | 920 | 60,933 | 8,906 | 52,027 | — | — |
| 1975（S50） | 0 | 34,698 | 16,409 | 34,335 | 17,155 | 18,100 | 34,335 | 51,853 | 34,509 | — | — |
| 1976（S51） | 0 | 16,409 | 0 | 49,525 | 31,060 | 36,565 | 49,525 | 47,469 | 36,565 | — | — |
| 1977（S52） | 17,014 | 6,254 | 10,760 | 37,115 | 28,248 | 45,432 | 54,129 | 34,502 | 56,192 | — | — |
| 1978（S53） | 0 | 10,683 | 77 | 69,002 | 62,577 | 51,857 | 69,002 | 73,260 | 51,934 | — | — |
| 1979（S54） | 13,550 | 77 | 13,550 | 41,664 | 16,663 | 76,858 | 55,214 | 16,740 | 90,408 | — | — |
| 1980（S55） | 26,424 | 0 | 39,974 | 33,020 | 2,053 | 107,825 | 59,444 | 2,053 | 147,799 | — | — |
| 1981（S56） | 14,585 | 2,524 | 52,035 | 1,328 | 15,265 | 93,888 | 15,913 | 17,789 | 145,923 | — | — |
| 1982（S57） | 5,966 | 409 | 57,592 | 30,072 | 31,521 | 92,439 | 36,038 | 31,930 | 150,031 | — | — |
| 1983（S58） | 35,397 | 1,077 | 91,912 | 12,440 | 20,519 | 84,360 | 47,837 | 21,596 | 176,272 | — | — |
| 1984（S59） | 26,237 | 2,985 | 115,164 | 3,030 | 31,185 | 56,205 | 29,267 | 34,170 | 171,369 | — | — |
| 1985（S60） | 0 | 8,032 | 107,132 | 14,990 | 26,136 | 45,059 | 14,990 | 34,168 | 152,191 | — | — |
| 1986（S61） | 25,015 | 7,667 | 124,480 | 7,170 | 24,005 | 28,224 | 32,185 | 31,672 | 152,704 | — | — |
| 1987（S62） | 0 | 25,707 | 98,773 | 13,000 | 24,000 | 17,224 | 13,000 | 49,707 | 115,997 | — | — |
| 1988（S63） | 0 | 90,763 | 8,010 | 11,039 | 15,643 | 12,620 | 11,039 | 106,406 | 20,630 | — | — |
| 1989（H1） | 0 | 8,010 | 0 | 31,549 | 29,902 | 14,267 | 31,549 | 37,912 | 14,267 | — | — |
| 1990（H2） | 0 | 0 | 0 | 35,270 | 21,695 | 27,842 | 35,270 | 21,695 | 27,842 | — | — |
| 1991（H3） | 0 | 0 | 0 | 36,180 | 26,150 | 37,872 | 36,180 | 26,150 | 37,872 | — | — |
| 1992（H4） | 0 | 0 | 0 | 14,725 | 24,725 | 27,872 | 14,725 | 24,725 | 27,872 | — | — |
| 1993（H5） | 0 | 0 | 0 | 14,640 | 21,640 | 20,872 | 14,640 | 21,640 | 20,872 | — | — |
| 1994（H6） | 3,445 | 50 | 3,395 | 21,245 | 26,245 | 15,872 | 24,690 | 26,295 | 19,267 | — | — |
| 1995（H7） | 16,951 | 9,928 | 10,418 | 6,115 | 6,115 | 15,872 | 23,066 | 16,043 | 26,290 | 26,840 | 65 |
| 1996（H8） | 0 | 6,135 | 4,283 | 0 | 0 | 15,872 | 0 | 6,135 | 20,155 | 34,016 | 1.5 |
| 1997（H9） | 0 | 0 | 4,283 | 0 | 0 | 15,872 | 0 | 0 | 20,155 | 30,028 | 0.3 |
| 1998（H10） | 200 | 0 | 4,483 | 0 | 0 | 15,872 | 200 | 0 | 20,355 | 34,382 | 0 |
| 1999（H11） | 0 | 200 | 4,283 | 0 | 0 | 15,872 | 0 | 200 | 20,155 | 38,992 | 0 |
| 2000（H12） | 0 | 0 | 4,283 | 0 | 0 | 15,872 | 0 | 0 | 20,155 | 36,578 | 0 |
| 2001（H13） | 0 | 25 | 4,258 | 0 | 0 | 15,872 | 0 | 25 | 20,130 | 29,587 | 0 |
| 2002（H14） | 0 | 1 | 4,257 | 0 | 106 | 15,766 | 0 | 107 | 20,023 | 30,832 | 0 |
| 2003（H15） | 0 | 1,004 | 3,253 | 0 | 5,073 | 10,693 | 0 | 6,077 | 13,946 | 31,454 | 0 |
| 2004（H16） | 0 | 3,253 | 0 | 0 | 10,693 | 0 | 0 | 13,946 | 0 | 22,620 | 0 |
| 2005（H17） | 0 | 0 | 0 | 0 | 0 | 0 | 0 | 0 | 0 | 24,552 | 0 |
| 2006（H18） | 0 | 0 | 0 | 0 | 0 | 0 | 0 | 0 | 0 | 15,582 | 0 |
| 2007（H19） | 0 | 0 | 0 | 0 | 0 | 0 | 0 | 0 | 0 | 13,208 | 0 |

注：1）事業団は，日本蚕糸事業団，蚕糸砂糖類価格安定事業団，農畜産業振興事業団，農畜産業振興機構をいう．
　　2）国産生糸には，短期保管を含む．国産生糸の売渡しには，売戻しを含む．

160円程度に．表1-5)．為替レートの変動により，外国産生糸が一気に半値近くで入ってくるようになったのである．国産生糸の販売は一層の苦難に遭遇することになり，前回からわずか2年半後の87年3月，基準糸価のさらに大幅な引き下げを余儀なくされた（12,000円から2,200円引き下げて9,800円に．18.3%の引き下げ)．

その後，基準糸価は，需給の一時的なひっ迫により，89（平成元）年3月に10,400円へと600円引き上げられたが，94年3月には，また引き下げられるに至り，8,400円となった（表1-7)．

この時期において製糸業者は，外国産生糸に対抗して国産生糸の販売先を確保するためには販売価格を下げざるを得ず，販売価格を下げれば採算は悪化するというジレンマに陥っていた．実勢糸価の低落と相次ぐ基準糸価の引き下げ，またこれに伴う基準繭価の下落によって，製糸・養蚕とも採算は悪化し，製糸工場の閉鎖，養蚕農家の養蚕からの撤退が激増した．片倉製糸の富岡工場が操業を停止したのも87年の基準糸価引き下げのころのことである．

また，絹業界をみても，1975（昭和50）年ころから絹織物等の輸入が増加し，生糸換算で4万俵前後の輸入がコンスタントに行われるようになっていた．また，絹の二次製品[5)]の形での輸入も75年から行われるようになり，増加の一途をたどっていた（表1-6)．このように絹業界も，需要の減退傾向の中で，自らの製品の販売先を輸入物に奪われるという厳しい事態に直面し，撤退が進んでいった．

生糸生産量は，1983（昭和58）年まで20万俵台の水準を維持し，84年から89年までの6年間は10万俵台を維持したものの，毎年度大幅な減少を続け，89年には，10万1千俵（83年の生産量の半分）となった．さらにその後も減少は続いて10万俵以下となり，93年には，7万1千俵となった．1981（昭和56）年からの12年間で，81年の生産量の3割以下になったことになる（表1-1)．

以上のように，1981年以降価格低下が続いた93年までの時期は，採算の悪化により，製糸工場の操業停止と農家の養蚕からの撤退が加速し，生産量が激減していった時期で，「価格低落期―急速縮小期」ということができよう．

### 5）所得対策移行期―大幅縮小継続期

一定の生糸販売価格の実現を通じて製糸業者の収益と養蚕農家の所得を確保するという繭糸価格安定制度が予定していた方式は，外国産生糸価格の影響により実勢価格の低落が続くという状況の下では，もはやその機能を維持することができず，収益や所得の確保は困難となった．そこで，価格と所得を切り離すという方式が検討されるに至った．

1994（平成6）年3月の基準糸価の引き下げに際し，「取引指導繭価」として繭1kg当たり1,518円というものを設定し，価格動向いかんにかかわらず，最低限その金額は，農家の収入として確保されるようにされた[6)]．これは，低い生糸価格の下で製糸業者が農家に支払うことができる繭代は低くならざるを得ないが，それでは農家の採算は合わないので，「取引指導繭価」と製糸業者から支払われる繭代（基準繭価）との差額を事業団から補てんする仕組みがとられたのであった．大豆などで採用されている農家の採算価格と実際の流通価格との差額を補てんする，いわゆる「不足払い制度」を導入したのであった．94年における繭代補てん額は，繭1kg当たり200円であった．ガットウルグアイラウンド交渉の結果，一元輸入制度が廃止され，それに替わって，関税が課せられることとなる一方，実需者に対しては事業団によって輸入された生糸が瞬間タッチ方式で売り渡され，その際事業団が輸入糸調整金を徴収する制度になったが，繭代補てんの財源は，その輸入糸調整金（生糸1kg当たり1,050円）であった．

97（平成9）年，さらに生糸の実勢価格は下がり，生糸販売価格の実現を通じての収益や所得の確保は不可能であること，生糸の売買操作を行う事業団の事業は蚕糸の生産規模からみて過大な仕組みであること等の理由から，繭糸価格安定制度とこれに基づく事業団の売買操作業務が廃止された．所得対策として新たにとられた繭代補てん措置においては，輸入糸調整金だけでは繭代補てんの財源としては足りないので，その財源として初めて国費が投入された．

その際の「取引指導繭価」は，従来通り繭1kgにつき1,518円であった．繭代補てんの財源の1つである輸入糸調整金の水準は，絹業界の苦境にかんがみ連年引き下げられていったから，その総額は減少していき，逆に補てんに占める国費の割合は高まっていった．

製糸に対しては，企業であるという理由で直接的な助成策は認められず，原料の繭代支払額を低くするという形で，間接的な助成が行われることになった．製糸の繭代負担額は，徐々に引き下げられ，最終的には繭1kgにつき100円というところまで引き下げられた（したがって，繭代補てん額は，1,418円に）．

しかし，この間も，採算性の悪化から，製糸事業者と養蚕農家の撤退が相次ぎ，生糸の生産量は激減を続け，1999（平成11）年の1万800俵（89年の10分の1）を最後に1万俵台をも割り込んだ．そして，次の期との画期となる2007（平成19）年には，1,747俵にまで落ち込んだ（表1-1）．

1994（平成6）年から2007年までの間，所得対策は構築されたものの，生産縮小は止まらなかった．この間は，「所得対策移行期―大幅縮小継続期」ということができよう．

### 6）蚕糸絹業提携システム構築期―現在まで

国産の生糸・繭の生産量が激減する一方，絹製品製造業者の方も販売不振に悩んでいた．もはやありきたりの一般的な商品では売れず，何らかの差別性，物語りなどのあるものが必要であった．この時にあたり，一部の百貨店の取組みなどをヒントにして，国産生糸の希少性と絹製品製造業者の独創性を結合させ，オール蚕糸絹業の結集により純国産の差別化された絹製品をつくるという構想が生まれた．その場合，養蚕農家の所得については，純国産の絹製品が高い価格で販売されることを通じて高い繭代が実現することが想定された．これが2007年の蚕糸絹業提携システムの構想である．この構想に基づく具体的対策は，同年度の補正予算に計上された国の拠出金35億円をもとにして大日本蚕糸会に基金を造成し，それを取り崩して蚕糸絹業提携システムをつくる事業を行うという内容のもので，08年2月から実施に移された．これに伴い，同年4月，蚕糸と絹業の提携の支障となる調整金制度は廃止された．

その後，蚕糸・絹業の提携グループは，全国各地に形成され，国産の繭・生糸の販路が安定的に確保されるとともに，養蚕農家に支払われる繭代も上昇した．ただし，繭代のすべてが提携グループの稼ぎから支払われるのではなく，繭代の一部には，国からの拠出を原資にして造成された大日本蚕糸会の基金からの助成金，2014年度からは，大日本蚕糸会固有の資金を原資にした助成金が充当された．生糸・繭に大幅な内外価格差がある状況の下では，絹業側の製品開発の努力だけで，価格差を克服する絹製品をつくりだすことは難しいからである．

しかし，それまでの生産減少の傾向を覆すのは容易ではなく，09年の1,152俵（99年の10分の1）を最後に1千俵台をも割り込んだのであった．その後も，現在に至るまで，減少の傾向に変わりはない．

2008年から現在に至るまでの時期は，蚕糸業の生き残りをかけた「蚕糸絹業提携システム構築期」ということができよう．

### (2) 製糸工場・養蚕農家の推移概況

生糸・繭の急激な減少過程は昭和50年代後半から始まったが，85年からの30年間で，生産量が約400分の1になるという減少のスピードの速さには，あらためて驚きの眼を見張らざるを得ない．

製糸工場の数も減った．1976（昭和51）年に稼働していた工場は，404あったが，85年には180になり，93年には96，さらに2001年には18に減った（表1-9）．主要な製糸事業者について，その経営する最後の工場が操業停止した時点をみると，早くも1984（昭和59）年にグンゼ本宮工場（福島

表1-9　稼働製糸工場数の推移

| 暦年 | 稼働製糸工場数 | 暦年 | 稼働製糸工場数 | 暦年 | 稼働製糸工場数 |
|---|---|---|---|---|---|
| 1945（S20） | — | 1964（S39） | 1,094 | 1983（S58） | 234 |
| 1946（S21） | 248 | 1965（S40） | 962 | 1984（S59） | 198 |
| 1947（S22） | 2,183 | 1966（S41） | 899 | 1985（S60） | 180 |
| 1948（S23） | 1,989 | 1967（S42） | 867 | 1986（S61） | 160 |
| 1949（S24） | 1,412 | 1968（S43） | 860 | 1987（S62） | 148 |
| 1950（S25） | 2,212 | 1969（S44） | 815 | 1988（S63） | 138 |
| 1951（S26） | 2,338 | 1970（S45） | 723 | 1989（H1） | 129 |
| 1952（S27） | 2,634 | 1971（S46） | 644 | 1990（H2） | 122 |
| 1953（S28） | 2,631 | 1972（S47） | 552 | 1991（H3） | 117 |
| 1954（S29） | 2,682 | 1973（S48） | 500 | 1992（H4） | 105 |
| 1955（S30） | 2,579 | 1974（S49） | 484 | 1993（H5） | 96 |
| 1956（S31） | 2,602 | 1975（S50） | 446 | 1994（H6） | 83 |
| 1957（S32） | 2,488 | 1976（S51） | 404 | 1995（H7） | 67 |
| 1958（S33） | 1,731 | 1977（S52） | 365 | 1996（H8） | 63 |
| 1959（S34） | 1,443 | 1978（S53） | 352 | 1997（H9） | 42 |
| 1960（S35） | 1,315 | 1979（S54） | 328 | 1998（H10） | 30 |
| 1961（S36） | 1,221 | 1980（S55） | 312 | 1999（H11） | 20 |
| 1962（S37） | 1,209 | 1981（S56） | 280 | 2000（H12） | 18 |
| 1963（S38） | 1,116 | 1982（S57） | 257 | 2001（H13） | 18 |

出典：蚕糸業要覧，シルクレポート．

県本宮町）が，その後，片倉工業熊谷工場（埼玉県熊谷市）が94（平成6）年に，グンサン本社工場（群馬県藤岡市），天龍社工場（長野県飯田市），龍水社赤穂工場（長野県駒ケ根市），丸興工業岡谷工場（長野県岡谷市）が97年に，吉野組製糸所（群馬県渋川市）が2001年に，須藤製糸（茨城県古河市），藤村製糸（高知県半利町）が04年に，それぞれ操業停止した．特に1997（平成9）年に操業停止した製糸業者が多かった．同年は，繭糸価格安定制度を廃止する法律が成立した年であった．製糸経営者として，時代の変化を感じ取った結果と推測される．

そして，現在は5工場（かつて器械製糸と言われていた工場は，2工場のみ）だけが稼働している．なお，弦楽器用の特殊な生糸の製造をしている工場が他に2工場ある．

一方，繭の生産量も生糸の生産と並行して動いてきた．1946（昭和21）年から49年まで5〜6万トンの生産量であったが，54（昭和29）年以降74（昭和49）年までの21年間にわたり，年により多少の変動はあるものの，10万トン台の生産量を維持してきた．それが，その11年後の85（昭和60）年には5万トンを割り込み，さらにその9年後の94（平成6）年には1万トン台も割り込んだ．そして，さらにその8年後の2002（平成14）年には1千トン台も割り込んだのであった（表1-10）．

養蚕農家の数も減った．1976（昭和51）年には，22万5千戸あったものが，85年には10万戸を割り，89年に5万7千戸，99年には4,030戸，そして2013（平成25）年には500戸を割るに至っている（表1-10）．

製糸工場がなくなると，繭を生産しても販売先がなくなる．また，繭の生産が減れば，操業効率が悪くなって生産コストは上昇し，製糸工場は立ち行かなくなる．生糸・繭の生産減少局面では，こういう悪循環も働き，双方の縮小の動きにドライブがかかった側面もあったのであった．

## 2.　蚕糸政策の動向

### (1) 蚕糸政策の中核としての繭糸価格安定制度の構築

#### 1) 繭糸価格安定法の制定

戦後の生糸・繭の生産は，1946（昭和21）年の「蚕糸業復興五か年計画」の策定以降着実に伸びていたが，49年の糸価等の蚕糸関係の統制が撤廃された後，蚕糸業関係者の間で要望されていたのは，価格安定制度であった．

絹製品は，生活必需品というより奢侈品であり，景気の変動によって大きくその需要動向が左右され，需給状況が不安定になりやすい．したがって，その原料である生糸の価格は，需給変動に伴い，大きく乱高下する傾向がある．これでは，繭・生糸の生産者の経営は不安定にならざるを得ず，価格安定の要請は，戦前から根強いものがあった．また，価格安定は，輸出の増進という観点からも要請された．価格が乱高下したのでは取引が円滑に進まな

**表 1-10**　収繭量と養蚕農家数の推移 (単位：トン，戸)

| 年　次 | 収繭量 | 養蚕農家数 | 年　次 | 収繭量 | 養蚕農家数 |
|---|---|---|---|---|---|
| 1945 (S20) | 84,636 | 1,004,348 | 1981 (S56) | 64,785 | 150,130 |
| 1946 (S21) | 68,284 | 876,475 | 1982 (S57) | 63,332 | 138,840 |
| 1947 (S22) | 53,478 | 819,850 | 1983 (S58) | 61,141 | 128,120 |
| 1948 (S23) | 64,058 | 827,246 | 1984 (S59) | 50,352 | 113,760 |
| 1949 (S24) | 64,936 | 813,838 | 1985 (S60) | 47,274 | 99,710 |
| 1950 (S25) | 80,415 | 834,628 | 1986 (S61) | 41,465 | 86,880 |
| 1951 (S26) | 93,394 | 829,737 | 1987 (S62) | 34,726 | 74,360 |
| 1952 (S27) | 103,296 | 796,749 | 1988 (S63) | 29,590 | 62,420 |
| 1953 (S28) | 93,090 | 809,858 | 1989 (H1) | 26,819 | 57,230 |
| 1954 (S29) | 100,315 | 809,221 | 1990 (H2) | 24,925 | 52,060 |
| 1955 (S30) | 114,373 | 808,520 | 1991 (H3) | 20,821 | 44,010 |
| 1956 (S31) | 108,169 | 789,732 | 1992 (H4) | 15,553 | 34,880 |
| 1957 (S32) | 119,454 | 763,797 | 1993 (H5) | 11,212 | 27,180 |
| 1958 (S33) | 116,724 | 729,317 | 1994 (H6) | 7,724 | 19,040 |
| 1959 (S34) | 110,854 | 675,487 | 1995 (H7) | 5,350 | 13,640 |
| 1960 (S35) | 111,208 | 645,680 | 1996 (H8) | 3,021 | 7,890 |
| 1961 (S36) | 115,287 | 628,600 | 1997 (H9) | 2,516 | 6,310 |
| 1962 (S37) | 109,066 | 596,800 | 1998 (H10) | 1,980 | 5,070 |
| 1963 (S38) | 110,916 | 584,240 | 1999 (H11) | 1,496 | 4,030 |
| 1964 (S39) | 111,648 | 551,200 | 2000 (H12) | 1,244 | 3,280 |
| 1965 (S40) | 105,513 | 513,700 | 2001 (H13) | 1,031 | 2,730 |
| 1966 (S41) | 105,392 | 477,800 | 2002 (H14) | 880 | 2,360 |
| 1967 (S42) | 114,476 | 466,800 | 2003 (H15) | 780 | 2,070 |
| 1968 (S43) | 121,014 | 455,200 | 2004 (H16) | 683 | 1,850 |
| 1969 (S44) | 113,990 | 424,400 | 2005 (H17) | 626 | 1,591 |
| 1970 (S45) | 111,736 | 399,100 | 2006 (H18) | 505 | 1,345 |
| 1971 (S46) | 107,694 | 372,500 | 2007 (H19) | 433 | 1,169 |
| 1972 (S47) | 105,111 | 329,670 | 2008 (H20) | 382 | 1,021 |
| 1973 (S48) | 108,156 | 304,640 | 2009 (H21) | 327 | 915 |
| 1974 (S49) | 101,948 | 281,410 | 2010 (H22) | 265 | 756 |
| 1975 (S50) | 91,219 | 248,400 | 2011 (H23) | 220 | 627 |
| 1976 (S51) | 87,838 | 225,400 | 2012 (H24) | 202 | 571 |
| 1977 (S52) | 79,262 | 202,800 | 2013 (H25) | 168 | 486 |
| 1978 (S53) | 77,589 | 187,050 | 2014 (H26) | 149 | 393 |
| 1979 (S54) | 81,264 | 176,360 | 2015 (H27) | 135 | 368 |
| 1980 (S55) | 73,061 | 165,590 | | | |

出典：蚕糸業要覧，シルクレポート．

いからである.

統制撤廃後，実際に生糸価格の暴落，暴騰が生じたことを踏まえ，生糸の価格安定制度は，1951年12月，繭糸価格安定法の制定により，その成立をみた．最低価格を割り込んだときに政府が生糸を買い入れ，最高価格を上回ったときに政府が生糸を売り渡すことにより，最低価格と最高価格との間の「価格安定帯」の中に現実の生糸価格が推移することが期せられたのであった．政府による生糸の売買の管理のため，糸価安定特別会計が設置され，30億円が同会計に繰り入れられた．なお，制度発足当初の最低価格は，生糸1kg当たり3,000円，最高価格は，3,833円であった（表1-7）.

制度の実際の運用において，最低価格と最高価格の間の開き（価格安定帯の幅）は大きかった．実際に政府による買入れ，売渡しが行われた実績は少なく，1957年，なべ底景気と言われた不景気の中での生糸価格の下落のときに買入れが行われ，59年にきものブームが起こったときに売り渡されただけだった．このため，それよりも狭い幅の価格安定帯を設定し，価格変動の幅をより少なくするべきとの要望が養蚕・製糸の両業界団体から出されていた．

また，「戦後復興期」の蚕糸業の復興を支えたもう1つの制度は，「蚕糸改良普及制度」であった．これは，47年，農業改良普及制度がアメリカに倣って制度化された際，輸出産業でもあった蚕糸業については別体系で改良普及制度ができたものであった．県に設置された蚕業改良指導員と農協に配置された嘱託蚕業普及員が連携して繭生産の改善指導に当たるというものであった．

### 2)「中間価格安定制度」の制度化とその運用

前記のような養蚕・製糸団体の価格変動幅縮小の要望を受けて，1965（昭和40）年に，繭糸価格安定制度の中に「中間価格安定制度」[7]を設けることを内容とする繭糸価格安定法の改正と「中間価格安定制度」の運用として生糸の買入れ・売渡しの業務を行う日本蚕糸事業団（以下「事業団」という）

について定める日本蚕糸事業団法が成立し，66年度から施行された．

「中間価格安定制度」の買入れ対象とする生糸の数量は，「政令で定める限度数量」に限られた．買入れを発動し，限度数量を消化してもなお価格が低下した場合には，従来の価格安定制度を名称変更した「異常変動防止措置」（限度数量なし）が発動され，政府による買入れが行われるという仕組みであった．いわば二重の価格安定装置がとられたのであった．しかし，実際には，糸価下落に際し，限度数量を政令改正によって増加させて買入れ量を増やすことは行われたが，異常変動防止措置が発動されることはなかった．すなわち，「中間価格安定制度」が実質的な価格安定制度として機能することとなったのである．また，その機能の実質は，国産生糸の価格水準を事実上決定することであった．したがって，「中間価格安定制度」は，国産生糸の価格水準を一定レベルに維持することを通じて，製糸業の利益と養蚕農家の所得を確保し，蚕糸業の再生産を維持するものとして，蚕糸政策の中核となる制度となった．また，絹業サイドから見ても，価格高騰を防止する効果があり，意義のあるものであった．

以上のように，「中間価格安定制度」が国産生糸の価格の大枠を決めたのであるが，需給の変動は常なく，それに伴う実際の取引の動向は，その枠内では収まらない価格の変動をもたらした．その場合に価格安定のために生糸の売買を行うのが，日本蚕糸事業団である．事業団の設立以来，買入れ，売渡しが全く行われなかった年は，事業開始の66年度以降昭和時代（88年まで）の23年間で，わずか66年，70年，73年の3年だけであった．それだけ，その当時の生糸の需給・価格変動が大きかったこと，それにもかかわらず価格安定帯の幅の中に糸価を維持する役割を果たしたことを物語っている．さらに，74（昭和49）年度以降は，外国産生糸の一元輸入制度が発動され，事業団は，外国産生糸の買入れ，売渡しも行うようになったから，中間価格安定制度の生糸価格の安定に果たす役割はさらに大きくなった．

「中間価格安定制度」の運用について，時系列的に見てみよう．

66（昭和41）生糸年度（生糸年度はその年の6月から翌年5月まで）の

中間価格安定帯に係る安定上位価格は，生糸1kg当たり5,300円，安定基準価格[8]は，4,800円であったが，それ以後80（昭和55）生糸年度に至るまで，2つの価格は，据置きの時期が若干あったものの，終始一貫して引き上げが行われ，80生糸年度におけるそれは，それぞれ16,300円，14,700円となった（表1-7）.

「戦後興隆期」の間は，中間価格安定制度設計の狙い通り，制度の機能がうまく働いた時期と言えよう．67（昭和42）事業年度に少量の売買があった後，価格低下により，68年度には1万8千俵の事業団買入れが行われたが，翌69年度には，価格上昇により，その大部分が売り渡された．71年度には2万俵近い買入れが行われたが，翌72年度には，全量が売り渡され，在庫はゼロになった．73年度には売買は一切なく，平穏に過ぎたが，翌74年度には6万俵の買入れという事態になった．割安な外国産生糸が大量に輸入され，これが国産生糸の価格低下をもたらしたためであった（表1-8）．なお，買い入れた生糸は，後述の生糸の一元輸入制度による輸入抑制効果もあって，76年度には全量売り渡された.

基準糸価の引き上げを通じて，「中間価格安定制度」が製糸業の収益と養蚕農家の所得の確保に果たした役割は極めて大きかった．その反面，75-80年のころ（昭和50年代前半）には，製糸業の収益と養蚕農家の所得に配慮するあまり，外国産生糸の価格とかい離した水準で国産生糸の基準糸価が決定され，生糸価格を下支えしたことが，その後，為替レートの著しい変動も加わって，外国産生糸との競争力を弱める結果をもたらしたことも指摘しておかなければならない.

### (2) 生糸の一元輸入制度の導入等の輸入抑制措置

#### 1）生糸の輸入実績と一元輸入制度の導入

繭・生糸については，1962（昭和37）年に，他の農産物に先駆けて輸入の自由化が行われた．その当時は，生糸の輸出能力のある国はないだろう，またあるとしてもそれは韓国か中国であろうがそれに対しては競争力があるという楽観的観測のもとに行われたものであった．関税率は，15％（1968年から12％，70年からは，7.5％に引き下げ）であった．

実際の外国産生糸の輸入数量は，1963（昭和38）年（輸入数量については，暦年．以下同じ）の66俵に始まったが，以後急速に増大し，70年6万6千俵，71年9万9千俵，72年には16万9千俵となった（表1-3）．輸出国は賃金水準が低く，生産コストが低い中国，韓国，ブラジルなどであった（表1-4）．中でも，中国が圧倒的なシェアを占めていた[9)]．いわゆるニクソンショックを経て，71年12月，それまでの1ドル360円が308円になり，その後の変動相場制においても円高基調で推移したことは，輸入価格の引下げをもたらし，輸入増大の方向に大きく作用した（表1-5）．72年の国内生産量が31万9千俵であるから，その年の生糸出回り量の約35％を占めたことになる．当時の外国からの大量の生糸輸入は，当然のことながら，国産生糸の価格と販売に大きな悪影響を及ぼした．生糸輸入に対処するため，71（昭和46）年，議員立法により，繭糸価格安定法の改正が行われ，輸入生糸の増大のために事業団の中間買入措置では糸価を支えることができない場合には，政府は事業団による生糸の一元輸入措置等の外国産生糸に対する措置をとるべきものとされた．生糸の輸入は，事業団しか行えないという仕組みである．また，生糸の市況が基準糸価を下回っているときは輸入生糸の売渡しができないということにもなっていた．

73年の生糸輸入量は14万3千俵で，依然として高水準のものであり，さらにその勢いは74年にまで及んだ．一方国産生糸の価格は，狂乱物価と言われた物価高騰を鎮静するための総需要抑制策の実施等により需要が減退し，基準糸価の1万円を下回る事態が続き，事業団による買入れが増加する一方となったので，ついに74年7月の閣議決定において，74年8月1日から75年5月31日までの間，事業団による生糸の一元輸入措置が実施されることとされた．その結果，75年の生糸輸入量は4万1千俵へと急速に減少し，糸価も回復したが，75年5月の閣議決定において，なお厳しい環境にあるとの認識のもとに，一元輸入措置をさらに76年5月31日まで1年間延長することとされた．

それでも情勢はさらに厳しく，76年3月に，議員立法により繭糸価格安定法の改正が行われ，生糸の一元輸入措置は，期間を限定せず，「当分の間」実施することとされ，76年の輸入量は3万6千俵に減少した．

外国産生糸の輸入が抑制されたことにより，価格は上昇し，事業団の在庫国産生糸は売り渡され，76年度末には在庫はゼロとなった．77年度にはまた価格の低下により，1万7千俵の買入れを行ったが，翌78年度にはほぼ売り切った（表1-8）．中間価格安定制度が設計通り機能したのはこの時期までといってよいであろう．ただし，74年8月以降は一元輸入制度の助けを借りたうえでのことであった．

### 2）生糸以外の絹製品及び繭に対する輸入抑制措置

生糸の一元輸入措置の導入の裏側で，生糸に替わって絹撚糸と絹織物の輸入が急増していた．特に，絹撚糸は，生糸にわずかな加工を加えただけなので生糸の代替品としての性格が強く，1974（昭和49）年に4千俵だったものが，75年には5万5千俵，76年に5万7千俵と急増していた．このため，生糸・絹製品全体を通ずる総合的な輸入調整が求められるようになった．しかし，絹撚糸以降の絹製品は，通商産業省の所管の工業製品と分類され，生糸・繭が農林水産省所管の農産物として分類されるのとは異なっており，同列に扱うことはできなかった．しかし，絹撚糸と絹織物の輸入の抑制という点では，蚕糸サイドと絹業サイドの利害は一致しており，自由民主党をいわば調整役として，両省の輸入抑制策の検討が督励された．検討の結果，絹撚糸については，輸入貿易管理令に基づく事前許可制が，絹織物については，同令に基づく事前承認制が導入された．さらに，主要輸出国である中国と韓国との間では，それぞれ輸入の秩序化に関する協議が行われ，76年4月には韓国と，5月には中国と合意が成立し，毎年度，両国と「二国間協議」を行い，生糸・絹撚糸，絹織物の輸入量に関する取り決めを行うことになった．毎年度の韓国と中国相手の輸入量の取り決め交渉には，外務省の調整の下に，農林水産省と通商産業省の担当部局の高官が共同してこれに当たった．

一方，繭についてみると，その輸入も，64（昭和39）年から行われていたが，75年になって急増した（表1-11）．繭輸入は，「国用製糸」[10)]と言われていた中小・零細な製糸業者が安価な原料を求めて行っていたのが主流であったが，大手企業でも一部の工場では原料の端境期に輸入繭を使用していた．しかし，輸入繭は品質にばらつきがあるというのが定評となっており，製糸業者一般の依存度は低かった．それが74年に輸入量194トンであったもの

**表1-11**　外国産乾繭の輸入量と価格の推移

（単位：トン，千円，円/kg）

| 暦　年 | 数　量 | 金　額 | 単価 | 暦　年 | 数　量 | 金　額 | 単価 |
|---|---|---|---|---|---|---|---|
| 1964（S39） | 21.6 | 12,495 | 579 | 1990（H2） | 1,875.8 | 5,217,622 | 2,782 |
| 1965（S40） | 47.6 | 33,305 | 699 | 1991（H3） | 658.0 | 1,186,009 | 1,803 |
| 1966（S41） | 260.4 | 351,883 | 1,351 | 1992（H4） | 2,085.4 | 3,291,094 | 1,578 |
| 1967（S42） | 88.7 | 128,467 | 1,449 | 1993（H5） | 2,050.8 | 2,662,137 | 1,298 |
| 1968（S43） | 56.6 | 80,947 | 1,430 | 1994（H6） | 5,148.5 | 5,893,049 | 1,145 |
| 1969（S44） | 285.8 | 413,585 | 1,447 | 1995（H7） | 2,272.8 | 2,556,673 | 1,125 |
| 1970（S45） | 727.4 | 1,423,133 | 1,956 | 1996（H8） | 2,987.6 | 3,358,508 | 1,124 |
| 1971（S46） | 701.4 | 1,503,649 | 2,144 | 1997（H9） | 1,706.6 | 2,225,551 | 1,304 |
| 1972（S47） | 352.4 | 721,852 | 2,048 | 1998（H10） | 1,004.3 | 1,260,494 | 1,255 |
| 1973（S48） | 643.7 | 1,319,843 | 2,050 | 1999（H11） | 671.5 | 612,317 | 912 |
| 1974（S49） | 194.1 | 721,066 | 3,715 | 2000（H12） | 675.3 | 627,888 | 930 |
| 1975（S50） | 2,549.5 | 7,241,204 | 2,840 | 2001（H13） | 402.1 | 393,481 | 979 |
| 1976（S51） | 3,736.9 | 9,446,812 | 2,528 | 2002（H14） | 264.3 | 210,319 | 796 |
| 1977（S52） | 2,773.3 | 8,864,771 | 3,196 | 2003（H15） | 258.3 | 190,613 | 738 |
| 1978（S53） | 3,935.8 | 12,508,410 | 3,178 | 2004（H16） | 203.6 | 149,165 | 733 |
| 1979（S54） | 3,121.1 | 12,283,425 | 3,936 | 2005（H17） | 16.3 | 15,327 | 940 |
| 1980（S55） | 1,027.6 | 3,650,626 | 3,553 | 2006（H18） | 18.6 | 17,575 | 947 |
| 1981（S56） | 995.2 | 2,946,166 | 2,960 | 2007（H19） | 13.8 | 15,181 | 1,104 |
| 1982（S57） | 960.7 | 2,881,147 | 2,999 | 2008（H20） | 4.0 | 4,022 | 1,006 |
| 1983（S58） | 1,033.7 | 3,079,994 | 2,980 | 2009（H21） | 9.8 | 8,569 | 874 |
| 1984（S59） | 613.1 | 1,575,473 | 2,570 | 2010（H22） | 13.2 | 13,749 | 1,045 |
| 1985（S60） | 0.0 | 0 | — | 2011（H23） | 4.1 | 5,416 | 1,337 |
| 1986（S61） | 153.1 | 255,750 | 1,670 | 2012（H24） | 6.3 | 8,901 | 1,424 |
| 1987（S62） | 153.8 | 232,766 | 1,513 | 2013（H25） | 8.3 | 19,421 | 2,340 |
| 1988（S63） | 172.3 | 348,407 | 2,023 | 2014（H26） | 10.2 | 24,998 | 2,451 |
| 1989（H1） | 1,062.3 | 2,969,374 | 2,795 | 2015（H27） | 6.8 | 18,169 | 2,672 |

資料：1997年までは，蚕糸業要覧．1998年以降は，通関統計．

が，75 年には，2,550 トンとなり，前年の 10 倍以上に急増した．これは，国内産繭の生産量の前年比 10% 減も大きかったが，併せて狂乱物価と言われる物価高騰に伴い，賃金が上昇し，また，基準糸価・基準繭価が上昇する一方，需要と価格が低迷したことによって，製糸経営のコスト削減の要請が安い外国産繭という原料確保へと向かったものと考えられる．外国産繭の輸入量は，その後も 3 千トン前後と高い水準が続いた．繭輸入に対し，直接競合する養蚕農家・団体の反発は極めて強く，80 年，繭輸入については，輸入貿易管理令に基づく事前確認制が導入された．この繭輸入に対する秩序化の措置の導入について，国産の繭を重視していた製糸業界からの反対はなかった．その後繭輸入は 1 千トン前後に低下し，大幅に輸入が抑制されるようになった．

以上のように，生糸等の輸入の抑制について，大きな努力が払われたと評価してよいであろう．しかし，生糸と絹製品とでは，輸入抑制措置の力に大きな段差があったことは否定できない．自由貿易の原則の下では，生糸の一元輸入制度の方が他の措置に比べると，事業団の意思だけで輸入量を調整できる強力な輸入抑制措置であったからであった．絹織物についても，一元輸入の対象にするかあるいは納付金の徴収ができないかということが一時政府部内でも検討され，納付金制度が有力となっていたが，工業製品でもあり，自由化に逆行する制度が導入されることはなかった．

一元輸入措置が生糸についてだけ適用されていたことは，蚕糸サイドには国産生糸価格の上昇という効果を生んだが，絹織物業など絹業サイドには，生糸という原料の価格が高くなる一方，輸入絹織物の影響による製品安という厳しい事態を発生させた．このため，絹業サイドは，採算悪化の元凶は生糸の一元輸入制度であるとしてこれを敵視するようになり，蚕糸サイドと絹業サイドとの対立を生む要因となった．その対立の原因がいわゆる縦割り行政にあるのではないかという意見もあるが，むしろ，繭から絹製品に至るまでの所管が縦一貫の体制でなかったこと，換言すれば縦割りの割り方が悪かったことが問題であったのではないかと考えられる．85 年ころ，ある有力な絹織物業者が農林水産省と通商産業省の高官に対し，絹織物業を農林水産省所管にできないものか，と述べたこともあったが，1925（大正14）年の農商務省の農林省と商工省への分割にまでさかのぼる難しいことがらであり，実現することはなかった．

なお，生糸の一元輸入制度は，営業の自由を侵害する憲法違反の制度として訴訟の対象にもなった．「西陣ネクタイ訴訟」と言われたもので，京都西陣のネクタイ業者が，「一元輸入制度によって自由に生糸を輸入できなくなり，その結果製造コストが高騰し，著しい収益の低下に見舞われた．この立法行為は，営業の自由を侵害する違法な公権力の行使である」（要旨）として，1983（昭和58）年に，国を被告として国家賠償法に基づく損害賠償請求訴訟を提起したが，一審，二審とも敗訴し，最終的に90年，最高裁で，「国際競争力の弱い産品の生産者を保護するための輸入の規制は，立法府に与えられた裁量権を逸脱するものではなく，憲法違反とは言えない」（要旨）という判決が出されて法的には決着した．

### (3) 繭糸価格安定制度の限界の露呈

#### 1）1981（昭和56）年の基準糸価の引き下げ

1979（昭和54）年度以降は，事業団が，安くなったときに買い，高くなったときに売るというメカニズムが働かなくなってきた．事業団の買い一方になったのである．つまり，絹全体の需要の減退による需給緩和の状況の下で，安い外国産生糸と絹織物の価格が常時国産のものを下回り，それが価格の天井の役割を果たし，国産生糸の実勢価格の上昇を押さえつけるという構造が明確になったのであった．しかも，一方では，基準糸価を連年引き上げていたから，外国産生糸によって販売先を奪われた国産生糸の事業団買入れが続く一方という状況が現出したのであった．

この間の中間価格安定帯の推移をみると，制度発足当初の66（昭和41）生糸年度には買入れの基準となる安定基準価格（いわゆる基準糸価）は4,800円であったが，その後毎年上昇を続け，74生糸年度には10,000円の大台に達した．その後も上昇を続け，80生糸年度には，14,700円になった．一方，売渡しの基準となる安定上位価格は，66生糸年度には5,300円であったが，その後上昇を続け，74生糸年度に11,000円，80生糸年度には16,300円になった（表1-7）．

以上述べてきたように，外国産生糸との競争，絹の需要減退，という状況がある中で，実勢とかい離して基準糸価の引き上げが連年行われたが，このことは結果として国産生糸のマーケットを狭くする原因となったと評価せざるを得ない．生産者米価等他の農産物の行政価格が年々引き上げられていく状況にあったとはいえ，66（昭和41）年から80年までの14年間の引き上げの結果をみると，基準糸価が4,800円から14,700円で3.06倍，一方生産者米価は7,140円から17,756円へと2.48倍で，引き上げ率は基準糸価の方が高い．特に，外国産生糸との競合が激化している中で，76年以降の4年間は生産者米価をかなり上回る率で基準糸価が引き上げられた（表1-12）．価格と競争力との関係についての関係者の認識は甘く，安易な基準糸価の引き上げであったといわざるを得ない．

そのとがめは直ちにやって来た．79（昭和54）年から，買入れによって事業団の国産生糸の在庫は，増大の一途をたどり始めたのである．また，事業団が一元輸入により輸入した外国産生糸も，実勢糸価が基準糸価に達しない場合には売り渡すことができないという売渡し基準を満たすことができず，在庫は増加の一途をたどっていた．また，在庫圧力が市況に悪影響を与え，糸価の低落，事業団買入れの増という悪循環をもたらした．また，大量の買入れと在庫管理で，事業団の財政上も危機を迎えつつあった．すなわち，事業団は，生糸の買入れ資金を借入金に依存していたが，借入金は1千億円を超え，利子負担も重くなっていた．また，膨大な在庫生糸の保管料もかさんでいた．

ことここに至って，ついに農林水産省は，81（昭和56）生糸年度に適用する基準糸価について，それまでの14,700円から1,000円引き下げ，13,700円とする案を提示した．それまで，価格政策をとるコメ，乳製品などにおい

**表 1-12** 生産者米価と基準糸価の引き上げ状況

（単位：円，％）

| 年　度 | 基準糸価 | 引き上げ率 | 生産者米価 | 引き上げ率 |
|---|---|---|---|---|
| 1966（S41） | 4,800 | — | 7,140 | 9.2 |
| 1967（S42） | 5,500 | 14.6 | 7,797 | 9.2 |
| 1968（S43） | 6,100 | 10.9 | 8,256 | 5.9 |
| 1969（S44） | 6,100 | 0.0 | 8,256 | 0.0 |
| 1970（S45） | 6,500 | 6.6 | 8,272 | 0.2 |
| 1971（S46） | 6,900 | 6.2 | 8,522 | 3.0 |
| 1972（S47） | 7,100 | 2.9 | 8,954 | 5.1 |
| 1973（S48） | 8,000 | 12.7 | 10,301 | 15.0 |
| 1974（S49） | 10,000 | 25.0 | 13,615 | 32.2 |
| 1975（S50） | 11,200 | 12.0 | 15,570 | 14.4 |
| 1976（S51） | 12,100 | 8.0 | 16,572 | 6.4 |
| 1977（S52） | 13,100 | 8.3 | 17,232 | 4.0 |
| 1978（S53） | 13,900 | 6.1 | 17,251 | 0.1 |
| 1979（S54） | 14,400 | 3.6 | 17,279 | 0.2 |
| 1980（S55） | 14,700 | 2.1 | 17,674 | 2.3 |
| 1981（S56） | 14,000 | ▲4.8 | 17,756 | 0.5 |

注：1）基準糸価は，生糸 1kg 当たり，生産者米価は，玄米 60kg 当たり．
2）1966 年度から 1980 年度までの間の引き上げ割合は，基準糸価が 3.06 倍，生産者米価が 2.48 倍である．
資料：農林水産省．

て，引き下げが提起されたことはなかった．初めてのことでもあり，蚕糸団体や自民党から猛反発があった．例年 3 月末に決定するものが大幅にずれ込み，連休明けの 5 月 9 日に，700 円引き下げで決着した．この引き下げにより，価格安定帯の水準は実勢に近づき，事業団の在庫外国産生糸の売渡しが進んだ．

### 2）1984（昭和 59）年の基準糸価の引き下げ

しかし，長続きはしなかった．引き下げ直後は，事業団の在庫の外国産生糸が売り渡されるという状況にあったが，82 年から生糸市況は悪化し始め，事業団による国産生糸の買入れは増加の一途をたどった．在庫圧力は市況にも悪影響を与え，糸価の低落，事業団買入れの増という悪循環の進行と大量の買入れと在庫管理による事業団財政の危機は，81 年当時を上回っていた．

生糸の生産能力の削減のため，83年からは，製糸設備の買上げ・廃棄も進められた．

83年8月には，農林水産省に「繭糸価格安定制度に関する研究会」が設置され，事態の打開に向けた制度とその運用の在り方に関する検討が開始された．この間，84年1月には事業団の在庫量は，17万俵を超えた．蚕糸業界では，繭糸価格安定制度が崩壊するのではないかとの「制度不安」が生じ，製糸・養蚕団体は，「繭糸価格安定制度の堅持」を政策要求のトップに掲げるようになった．研究会の報告は，翌84年10月に行われた．そのポイントは，①異常変動防止措置を廃止し，中間安定制度を基とした価格安定制度にすること，②新たな価格帯は，需給調整，生産事情，内外価格差の状況，他繊維との相対価格等を総合的に考慮して設定すること，③事業団の生糸一元輸入はなお当分の間維持すること，④事業団の在庫生糸は国内生産に大きな影響を与えないよう期間をかけて放出すること等であった．

この報告を受けて，84（昭和59）年11月，生糸年度の期中に基準糸価の引き下げが行われた．一挙に2,000円引き下げ（引き下げ率14.3%），12,000円とするというものであった．これに連動して，基準繭価も2,050円から1,755円に引き下げられた．しかし，84年度だけは，激変緩和のため，国費をもって農家所得を補償することとし，予備費から48億6,700万円の繭代補てんのための支出が行われた．

併せて，85（昭和60）年4月，繭糸価格安定法が改正された．異常変動防止措置を廃止し中間価格安定措置のみの価格安定制度とすること，事業団の在庫生糸を在庫処理専用の特別勘定に移して慎重に処理すること，在庫処理に伴う損失は国費をもって補てんすることがその主な内容であった．85年度一般会計予算には，事業団の損失補てんのため，44億8,800万円が計上された．繭糸価格安定制度の運営上初めてとなる国費の投入であった．当時の大蔵省主計局長は，「大砲かバターならともかく」と言って予算計上を渋ったと伝えられている．

### 3)　1987（昭和62）年の基準糸価の引き下げ

85年度においては，落ち着いていた生糸の市況であったが，同年9月のプラザ合意後の円高の急速な進行による輸入生糸価格の大幅な下落もあって（表1-5），86年度半ばになると崩れ始め，ついに3回目の基準糸価の引き下げを余儀なくされた．87年3月，期中改定が行われ，基準糸価は，9,800円に引き下げられ，基準繭価は1,446円となった．これは，生糸や繭の生産費から見ると極めて厳しい水準であった．

87年後半から，国産繭の大幅な減少，中国からの生糸供給不安等が生じ，生糸需給ひっ迫の懸念から，89年3月には，基準糸価10,400円，基準繭価1,518円に引き上げられた．実際に中国からの輸入量は減少し，国内生糸需給のひっ迫により糸価は大幅に上昇した．85年の法改正により事業団の特別勘定に属した在庫は，これを機に大量に放出され，10月には在庫ゼロになった．また，89年度の補正予算において，事業団の特別勘定の損失はすべて補てんされ，同勘定の清算は，年度末において終了した．しかし，この損失補てんには，国費1,485億円を要し，事業団の生糸の買い入れのリスクが大きいことが関係者に強く認識されることになった．

しかし再び，絹の需要不振が続く一方で一時上昇した輸入糸価格も下落してきて，国産生糸の過剰現象を呈し，実勢価格は下がり始めた．養蚕農家の所得確保を図るためには，これ以上の基準糸価の引き下げはできないし，さりとて基準糸価を下げないと過剰生糸を事業団が買い入れ続けなければならないことになる．「価格引き下げ期」の末期には，もはやこれ以上価格の引き下げができないし，一方事業団が現行基準糸価の水準をもとに買入れをしても売り渡す見込みが全くたたないというジレンマが極限のところまできており，繭糸価格安定制度の限界が明白になったときでもあった．

## (4)　価格安定制度から所得確保政策への移行

### 1)　所得確保対策の導入

価格を人為的に高くすると，その価格では売れないという事態を招くから，多少高くするとしても限界があることは明白である．また，国内産品と外国産品との間で価格差が著しい場合，国内産品の価格についてコストを償えるよう人為的に高く支えることは販売先を失うことになり，かえって価格の実現によって所得を確保するということを困難にする．したがって，内外価格差が著しい場合，価格政策とは別途の所得確保対策を講じることが必要になる．実勢価格と生産コストの差額を補てんするいわゆる不足払い制度がこれに該当するもので，蚕糸サイドと絹業サイド対立が激しくなった1980年代には，早くも不足払い制度の導入を主張する政治家も出てきていた．しかし，不足払い制度の問題点は，膨大な財源を必要とすることで，当時実現可能性は低かった．しかし，累次の基準糸価の引き下げが行われた後，価格安定制度による所得確保の限界が明らかになると，養蚕農家の所得確保のための不足払いの方策が模索されざるを得ないことになった．

93（平成5）年10月，絹関係の4団体，すなわち全国養蚕農業協同組合連合会，日本器械製糸工業組合，日本生糸問屋組合，日本絹人織織物工業会の首脳会談の結果が「四者合意」として取りまとめられた．「四者合意」及びそれに基づき決定された主な内容は，①製糸業者は，基準繭価1,518円を養蚕農家に保証する．②これに対し，事業団から93年度には100円を補てんすることとし，総額3億6千万円を助成する．③その財源として，絹織物業者は，輸入糸1kgにつき，750円を拠出する．④糸価水準は8,500円程度とする．というもので，実勢価格の低下に伴って生糸販売代金が減り，支払える繭代水準が低下する製糸業者に対し，輸入糸からの拠出金から繭代補てんのための助成金を支給し，繭代の確保を図るという仕組みを導入しようとするものであった．

「四者合意」のラインに沿って，94年3月，基準糸価を8,400円，基準繭価を1,226円に引き下げたが，これでは，到底繭の再生産は困難であるので，これとは別にそれまでの基準繭価の水準である1,518円を「取引指導繭価」として設定し，この価格が農家手取りとなるよう，事業団から製糸業者にその支払いに必要な助成金を支給することとしたのである．価格安定制度に所得対策が加わる形となった．それ以降も，基準糸価の引き下げが何度か行われたが，「取引指導繭価」（1,518円）は維持された．

しかし，そもそも一定レベルの価格の実現を通じて，製糸経営の安定と養蚕農家の所得の確保を図るという制度は，安い輸入糸の価格水準が国産生糸の実勢価格水準を規定するようになってからは困難になっていた．国産生糸だけについて価格安定を図るということは，外国産生糸を流通から完全に排除しない限り，できなくなってしまっていたのである．まさにこのとき，ガットウルグアイラウンドの妥結により，95年4月から，コメを除いたすべての品目について，輸入制度における数量制限を撤廃し，関税化することになった．絹業サイドの廃止要求が強かったこともあり，一元輸入制度の廃止と関税化[11)]が行われたのであった．このような輸入制度の改正を経て，生糸の実勢価格は，さらに低下し，95年に事業団による買入れを実施したものの一時的効果にとどまり，基準糸価をさらに引き下げざるを得なくなった．このため，繭代の補てん財源は，輸入糸調整金だけでは足りなくなり，96(平成8) 年度からは国費も投入することとなったのである．

### 2) 繭糸価格安定制度の廃止と所得確保政策への移行

繭糸価格安定制度をめぐるこのような状況に加え，生糸の生産・流通規模の大幅な縮小に伴い，生糸取引所においては，需給実勢以外の要因，すなわちさしたる金額を投入しない投機行為であっても生糸価格が乱高下する構造になっており，これを価格政策発動の基準とすることはいかがなものかという疑問も出されるようになった．さらに，一部の政治家がその地位を利用し情報を先に得て，インサイダー取引をしているのではないか，という不明朗なうわさも流れていた．加えて，行政改革的な観点から，事業団の生糸の売買操作の仕組みや事業団の存続が疑問視され，更には蚕糸関係行政組織は蚕糸の生産規模に比べて過大であるとの主張も行われた．

かくて，蚕糸制度全体の見直しをすることになり，1996（平成8）年8月，自民党の繭糸価格等小委員会においては，次のような内容の決定をするに至った．

ア　繭糸価格安定制度及び事業団の国産糸売買業務は廃止する．

イ　生糸の国境調整措置は維持する．

ウ　「取引指導繭価」の確保を図るため，繭代補てんに引き続き国費を投入する．

エ　調整金は97年度以降減額するが，輸入価格の大きな変動があったときは，増額することもある．

オ　実需者割当枠の運用を弾力的に行う．

カ　蚕糸業法・製糸業法を大幅に見直すとともに，蚕糸行政組織の合理化を推進する．

この決定に基づき，97（平成9）年5月，法律の題名を「繭糸価格安定法」から「生糸の輸入に係る調整等に関する法律」に改めること，繭糸価格安定制度を廃止すること，生糸の輸入者から事業団が輸入調整金を徴収できること等を内容とする，繭糸価格安定法の改正が成立した．併せて，戦前からの法律で，すでにその機能を失っていた蚕糸業法と製糸業法は廃止された．98年4月から，繭糸価格安定制度は廃止され，養蚕農家に対して，輸入調整金だけでなく，国費をも財源とした「取引指導繭価」（1,518円）を保証する繭代補てん制度（不足払い制度の一種）がスタートすることになった．これにより，価格安定制度から所得確保対策に完全に移行したのであった．なお，1,518円は，いわば最低でもこれだけはという水準であり，実際に養蚕農家に支払われる金額は，生糸量歩合や解じょ率などが考慮され，平均的にみれば取引指導繭価より約100円高かった．

98年度においては，製糸業者は養蚕農家に対して，生糸の実勢価格水準が高くなった場合は別として，基本的に380円の繭代を支払えば足りることにした．製糸業者の負担を繭1kg当たり380円にしたのは，原料代をできるだけ安くして，製糸業の存続を図るためであった．そして，差額の1,138円は，輸入糸調整金（生糸1kg当たり590円．絹業界は，その苦境から，要求を調整金の減額に集中し，当初の1,050円から逐次引き下げられていた）プラス国費を財源として補てんすることにしたのであった．製糸業者の負担額は，99年度には，380円から190円に引き下げられ，さらに2002年度には，100円に引き下げられた．逆に，国費等による繭代補てん額は，1kg当たり1,518円と100円の差額の1,418円となり，農家の受け取る繭代に占める補てん額の割合は，93%となり，極めて高くなった．

繭代の補てん財源についてみると，輸入糸調整金の額は，01年度からは生糸1kg当たり330円，05年度からは190円に減額されていったから，調整金総額は減少を続け（00年8.8億円，01年6.1億円，05年3.0億円），一方で補てん対象となる繭の生産量も減少していったものの，繭代補てん財源に占める国費の割合は高まっていった．なお，繭代補てんの仕組みは，農畜産業振興機構に設けられた蚕糸業振興基金に，輸入糸調整金と国からの蚕糸業経営安定交付金が繰り入れられ，同基金から全農を通じて養蚕農家に支払われるというものであった．

製糸の繭代負担100円は，ぎりぎりの負担軽減策であった．それ以上の軽減ということになればゼロに近づくということになるが，あまりに低くなるとモラルハザードを引き起こす恐れがあった．繭代負担は軽減しても，内外の賃金水準の差は厳然として存在しており，外国産生糸が生糸の価格水準を主導している状況の下では，製糸業が外国より高い賃金を払いつつ採算をとるのは難しく，新対策実施後も，工場の操業停止，廃業は止まらなかった（表1-9）．

### (5) 絹の需要増進対策

以上述べた政策展開の中で，政策当局や蚕糸関係団体が，生糸の需給と価格の安定，所得の確保対策以外のことをしてこなかったわけではない．中でも大きな力を注いだのが，絹の需要増進対策であった．

絹の国内需要は，1972（昭和47）年をピークとして，その後一貫して減少し続けていた（表1-6）．

需要減退と外国産生糸との競合の下で，国産生糸が供給過剰基調にあることは，「価格低落期」には一層明確になってきた．このため，過剰の要因である生糸・外国産絹製品の輸入に対する抑制対策とともに，絹製品の需要増進対策は重要な政策課題として位置付けられた．

80（昭和55）年2月には，蚕糸業振興審議会から農林水産大臣あてに需要増進に関する中間報告が行われたが，需要減退の主因をきもの需要の減退に置き，その原因を①所得の停滞，②販売価格の高騰，③結婚適齢人口の減少，④生活様式の変化，⑤啓蒙宣伝の立遅れ，としていた．これに対する対策として，①きもののカジュアル化，簡易化，②きものについての知識，着付け等の教育の推進，③農村地帯での需要促進が打ち出されるとともに，洋装需要に対応することも提言された．また，絹の啓蒙宣伝とともに，新製品の開発や生産流通コストの低減に取り組むべきことなども提言されている．

この提言の方向に沿い，蚕糸・絹業共通の課題として，具体的対策が逐次実行に移された．

すなわち，事業団等の助成により，きものの復活に向けて，きものの女王コンテスト，きものの着付け指導，テレビによる宣伝，百貨店でのシルクフェアの開催など様々な形で広報宣伝が行われた．

それとともに，新製品開発も活発に行われ，これを支援するために，82（昭和57）年に繭糸価格安定法が改正され，事業団の在庫糸を新規用途の開発のために低価格で売り渡すことができることとされた．これに伴い，生糸市況が基準糸価を下回っているときは売り渡すことができないとされていた売渡し要件は撤廃された．新規用途開発のために，関係者を糾合し，日本シルクニット協会，シルクスーツ振興会，シルクブラウス振興会，シルクインテリア振興会が，それぞれ設立された．

83年には，シルクの啓蒙宣伝の拠点として，東京の有楽町に，ジャパンシルクセンターが設立された．きものだけでなく，シルクスーツ，シルクニット製品などの新製品の展示・販売の場にもなった．

新製品は，簡易なきものとしての二部式きもの，スーツ，コート，下着などあらゆる分野に及んだ．素材面での開発も進み，例えば伸縮性の高いバルキー生糸というものも開発され，スーツに実用化された．また，新素材として，生糸と化繊を組み合わせ，絹の触感を生かしつつ化繊の強さを取り入れるというハイブリッドシルクという繊維も開発され，女性用ストッキングなどの素材として用いられた．

しかし，大局的にみると，関係者の努力にもかかわらず，需要増進に成功したとはいい難かった．それは，基本的には需要の太宗を占めていたきものの復活が成功しなかったからである．生活の洋風化の進展は著しく，活動性に制約のあるきものは儀式以外には敬遠された．また，洋装品についても，シルクの持つ長繊維としての性質を克服することができなかった．長繊維は，曲げに弱く，体の形に縫製するスーツなどについては，ひじ，ひざなどのところが抜けやすいという欠陥があるが，これを化繊との合成やバルキー生糸によっても十分には克服できなかったのであった．また，和装洋装に共通のこととしては，第１に，価格が高いということである．第２に，他の繊維製品に比べて手入れや管理が難しかったことである．繊維としての良さということがあっても，実用品として使用する場合には割高感は免れられなかった．高くてもそれなりの価値がある製品と認めて高い価格で購入する，という層の人は少なく，一方，価格を極力低くした製品では絹の特性が生かされず他の繊維を用いた製品に使用価値が劣るというジレンマを克服することができなかったのであった．

現在も，マフラー，ショール，手袋，足袋，布団など様々な分野で新製品の開発が行われているが，大人気商品は出ていない．

### (6) 生産コスト削減の努力

需要増進対策とともに取り組まれたのが生産コスト削減対策である．

繭の生産コストに占める労働費のウエイトは極めて大きい．したがって，労賃水準の如何が繭のコスト価格の決定的な要素となる．また，製糸業においては，原料繭代がコストの８割を占め，繭の価格如何が糸価の決定的な要素となる上，生糸の生産自体においても，繰糸機は自動化されたとはいえ，完全なオートメーションではないから，労働費のウエイトが大きい．

労賃水準が生糸・繭の生産をする外国よりも高い日本においては，労働生産性を上げてコストを下げる以外に安い外国産生糸に太刀打ちするすべはないことになる．特に繭生産において，コストダウンができるか否かが決定的に重要である．

労働生産性向上に向けて取り組まれたものの代表例が，1991（平成3）年から96年度までの「先進国型養蚕業確立対策事業」である．この事業のために，事業団，大日本蚕糸会，全養連から，合計7億円が拠出され，事業費に充てられた．「先進国型」と言っても，どこか別の国にモデルがあったわけではない．労働生産性を上げる以外に労働費の高い先進国日本の蚕糸業が生き残る途はないという発想から，労働生産性の高い養蚕の生産システムをつくり，先進国でも養蚕は生き残っていけることを示すという意気込みで命名されたものである．

先進国型養蚕の経営モデルとして想定された経営目標は，家族労働2人，年間掃立回数12回，収繭量10トン，繭所得1,000万円というものであった．そのための技術体系としては，広食性蚕品種と低コスト人工飼料の組み合わせによって1～4齢を人工飼料で飼育し，5齢の桑育はベルト式の超省力型飼育機械を用いるというものであった．これら技術の核となるベルト式超省力型飼育機械は，蚕に給桑する人は定点から動かず蚕と桑を乗せた蚕座の方がベルトによって循環するという方式をとるものであり，人手をなるべくかけず，労賃コストを下げるということにポイントがあったものである．ようやく研究室段階で試作されたばかりのものであったが，急を要するということで実施に移された．

先進国型養蚕については，実証農家として10戸が選定され，現場で機械を稼働させて飼育が行われることとなった．また，8県の蚕業試験場でも大量飼育試験が行われた．その結果，物理的にベルトの故障が起こりやすいこと，蚕座が動くため蚕の体の損傷と病気が発生しやすいこと，広食性蚕品種は上蔟時に蚕座に潜る性質があることなどの問題点が明らかになった．このため，省力化には限界があり，年間掃立回数を減らしたり，家族労働をもう少し投入する等の修正が必要となり，当初考えられていた省力化＝労働生産性の向上は後退せざるを得なかった．

ベルト式超省力型飼育機械は高価なものであり，また，かなりの電気代を必要とすることもあり，資本の増投により労賃節減を図ろうとする「先進国型養蚕業確立対策事業」は，当初の狙いが実現されないままに終了した．その後，95年から，目標を3トンに下げて継続的事業が実施され，新たに26戸の実証農家が指定された．生産性向上技術の確立普及とともに，リーダー的な養蚕農家の育成ということもその実施意義とされたが，結果として，3トン以上の生産量を達成した農家は少なかった．抜本的な生産性向上は，実現できていないと言わざるを得ない．

技術革新に向けた大きな取組みは，各地の蚕糸試験場の廃止が相次いだこともあり，これ以後行われていない．

### (7) 行政改革の動向

生糸・繭の生産量の減少に伴い，蚕糸関係者が常に直面してきたのが，行政改革の要請への対応である．蚕糸関係行政改革は，国の行政組織そのものと国に準ずる組織あるいは試験場組織に及び，さらに都道府県の組織にも及んだ．行政組織の縮小が，蚕糸業を支援する力の減退を通じて，生糸・繭の生産縮小につながった面があることは否定できない．

また，生糸・繭の生産縮小に伴い，蚕糸団体の統合・解散も相次いだ．

分野別に時系列的にみてみよう．

ア　国の行政組織

1968（昭和43）年6月，全省庁一局削減の一環として，1927（昭和2）年に設置された蚕糸局（1943年戦時体制の下で廃止されたが，戦後まもなく復活．課は，糸政課，繭糸課，蚕業課，蚕糸改良課の4課）が園芸局と統合され，蚕糸園芸局となった．蚕糸関係課は，繭糸課，蚕業課，蚕糸改良課の3課であった．

71（昭和 46）年 12 月には，農林省の機構改革により，蚕糸園芸局は農蚕園芸局となった．蚕糸関係課は，当初は繭糸課，蚕業課，蚕糸改良課の 3 課であったが，82 年に蚕糸改良課が蚕業課と統合され，以後 13 年間その体制が続いた．

95 年 11 月，繭糸課と蚕業課の 2 つの課が統合されて蚕糸課になった．局の名称は，農産園芸局となり，蚕の字が消えた．98 年 10 月には，蚕糸課は畑作振興課に統合された．さらに，2001 年 1 月，省庁再編に伴い生産局が設けられ，蚕糸行政は，その中の特産振興課の所管となり，蚕糸係がおかれるにすぎなくなった．

国の出先機関であった横浜と神戸の生糸検査所は，1980（昭和 55）年，それぞれ農林規格検査所に統合された．農林規格検査所は，その後，農林水産消費技術センターに改組された．

イ　国の試験研究機関

国の蚕糸試験場は，東京都杉並区に設置され，1937（昭和 12）年の蚕業試験場からの名称変更等を経て戦後も存続していたが，80（昭和 55）年に，茨城県つくば市に移転した．その後，88 年に，蚕糸・昆虫農業技術研究所となり，2001（平成 13）年には，独立行政法人農業生物資源研究所の一部門になった．さらに，16 年には，同研究所が農業・食品産業技術総合研究機構に統合された．

製糸部門については，1947（昭和 22）年，蚕糸試験場に岡谷製糸試験所が設置され，その後中部支場に昇格するなどして製糸業の発展に寄与したが，徐々に縮小され，2011 年，その後続の組織も最終的に廃止された．

ウ　事業団

1966（昭和 41）年に設立された日本蚕糸事業団は，81 年，糖価安定事業団と統合され，蚕糸砂糖類価格安定事業団となり，さらに 96 年，畜産振興事業団と統合されて農畜産業振興事業団となったが，蚕糸関係業務は引き継がれた．しかし，2008 年，輸入糸調整金制度の廃止に伴い，同事業団を引き継いだ農畜産業振興機構の蚕糸関係業務は，すべて廃止された．

エ　都道府県の蚕糸行政組織

昭和50年代までは，蚕糸業が盛んな都道府県には，蚕糸課がおかれているのが通例であったが，生産縮小に伴い，廃止が相次いだ．統合されて，名称だけは一部に残された県もあったが，それもなくなっていき，現在蚕糸の名前が残されているのは，群馬県の蚕糸園芸課だけである．

また，研究組織についても，昭和50年代には，25の都道府県で蚕糸独自の試験研究機関を設置していたが，現在，独自の蚕糸試験研究機関を設置しているのは，群馬県のみである．

オ　技術普及組織

養蚕農家の技術指導のため，一般の協同農業普及事業とは別のものとして設けられた「蚕糸改良普及制度」において，県には蚕業改良指導員，農協には嘱託蚕業普及員がおかれた．戦後復興期の1954（昭和29）年には，前者が1,150名，後者が5,024名いたものが，徐々に削減され，93年にはそれぞれ426名，679名となり，94年に一般の協同農業普及事業と統合された．

2016年現在，養蚕農家の指導に当たっている者は，8県の農協に40名がいるにすぎなくなっている．

### (8) 蚕糸絹業提携システムの構築―現在の状況

取引指導繭価1,518円という水準は，最低限これだけは，という農家の声には応えたものではあるものの，繭1kgの生産費のうち物財費が約1,000円かかることからみると，農家の懐に残る金額は繭1kgにつき約500円にとどまり，決して十分な水準とは言えなかった．したがって，養蚕農家の養蚕廃止の動きも止まらなかった．しかし，さらに高い価格を保証するためには，他に負担者はおらず，財政負担を増額する以外にはないが，1,518円の水準において，すでに繭代補てん額の占める割合が大きく，かつ，補てん額に占める国費の割合が高いことから，他の農産物とのバランスを失するとして到底財政当局の認めるところとはならなかった．

1,518円以上の繭価を実現するためには，新たな発想が必要であった．2006年，農林水産省に「今後の蚕糸業のあり方検討会」が設けられ，検討が行われた．その結論の大筋は，国産生糸の希少性を生かし，それに絹業側の染・織・デザインの力を加えて，品質の高い差別化された「純国産」の絹製品を作り，それによって実現された高い販売価格を各生産段階に還元していく，というものであった．すでに一部の百貨店のリーダーシップのもとに「純国産」をキャッチフレーズにしたそのような取組みが行われ始めていた．その実現のためには，繭を生産する農家から始まって，生糸，織物，染色，流通販売などの業者が加わった蚕糸絹業提携グループを構築する必要があった．2007年度の補正予算において，35億円の「蚕糸・絹業提携支援緊急対策事業費」が計上され，これをもとに財団法人大日本蚕糸会に提携基金が造成された．基金の取り崩しにより，純国産絹製品づくりを行う提携グループ形成への支援が行われることになったのである．これとともに，純国産絹製品の識別を容易にするため，「純国産絹マーク」が制定され，純国産の証明のための生産履歴がマークとともに表示されることとなった．なお，蚕糸と絹業の提携関係の構築を阻害するものとして調整金制度は廃止された（「生糸の輸入に係る調整等に関する法律」の廃止）．

提携グループは，若干の廃止，統合があったものの，2017年末現在50のグループが稼働している．そこでの繭代の取り決めは，グループによってまちまちではあるが，最低の繭価格でも繭1kgで2,000円以上になっている模様であり，従来よりかなり増額された．

ただし，その繭代のすべてが提携グループの稼ぎから支払われるのではなく，その原資の一部になるべきものとして，当初は国からの拠出を基にした基金からの助成金が支給された．助成金の額は，時期によって異なるが，繭1kg当たり3,000円～1,500円で，2014年度からは，大日本蚕糸会固有の資金からの助成金として，繭の運賃助成を含めて2017年度現在1,250円が支給されている．生糸・繭にかなりの内外価格差がある状況の下では，絹業側の製品開発の努力だけで，内外価格差を克服する絹製品をつくりだすことは難しいからである．

ところで，助成金からの脱却は可能であろうか．価格水準については，今後とも世界の生糸市場でリーダーシップをとる中国の生産・価格動向が世界の大勢を決めていくことになろうが，現在のところ先行き不透明と言わざるを得ない．中国経済が順調に成長していけば，賃金水準も上昇し，遠からず内外価格差が縮まるという展望も持つことができるが，最近の中国経済の成長が鈍化していることから見て，短期に価格差が縮まるものと楽観的にみるわけにもいかない．したがって，賃金格差は徐々に縮小していくにしてもなお相当期間は内外価格差の存在を前提とせざるを得ず，その価格差の悪影響を緩和するための助成金は，我が国の蚕糸業の維持にとって不可欠のものと言わざるを得ない．

また，世界の絹の需要動向も注視すべき分野である．先進国では，人口も伸びず，飽和状態が続くものとみられるが，中進国，開発途上国において，経済発展に伴う所得の向上により，絹の需要の増加を見込むことは十分可能性がある．絹の需要増加は，価格の上昇をもたらし，生産コストを償うことが容易になる．

現状は極めて厳しいが，この厳しい時期を持ちこたえれば，再び蚕糸先進国たる我が国の蚕糸業に陽が昇ることは十分にあり得ることである．世界史的な視野のもとに，そのときに備えておくべきと考えられる．

## 3.　総括的考察

以上，戦後の生糸・繭の生産動向と蚕糸政策の動向について略述してきたが，そこから浮かび上がる主なポイントは，次のとおりである．

①　1970年ころから，労賃水準の格差に起因して生糸・繭の内外価格差が顕在化するとともに，1971年からの為替レートの変動（円高の進行）も加わって内外価格差が拡大し，生糸，撚糸，絹織物のそれぞれの輸入にドライブがかかったこと．

② 生活の洋風化の進行や価格高騰などにより，きもの離れが著しく進み，日本の絹の需要が大幅に減退したこと．

③ 蚕糸サイドは，繭糸価格安定制度により所得と再生産の確保を図ってきたが，繭糸価格安定制度への依存のあまり，内外価格差を背景として，蚕糸サイドが求める支持価格水準（所得確保のための基準糸価の水準）と実勢の価格水準（市場で受け入れられる価格水準）との間にかい離を生じていることの認識が不十分で，基準糸価の引き上げ一方の時期があったこと．これにより，両者のかい離が進むとともに，引き上げた基準糸価を実勢価格を考慮して引き下げざるを得なくなり，生産現場に混乱がもたらされたこと．

④ 政策として，輸入抑制対策，需要増進対策，生産コスト引き下げ対策等考えられるあらゆることが行われたが，絹織物等の絹製品の輸入抑制については，工業品という扱いのため，自由経済体制の下では限界があり，生糸に比べて輸入抑制措置が相対的に弱くバランスを欠いたこと．このため，絹需要の減退と絹製品の輸入増大が重なって絹業サイドの疲弊も大きく，国内の製糸・養蚕を支える力が弱くなったこと．むしろ，生糸の一元輸入制度をめぐって蚕糸サイドと絹業サイドとの対立関係が生じたこと．

⑤ 1994年から価格政策から所得政策への転換が行われ始めたが，大きな内外価格差のため，繭代に占める補てん額の割合が90％以上と極めて大きくなり，限界があったと考えられること．96年度から国費の投入も行ったとはいえ，養蚕農家の側から見れば，取引指導繭価1,518円を大幅に超える十分な所得補償の水準が実現されなかったこと．製糸への支援は，繭代負担軽減という形で行われたが，負担ゼロというわけにはいかず，限界があったこと．

これらの背景として考えられることとしては，

第1に，生糸が一般の農産物とは異なる特別の商品であることの認識が不十分であったことが挙げられる．絹製品は，奢侈品で生活必需品ではないから，景気等の動向に需要が左右されやすく，かつ，価格動向に敏感である．これをコメなどの生活必需品と同列に扱うことは不適切である．生糸の輸入量が増加してきたとき，量的な抑制策にのみ頼り，価格競争力の視点が不十分であったと考えられる．

第2に，商品としての不安定さを補完するためか，蚕糸団体の政治への依存が極めて強かったことである．自民党に「蚕糸懇話会」という蚕糸政策を取り仕切る議員組織ができ，蚕糸団体はそれに依存した．過剰が明らかになってきたのにもかかわらず，76年以降も連年基準糸価の引き上げが行われたことは，その政治力の表れである．81年に引き下げに向けて農林水産省が動き始めた時もそれに対する抵抗力として作用した．政治への過度の依存は，事業団による買入れ制度とともに，商品の販路を切り開くという本来払うべき努力を減殺する方向に働いた．

第3に，生糸の一元輸入制度をめぐって，蚕糸と絹業との間に対立や亀裂を生じたことである．絹の需要増進，絹織物の輸入抑制など共同で取り組んだ課題もあったが，事業団が輸入糸の供給を絞り蚕糸側の保護を強くすると絹業側の原料入手難・価格高を招いて不利になるという構図ができてしまい，蚕糸側にとって本来顧客である絹業側との間に亀裂・いがみ合いを生じた．政界も蚕糸サイドと絹業サイドに二分され，亀裂に拍車をかけた．93年の「四者合意」のような関係業界による協議システムや共同的対応がもう少し早期にできていればと思われる．

第4に，蚕糸・絹業双方にとって痛手となったのは，業界のベースともいうべき絹の需要が大幅に減退したことである．特に日本の絹の需要の太宗を占めてきたきものの需要の低下が著しく，それが絹関係者の苦難と蚕糸縮小の根源的な理由と指摘できる．現代の社会生活では，活動の容易性，維持管理の簡便性，カジュアル性などの点において，きものは適合性を有しているとは言えず，広く一般に再普及することは困難であった．一方，きもの以外に洋装品や寝装品などのあらゆる分野において絹製品の開発が行われたが，品質・価格などの壁に阻まれ，十分に普及してこなかった．この絹需要停滞の問題は，今日においても引き続いて存在しており，そこを突破できる革新的な製品の開発が待たれる．

いずれにしても，生糸・繭の生産の縮小の経済的主因は，きものの需要の大幅な低下と，内外価格差の存在・拡大により，輸入糸が生糸の消費流通の主流になったことにあった．為替レートの変動の影響も大きかったが，基本的には労賃のウエイトの大きい，養蚕と製糸の生産コスト構造にあった．その大幅な改善が困難であるとすると，残された蚕糸業維持の方策は，価格政策ではなく特別の所得対策をとることであるが，その水準をどれだけ高くできるかがポイントとなる．再生産の観点からは，コストを償う水準ということになるが，一方，それには財政による多大な負担を必要とするから，青天井ということは考えられず，一定の限界が生ずることになる．かくして，所得政策に切り替わったものの，その所得確保の水準は蚕糸サイドから見た場合必ずしも十分とは言えない水準で推移し，縮小が続いたというのが実態であったと言えよう．

## おわりに

以上，日本の蚕糸業の縮小過程とその要因について述べた．この経過と要因は，各種の農産物の市場開放が強く迫られている今日，その政策の在り方を検討するうえで，示唆に富むものと考える．

TPP 合意はアメリカの離脱によって発効は困難になったが，EU との EPA と TPP11 は大筋合意されたし，日米間の二国間協議の可能性は残されている．農産物については，あらゆる機会を通じて関税引き下げが求められるものと思われる．しかし，内外価格差のある品目について関税を引き下げれば，外国産品との競合が激化し，国内生産が縮小していくことは必至である．その際，過保護論などをものともしない徹底的な対策がなければ国内生産は急速かつ大幅に縮小してしまうことを蚕糸業の経験は物語っている．絹製品が生活必需品ではないということも高いレベルでの財政支出を確保する上でネックの1つとなった．食料である他の品目については，生活必需度が高く安定的な供給の必要性が高いということを踏まえ，蚕糸業の苦い経験に学んで対処することを切に願い，筆をおく．

**［付記］**本稿は，2018年2月28日現在で把握している事実に基づき執筆したものである．

**注**

1)　「俵」は，生糸の取引単位で，1俵は60kg.
2)　絹織物業者に引き渡された，外国産生糸も含まれる生糸の総量．これが生糸の需要量ということになる．
3)　国産生糸を事業団が買い支えるときの基準となる価格．実際には，基準糸価マイナス100円で買い入れる．
4)　基準糸価の引き下げにより，売渡価格が取得価格を下回ることは必至となっていた．
5)　ネクタイ，スカーフなど最終の商品形態になったもの．
6)　実際に養蚕農家に支払われる金額は，生糸量歩合や解じょ率（解じょ率とは，糸にするときの繭のほぐれ具合を示す指標で，ほぐれ具合がいいと糸にするときの切断回数が少ないので解じょ率は上がり，繭の評価が高くなる）などが考慮され，1,518円よりも平均的には100円くらい高かった．
7)　従来より狭い幅の中間価格安定帯を設定し，糸価がその下限を下回れば，買い入れ，上回れば売り渡すという仕組み．
8)　いわゆる「基準糸価」．この水準を実勢価格が下回った場合，基準糸価マイナス100円の価格で事業団が買入れを行うこととなるので，蚕糸側にとって極めて重要な指標である．
9)　韓国は，当初かなりのシェアを占めていたが，経済が発展するにつれて賃金水準が上昇し，競争力を失って85年以降輸出はなくなり，現在は，生糸生産量もゼロになっている．
10)　戦前，輸出向けの高品質の糸でなく，国内向け専用の生糸を製造していた製糸企業の呼称．
11)　関税の額は生糸1kgにつき8,209円であるが，実需者に対する輸入分は，低い水準での輸入糸調整金1,050円の徴収のみとすることとなり，実際には実需者輸入だけが実行された．

**参考文献**

「蚕糸年鑑」（1949年以降1994年までの各年版）日本蚕糸新聞社．

「大日本蚕糸会創立百年記念誌」(1992) 大日本蚕糸会.
「大日本蚕糸会創立百二十年記念誌」(2012) 大日本蚕糸会.
二瓶博「糸価決定をめぐる“四十日間抗争”」(1983) 非売品.
「蚕糸砂糖類価格安定事業団設立十周年記念誌」(1991) 蚕糸砂糖類価格安定事業団.
小野直達「現代蚕糸業と養蚕経営」(1996) 農林統計協会.
矢口芳生「戦後蚕糸業経済論」(2012) 農林統計出版.

# 第2章
# 戦後のライフスタイル変化と蚕糸業の縮小過程

西野寿章

## はじめに

第二次世界大戦前における製糸資本は，優良糸を主に米国に輸出することを第一義としていた．富裕層は国産生糸を使用した正絹着物を使用していたが，多くの庶民の着物の生地は，屑糸や木綿によって生産されていた．終戦後，日本が優良糸を輸出していた米国においては，化学繊維が発達していたことから，有力な輸出先を失い，生糸の輸出量は1959（昭和34）年では8万9千俵余りであったが，1960年代に入ると激減し，1974（昭和49）年の786俵を最後に輸出は途絶えた．

一方，1954（昭和29）年から始まった高度経済成長期においては，1961（昭和36）年の所得倍増計画の推進に基づく重化学工業分野の発展，1964（昭和39）年の東京オリンピック，東海道新幹線の開業，名神高速道路の開通などの大型公共事業の展開などによって，太平洋ベルト地帯の都市部に人口が集中した．所得倍増計画は予想以上の成果を収め，過疎と過密の地域問題や公害問題を生み出しつつも，国民の所得を押し上げ，耐久消費財の購入をはじめとして消費意欲を高めた．呉服もその１つであった．

高度経済成長期は，国民所得が向上しただけではなく，戦後の第一次ベビーブームで生まれた人々の成人，結婚の時期と重なったことも呉服需要を伸ばし，いわゆる呉服ブームを生み出した．このことは，輸出先を失った日本の蚕糸業が国内市場に目を向ける契機となった．その一方で政府は，1955

(昭和30) 年に加盟したGATT (関税及び貿易に関する一般協定) 加盟国として，1962 (昭和37) 年に繭糸の輸入を自由化した．この間，農工間の所得格差も顕著となり，養蚕農家においても離農が目立つようになり，国産生糸の生産量は1969 (昭和44) 年をピークに減少し始めていた．

高度経済成長期後半においては，呉服内需が減少したとはいえ，生糸の純内需量より国産生糸の生産量が下回る状態が続き，輸入生糸が不足分を補った側面が見受けられる．輸入自由化当時，自由化に反対しなかった蚕糸業界において，安価な外国産生糸が日本生糸市場を席巻することが懸念され始め，政府は生糸の輸入一元化を図って農家と製糸企業を守るようになった．農家と製糸資本は，輸入一元化に伴う安定価格政策によって一定の所得水準と収益を維持できたが，1973 (昭和48) 年のオイルショック以降，需要が減少し，呉服業界は収益確保のために減少分を価格に転嫁すると同時に生産コストをより抑制する必要性に迫られ，国産生糸より安価な輸入生糸を原材料として使用することが一般化していった．

この時点において，原料を生産する蚕糸部門と，製品生産に関わる機業部門，制作部門，卸小売部門の分業によって成立していた日本絹織物産業のサプライチェーンが分断されることとなった．加えて，生活の洋風化，自動車の普及なども相まって，呉服需要は大きく減少した．高価格の呉服の着用機会の減少は，やがて貸衣装 (レンタル) 業を発達させ，日本文化の一端を形成してきた呉服業は斜陽産業となった．今日，日本蚕糸業も安定した需要先を失い，農業分野から養蚕がほぼ姿を消し，工業分野から製糸業がほぼ姿を消した．

本稿では，こうした戦後日本の蚕糸業と呉服業の動き並びに政策的対応を整理しつつ，蚕糸業の縮小過程と要因を明らかにし，地方都市における呉服業への影響についても触れ，日本文化の1つでもある絹織物産業振興の条件についても考察する．

## 1．戦前の服装史と日本蚕糸業

戦後の日本蚕糸業の変化を考察する際，戦前の様子について知っておく必要がある．なぜならば，規模が大きな製糸資本の生糸の売り先の多くは国内ではなく，海外にあったからである．また，明治維新を迎えて，近代国家として歩み始めたとは言え，地域社会は地主小作制度下に置かれ，国民が総じて中産階級になり得たというわけではなかった．在来の和服は江戸時代から引き続いて大勢を占めたが，階級制度の撤廃と，洋服をはじめ異国服飾品の流入が大きな推進力となって，新しい風俗が生まれた[1]．

洋服の普及は，明治政府の陸海軍の軍服が最も早く洋服化され，官吏，警察官，鉄道員などの制服が 1872（明治 5）年までに洋服となるなど，上からの洋装化が進んだ[2]．女性の洋装化は，明治 10 年代後半の鹿鳴館時代に進んだが，洋服を身につけたのは華族や政府高官夫人，令嬢たちであり[3]，明治 30 年代頃から子供の晴れ着として洋服を着せ始める家庭が現れたが，それは上流階級や裕福な家庭に限られていた[4]．洋服が大衆化していくのは，大正末期のことであった．

1925（大正 14）年 5 月の東京銀座における今和次郎の調査結果によれば，女性の服装は 99％が和服であったが，女子学生は和服が 71％と洋服の割合が高かった．また 1928（昭和 3）年 11 月の東京日本橋三越デパート入口で行った調査によれば，女学生を含めて和服が 84％であった．一方，男性は 1925 年 5 月の東京銀座の調査では洋服が 67％，男子学生では 80％が洋服であったが，大阪心斎橋での調査では洋服が 54％と和服と大差がなかったとされている[5]．この当時，服装に男女の差がかなり大きかったようであるが，女性の服装の主流は和服であった．

この当時の女性はほとんどが和服であり，銀座であることから外出着であったが，その生地別割合は，銘仙が 50.5％，次いで木綿 16％，お召（絹）12％，メリンス（毛，モスリン）8％，セル（毛）7％，錦紗（絹）6％などとなっていた．羽織は，銘仙24%，錦紗（絹）20%，木綿6%，お召12%，メリンス11%，大島（絹）10%などとなっており，帯は羽二重40%，メリンス28%，博多（絹）11%などであった[6)]．

戦前，日本蚕糸業の中心であった長野県諏訪地方において生産された「信州上一番」は輸出生糸の標準物＝普通糸であった[7)]．その際，戦前の国産生糸は全てが輸出されたわけではなく，国内にも流通していた．内田金生は，戦前の生糸国内市場を分析し，政府の公式生産統計に記載された生糸生産量は，戦前期を通じて明らかに過小であること，戦前期の生糸国内消費量は，従来考えられていた以上に多かったことを明らかにしている．内田は，生糸の国内消費量について，公式統計では生産量－輸出量となっているが，生産量＋輸移入量－輸出量を国内消費量として推計し直している．それによれば，最も国内消費が高かった1920（大正9）年の公式数値が52%にあるのに対して，推計値では59%になるという．輸出量が1万俵を越えた1912（大正元）年から1932（昭和7）年の間の平均国内消費率は公式数値では25.7%，内田の推計値では37.2%になると報告している[8)]．公式数値の25.7%，推計値の37.2%のいずれによせ，生産された生糸の国内流通量の過半以上は輸出されていた．

前述の東京銀座での調査結果によれば，和服に輸出生糸と同質の生糸を使用していたのは，高級品のお召と錦紗の18%に留まっていたと考えられる．約半数が着ていた銘仙は，関東で生産された庶民の絹織物であった．銘仙は，もともと本来の絹織物には使用されない玉糸や熨寸糸（のしいと）などの屑繭や不良糸からひいた手紡ぎ糸で織った紬の一種であり，主に関東や中部地方の養蚕農家が自家用に生産していた織物であった．軽く暖かく着心地よく，しかも絹織物としては丈夫であり，ねんねこや布団側にも利用された．群馬県の伊勢崎銘仙，埼玉県の秩父銘仙から始まったとされ，桐生，足利，館林，佐野，八王子，所沢などで生産された[9)]．大正後期から昭和にかけて，庶民一般にまで広がったお洒落への関心と儀礼や正式の場以外に着る場の出現で，外出着やお洒落着といったそれまでにない種類の着物の需要を生むことになった．

生地としては春秋冬用にお召，大島紬が，夏物では明石，絽，絽縮緬，紗，紗縮緬などの絹物や，麻の中でも上布が高級品とされた．絹でも銘仙や絹綿の交織物，またセル，モスリンなどの毛織物が手軽なものとして用いられ，人絹（人造絹糸）を用いて，安価でありながら，お洒落心を充たす生地も豊富に作られるようにもなった[10)]．

矢木明夫によれば，戦前，和服は季節的な衣更えが行われ，目的別に，社会的に衣服の選び方などが慣習的に決められていた．普段着，日常着としては，銘仙，紬，メリンス，セル，人絹，木綿などである．外出着としては，主に縮緬，お召，紬，銘仙，夏物として絽，紗[11)]など，絹織物が多かった[12)]．このように，戦前の和服の大衆生地は銘仙であったことがわかる．銘仙の原料には，玉糸が用いられた．玉糸とは，蚕2匹で作った玉繭で挽いた糸のことを言う．繭が2本の糸でできていることから，解舒[13)]が悪く，太い糸しか挽けず，主に国内用だった[14)]．玉糸は，群馬県前橋市や愛知県豊橋市で生産され，一大産地となった豊橋で生産された玉糸は，大正末期頃より，京都，丹後，福井，前橋，八王子，桐生，足利，福島，福島川俣の機屋で銘仙の着尺を織るために用いられ，川俣だけは裏地用を織っていた[15)]．製糸業や織物業に従事した女工にとっては，庶民の絹の普段着といわれた銘仙は憧れのよそゆきであった[16)]．

日本では，1926（大正15）年には，一般呉服織物の錦紗，お召，セル地などに人絹（人造絹糸＝レーヨン）が盛んに利用され始めた．人絹の価格は正絹の3分の1であったため，製品も安くなり，流行の織物が一般の人々の手に届くものとなったとされ，帯地にも人絹がよく用いられ，安い価格で提供されたことから，前述した絹織物産地での人絹糸の受入量が多くなっていた[17)]．絹織物は高級品であったが，昭和に入って絹織物の国内消費は著しく増大した．これは絹織物輸出の不振，生糸価格の不況による低落，そして収入面での軍需インフレによる国内の需要増によるものと考えられている[18)]．

1890年にフランスで開発された人絹は，わが国では日本最初の人絹会社である帝人（当初は帝国人造絹糸）[19)]と旭絹織が1920年代半ばに組紐，女帯地，肩掛地のレーヨン企業化に成功した[20]．1920年代は，パルプを原料とするレーヨンと天然繊維である生糸とが，絹織物の原料糸市場において競争を開始する時期であり，安価で，しかも安定的に供給可能なレーヨンが西陣，桐生，福井などの国内機業地で帯地や交織物の原料糸として急速に使用され始めていた．1920年代における生糸の国内消費率の低下とその後の停滞的な様相は，こうした需要の変化が国内の絹織物原料市場に生じたからであった[21]．またレーヨン製造過程で生ずる大量の人絹屑を商品化するレーヨン・ステープル（スフ）工業も発達させた[22]が，スフは肌触りが悪く，強度が劣り，熱に弱く，水に濡れるとさらに弱くなるなど劣悪な繊維であった[23]．

1937（昭和12）年の日中戦争勃発以降は，羊毛，綿花の輸入制限を受けて，羊毛を原料とするセルやモスリン，各種綿織物の生産ができなくなったため，絹織物の銘仙の人気が高まったとされる[24]が，1938（昭和13）年に制定された国家総動員法によって経済統制が行われ，1941年には衣料切符制が導入される一方，服装の簡素化のために男性は国民服に統一され，女性についても婦人標準服が決められたりしたが，和服をベースとした「もんぺ」が普及するようになった[25]．

このように，戦前の国産生糸の過半以上は輸出されていた．洋服は明治初期に男性の官服として導入され，男性は大正末期にはかなり普及していたものの，女性ではほとんどが和服であった．その和服の生地は，大正末期の調査によれば，輸出された普通糸と同質の生糸を使用していたのは，お召と錦紗の18%に留まっていたことから，輸出生糸と同質の生糸によって生産された生地の着物の購買層は極めて限られていたと見ることができる．女性の大半が着用していた銘仙の原材料は，本来の絹織物には使用されない手紡ぎ糸や玉糸であった．

## 2. 戦後の絹織物市場の変化と蚕糸業の縮小過程

戦前の日本製糸業は，米国への輸出によって成立し，近代資本主義形成の一端を担ったが，第二次世界大戦において輸出先を敵国としたことにより1939（昭和14）年から輸出量が減少した[26]．1941（昭和16）年に14万2,751俵を輸出した後は，1942年8,171俵，1943年12,513俵と続いたが，1944年は1,022俵であった．終戦の年である1945（昭和20）年の輸出量は皆無であったが，1946年には8万6,427俵が輸出され，1950年には戦後最高の9万4,622俵が輸出されたが，その量は戦前の最高であった1934（昭和9）年の75万4,056俵に遠く及ばない[27]．それは，米国において化学繊維が発達し，生糸の必要量が激減していたからであった．

1950（昭和25）年に勃発した朝鮮戦争に伴う特需景気は，日本経済復興の足がかりとなった．1955（昭和30）年は戦後経済最良の年と評価され，もはや戦後ではないという言葉が使われたほどになった[28]．1950年代後半からは神武景気，なべ底景気，岩戸景気とノコギリ状に好景気と不況が交互に続いた．1960（昭和35）年は好景気の年であった．その要因は民間設備投資，個人消費の増加，財政支出にあったとされ，この時期に，いわゆる三種の神器と呼ばれた耐久消費財が普及していった[29]．1960年末に閣議決定された所得倍増計画による重化学工業を主軸とした産業振興によって，さらに国民所得が増加した．こうした経済成長は，呉服ブームを生み出し，輸出先を失った国産生糸は旺盛な内需に支えられることになった．

### (1) 高度経済成長期における絹織物市場の拡大と縮小

図2-1には，1955（昭和30）年から1978（昭和53）年までの間の京都・西陣における帯地の生産量と年産額を示し，図2-2には同期間の西陣における着尺[30]の生産量と年産額を示した．データは，西陣の事業所の総計ではあるが，日本の絹織物産地の代表であることから，当時の日本の消費動向を反映させていると考えられる．それによれば，西陣織の中心である帯地の生産量は1955年には337万3,018本であった．1972年まで増加し続け，同年には780万4,937本を生産している．ちょうど高度経済成長期にほぼ等しいこの間の生産量は2.3倍に増加している．年産額は急増し，1955年の66億

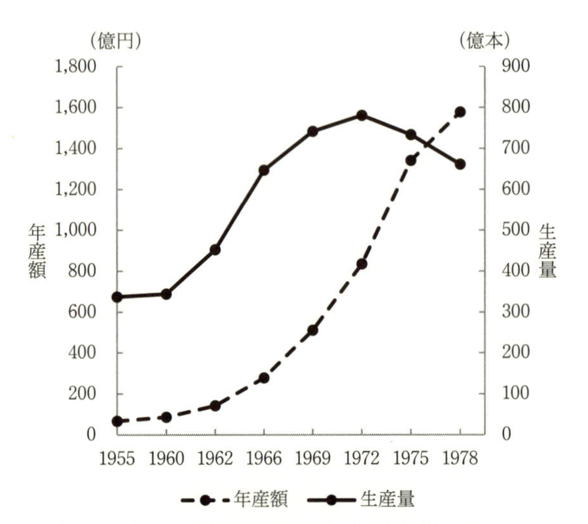


資料：1955 年は西陣機業調査委員会「西陣機業の生産構造」,
1960-78 年は西陣機業調査委員会「西陣機業調査の概要」.

**図 2-1**　西陣における帯地の生産量と年産額の推移

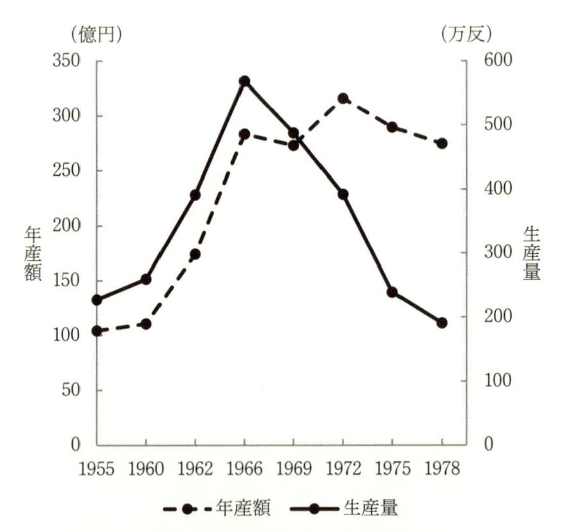


資料：1955 年は西陣機業調査委員会「西陣機業の生産構造」,
1960-78 年は西陣機業調査委員会「西陣機業調査の概要」.

**図 2-2**　西陣における着尺の生産量と年産額の推移

8,841万円は，1972年には834億8,602万円へと約12.5倍の増加を見せた．帯地の需要は1972年をピークとして減少したが，需要減少分を価格に転嫁したことから年産額は減少していない．一方，着尺は激しい生産量の変化が見られる．1955年における需要は226万9,713反であった．1966（昭和41）年まで需要は増え続けて568万6,501反まで増加した．しかし，1966年以降，減少の一途をたどり，1975（昭和50）年では238万8,646反と1955年の生産量に近づいているものの，着尺の年産額は需要量と並行して大きく減少してはいない．これも帯地と同様に需要の減少分を価格に転嫁したからだと考えられる．このように見てくると，西陣においては帯地のピークは1972年，着尺のピークは1966年と見ることができる．

1966（昭和41）年の呉服景気について繊維小売新聞社の記者は，①婚礼ブーム，結婚費用の1/3を繊維製品，呉服が占めており，披露宴に招かれる人々も和服の販売促進力となっていた，②成人女性の和装需要も呉服景気を押し上げ，訪問着ブームから中振袖の需要が増加した，③七五三用需要などに依ったと報じている[31]．1960年代は呉服ブームと言われ，呉服の高級化が進んだと言われてきたが，加賀美と千年は，絹織物の生産実績や価格変化，品質変化などの分析を通して，呉服の高級化とは，高級品と評される生産比重の増加を指すものであり，呉服ブームは必ずしも高価格化，高品質化を意味するものではなかったと分析し，1960年代の高価格化は，製品の品質向上によるものというよりも旺盛な需要によるものだったと分析している[32]．

呉服需要のピークは，西陣における着尺の出荷数量からは1966（昭和41）年，出荷金額では1976（昭和51）年であった．俗に1兆8千億円といわれてきた和装マーケットは，1973（昭和48）年のオイルショックをピークにして，和装の需要は年々減少したとされ，店頭販売の減少，店外での展示会，訪問販売の比率が増加し，七五三，成人式，婚礼，入卒といった儀式の場しか着用されなくなった．商品もフォーマルなものに特定化され，多くが儀式着としたものであるため，販売される商品は高額品が中心となり，販売数量の減少を単価アップで補って高額化に拍車をかけていた[33]．

一方，中村宏治は，染呉服の生産構造も呉服需要を減少させた要因だと分析している．中村は呉服の高級化，フォーマル化が進行した中で，最終需要者の発注に基づく染加工である「誂染色」[34]といった伝統的な染呉服の受注生産方式が限界を生み出したことを指摘している．それは，第1には，最終需要者からの受注生産方式をとるものであったことから，その性質上，発注からの納品までに相当の期間を要し，このため「誂染色」は需要者が必要時に即座に染呉服を入手できないという避けがたい宿命を持ち，需要の高級化，フォーマル化に能動的な対応が十分でなかった，あるいは，それをなし得なかったと述べている[35]．需要の増加は，消費者の多様化を意味し，発注から納品まで時間を要する「誂染色」を嫌う消費者は既製品の購入に向かった．このことは，呉服の大量生産を意味し，発注者の個性に合わせた特注品（誂え品）を生産していた悉皆業の廃業を促進し，それを支えていた染め職人や仕立て職人など，多様な職人を失うことにもなった．

日本蚕糸事業団の調査によると，1977（昭和52）年上半期，前年同期比における販売数量の動向は，先染め呉服では回答した京都の21店中95%が減少と回答し，後染め呉服では回答した京都の37店中57%が減少と回答し，さらに白生地（表地）においても回答した京都の33店中70%が減少と回答している[36]．また，1977（昭和52）年下半期，前年同期比の販売数量の動向は，先染め呉服では回答した京都の25店中88%が減少と回答し，後染め呉服では回答した京都の39店中46%が減少と回答して，白生地（表地）では回答した京都の35店中37%が減少と回答している[37]．京都府が実施した1977（昭和52）年における西陣織工業組合への調査結果によると，現在直面している経営上の問題点は，帯地機業では「生糸価格の上昇」，次いで「代金回収の遅れ」となっており，着尺機業でも1位は「生糸価格の上昇」，次いで「売上げの減少」，ネクタイ機業においても1位は「生糸価格の上昇」，次いで「売上げの減少」となっている[38]．後述するように，生糸価格の上昇は，1969（昭和44）年以降，国産生糸の生産量が純内需に追いつかず，国産生糸の需要が逼迫して，生糸価格が上昇し，業界の経営を圧迫していたものと考えられる．生糸価格の上昇は，外国産生糸の輸入を促進し，生地を織る機業では，外国産生糸の使用が一般化していくこととなった．

呉服ブームは，1973年のオイルショックによる経済不況によって終焉を迎えた．呉服ブームの衰退は，経済的要素も大きいが，高度経済成長期に生活スタイルの洋風化や自動車の普及による女性ドライバーの増加も要因となっており，機能的な洋服が普及するようになったのは必然であった．その際，着物は着る機会も限られること，高価であったこと，高級品であるがゆえに子々孫々へ継承できることから需要を減少させたと考えられる．

### (2) 絹織物市場の変化と生糸需要

こうした呉服の需要増加と縮小は，日本の生糸市場にどのように反映されていたのだろうか．図2-3は，1955（昭和30）年から1990（平成2）年までの生糸の生産量，国内使用量に当たる純内需量，輸入量，輸出量，期末在

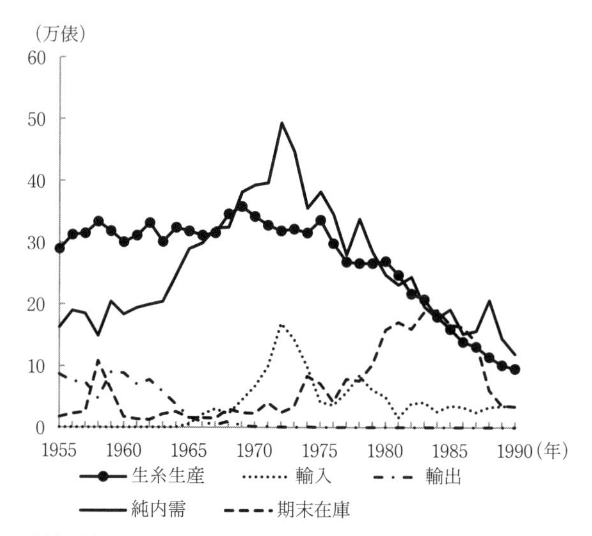


資料：社団法人日本生糸問屋協会（1999）『社団法人日本生糸問屋協会50年史』，371頁より作成．

**図2-3**　生糸の生産量等，需給状況

庫量の推移を示したものである．純内需は，前述したように1960年代の呉服ブームを反映して，1958年の減少を挟んで，1955年から1972（昭和47）年まで増加し続けた．1960（昭和35）年に18万3,086俵であった純内需は，1972年には49万3,414俵まで増加した．これに対して，国内の生糸生産量は，1955年では28万9,476俵だった．1961（昭和36）年に入ると生糸取引はきわめて旺盛となり，出来高新記録が続出するようになり，繭糸の輸入自由化が実施された1962年は糸価が高騰していた[39]．

生糸の輸入は，1962年から開始され，韓国，中国，ブラジル，イタリアなどから輸入された．1963年では66俵，1964年では429俵と僅かであったが，1969年には4万3,726俵，1971年には9万8,510俵，1972年には最高の16万8,641俵が輸入された．一方，国産生糸は，1969年に35万8,090俵まで増加するものの，ほぼ横ばい状態にあった．国産生糸の生産量の伸び悩みは，絹織物の需用増加に対応できず，1967年に1万1,668俵，1972年には17万4,824俵の不足が生じたが，不足分を補う形で輸入が増加した[40]．生糸自給率は1967年に0.98となり，1968年には1.07に戻すものの，1969年0.94，1970年0.87，1971年0.83，1972（昭和47）年には0.65まで低下した．1973年は0.72に戻すものの，輸入生糸に頼る状況は1979年まで続いた（図2-4）．その後，1982年に0.89に低下し，1985年以降は自給率が低下した．

『京都原糸商協同組合五十年史』によると，経済成長が始まった1950年代半ばに入ると生糸の生産高が急増したものの輸出が伸びず，大部分は国内で消費されていた．しかし，この頃から化繊が急速に浸透し始め，繊維業界は価格競争と品質競争に巻き込まれ[41]，例えば，郡是産業では早くから国内販売に力を入れていたが，輸出が不振となってからはさらに国内販売に重点を置き[42]，製糸業界は戦前からの輸出依存から国内消費重視への方向転換が生じた[43]．1968（昭和43）年当時の生糸価格の動向については「最近の糸価変動は，やはり8,420円という11月の糸価が高過ぎたこと，取引所における投機筋がキッカケを作ったこと，そのキッカケで流通段階における金融事

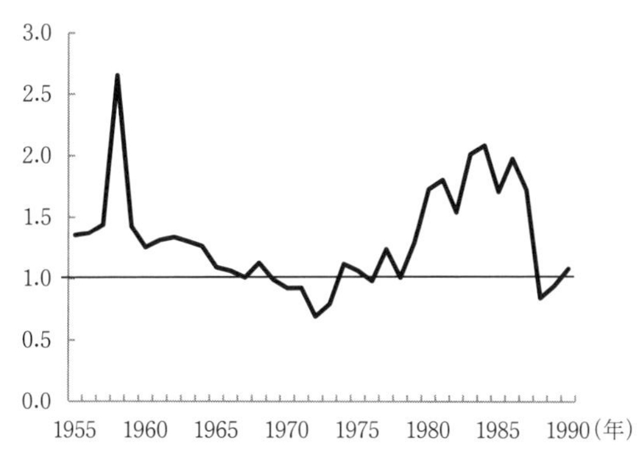


注：自給率＝(生糸生産量＋前期末在庫量－輸出量)/純内需量
資料：社団法人日本生糸問屋協会（1999）社団法人日本生糸問屋協会50年史』, 371頁より作成.

**図 2-4**　生糸の自給率

情の矛盾が顕在化した」と分析されており[44]，糸価変動には，市場メカニズムだけでなく，投機筋の存在も指摘されていた．

1969（昭和44）年に入ると，繭の大増産，生糸輸入圧力を受け，更に金融引き締め，織物段階の見込生産等の反動で糸価は軟化し，蚕糸事業団による中間買入れが初めて発動された一方，生糸輸入が増加し，3月には全国蚕糸業者危機突破大会で初めて生糸輸入規制を決議している．1971（昭和46）年には，議員立法による生糸輸入一元化の法改正の動きが始まった[45]．1971年7月における国産生糸価格は6,934円（俵）であった．これに対して，中国輸入生糸の価格は7,672円で国産より738円高く，韓国の輸入生糸の価格も7,460円と526円高かった．これが1972年7月には，国産生糸価格の7,739円に対して，中国産輸入生糸は6,602円と1,137円安くなり，韓国産輸入生糸は7,632円と107円安くなっていた[46]．1972年は，田中角栄首相が地域格差を解消する「日本列島改造論」[47]を唱えて，経済成長を促した年であった．この年に純内需は49万3,414俵の最高を記録していた．しかし，1973年のオイルショックによる経済不況と，その後のスタグフレーションによって機業地は極度の需要不振のため数回にわたる大幅な生産調整の実施を余儀なくされ，糸価は低迷し，生糸・絹織物市況は不振に陥った．1974（昭和49）年8月，政府は生糸一元輸入措置を発動し，需要に対する供給過剰は，商品在庫の増加を招き，糸高・織物安の様相をさらに深めたため，機業採算はますます悪化することとなった[48]．

繭糸価格の異常変動防止については，1951（昭和26）年の繭糸価格安定法と1966（昭和41）年の日本繭糸事業団法に基づいて政府が関与していた．前者は，糸価安定特別会計において最低価格，最高価格，最低繭価により，後者は日本蚕糸事業団において買入価格，標準売渡価格，基準繭価により，それぞれ生糸の買入れ，売渡しおよび繭の保管等を行っていたが，1967（昭和42）年には両制度を日本蚕糸事業団の事業とした[49]．政府および日本蚕糸事業団による価格安定政策の目的は，生糸の在庫量を操作することによって生糸価格を安定させ，ひいては繭価格を安定させることにあった[50]．また，生糸一元輸入措置の発動要件は，外国産生糸の輸入が増加したため国内における生糸の需給が均衡を失い，当該買入れによっては，国内において製造された生糸の価格が政府の定めた中間買入価格を下回ることが困難であると認められる場合であった[51]．政府の立場は，養蚕農家の生産意欲を振起することにあったが[52]，繭糸価格を維持することが絹織物産業全体の振興にどのように結びつくのかという視点を明らかに欠落させていた．結果として，こうした政策の展開は，絹織物産業を構成する繭糸生産部門と加工部門，制作部門，販売部門とを分断することになった．

こうした経済の変動の中で，繭糸相場はどのように推移したのであろうか．表2-1は，オイルショックが発生した1973（昭和48）年から1977年までの5年間における輸入乾繭と国内2ヵ所に開設されていた豊橋と前橋の乾繭取引所における相場をまとめたものである．それによると，輸入単価はオイルショック後の1974年の需要減少を反映して国産繭の値が下がり，輸入価格が上昇した現象が見えている．しかし，1975（昭和50）年以降は国産繭の価格は上昇し，1976年には輸入繭の約2倍の価格に達していた．表2-2は，1969（昭和44）年から1973年までの高度経済成長期終盤における国産，中

**表 2-1**　乾繭の輸入価格と取引所相場

(円/kg)

| | 1973 | 1974 | 1975 | 1976 | 1977 | 平均 |
|---|---|---|---|---|---|---|
| 輸入単価 | 2,050 | 3,715 | 2,840 | 2,528 | 3,196 | 2,866 |
| 豊橋乾繭 | 3,701 | 2,639 | 4,318 | 5,083 | 4,870 | 4,122 |
| 前橋乾繭 | 3,761 | 2,672 | 4,344 | 5,088 | 4,862 | 4,145 |

資料：食品需給研究センター「繭・生糸の流通・価格形成調査報告書」，1978 年，14 頁.

**表 2-2**　生糸の価格

(円/kg)

| | 1969 | 1970 | 1971 | 1972 | 1973 | 平均 |
|---|---|---|---|---|---|---|
| 国産糸価 | 6,598 | 8,075 | 7,145 | 7,755 | 11,927 | 8,300 |
| 中国産糸価 | 6,537 | 7,477 | 7,655 | 6,819 | 10,037 | 7,705 |
| 韓国産糸価 | 6,658 | 7,745 | 7,435 | 7,301 | 10,986 | 8,025 |

資料：群馬県『群馬の蚕糸業』.

国産，韓国産の生糸価格の推移をまとめたものである．それによると，1971 年だけ国産生糸価格が最も安くなっているが，他の年では中国産が安くなっている．

生糸の純内需は，前述したように 1972 年に最高値を記録した後はオイルショックによる経済不況を反映して減少していたものの，1975 年には純内需の最後のピークを記録していた．繭価は，こうした状況を反映していたが，輸入繭と国産繭の価格差が開き過ぎていた．国産繭価の値上がりは生糸価格にも反映し，純内需が減少し始めても，価格支持によって生糸価格だけが値上がりしていく現象を生み出し（図 2-7），機業が国産生糸から離れていく契機となったとみることができる．

そうした兆候は，呉服ブームに湧いた 1966（昭和 41）年に見ることができる．同年における国産生糸は，内需が増加し続けていた一方，生産が前年より減少し，3,363 俵を残すだけとなっており，輸入が増加している（図 2-3）．この頃，生糸の需給が逼迫し，1 反当たりの生糸価格は，1964（昭和 39）年 3,505 円，1965 年 4,200 円，1966 年 5,072 円，1967 年 6,074 円と上昇していた[53]．西陣における着尺の素材別生産量によると，1959（昭和 34）年では 47 万反であったウールの着尺は，1962 年には 177 万反余りに増加した後，1966年397万反に急増し，同年における素材別割合は正絹24.4%，ウール65.1%，交織・化合繊10.5%であった（図2-5）．その後もウールの着尺は，1969年329万反，1972年225万反と正絹着尺の2倍以上生産された（図2-6）．ウールの着物は，後に大手繊維メーカーが本格的に開発を進めたように，虫に食われやすい性質があるものの，家庭で洗濯ができ，価格も低廉で扱いやすいことから，消費者からは歓迎され，西陣をはじめ，お召の産地ではウールの着尺を生産し，1960年代後半から1970年代前半まで続いた[54]．西陣の動向からは，こうしたウールブームに便乗した様子もうかがわれるが，生糸不足から正絹着尺の代替品として生産されたともみることができる．輸入生糸の増加によって生糸の需給が安定するとウールの着物の生産は減少したとみられるが詳細は不明である．

統計によると1967（昭和42）年から1979（昭和54）年までの間における純内需に対する国産生糸の供給は，1968年を除いて全て不足しており，とりわけ1972年は17万4,824俵の不足となっている．一方，1972年の輸入生糸量は16万8,641俵となっており，輸入生糸は不足分を補っていたとみることができる．1966（昭和41）以降，着尺の正絹割合が高まったのは，中国を中心とした輸入生糸によって国産生糸の不足分が補われ，生糸の供給が安定したからだと考えられる．

生糸価格の高騰とは対照的に，小規模農家を中心として養蚕を中止する農家が増加した．戦後の養蚕農家の手取り繭代は，多少の波があったものの，1979（昭和54）年まで上昇し続けていたが[55]，群馬県では1970年代に入ると年間の収繭量が300kg以下の零細農家が養蚕を中止している．その要因は，1kgの繭価の上昇が1967（昭和42）年の1,110円が1975（昭和50）年では1,710円と1.5倍に留まり，農家の農外収入が3.2倍も上昇していたことにあったとされる[56]．養蚕の中心は大規模農家へ移っていったが，国産生糸の高価格の傾向は，機業における国産生糸離れを進めた．そして，輸入生糸の台頭は，養蚕農家の経営を苦しめることになる．その要因には，生糸市場への政策的介入が大きかった．政府による輸入一元化政策は，国内蚕糸業

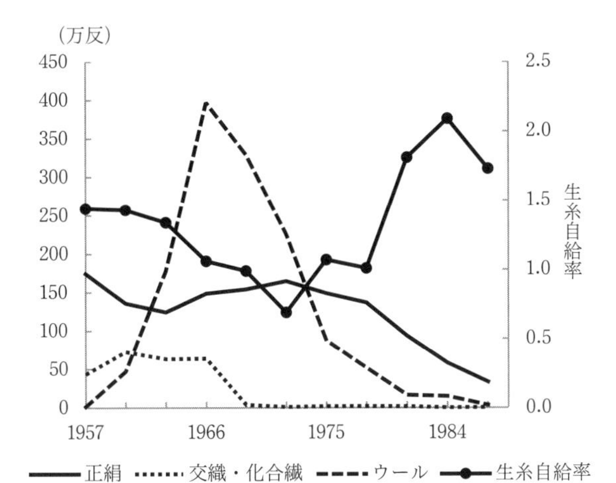


資料：第 11 次西陣機業調査委員会（1987）「西陣機業調査の概要」，9 頁および社団法人日本生糸問屋協会（1999）社団法人日本生糸問屋協会 50 年史』，371 頁より算出，作成．

**図 2-5**　着尺の素材別生産数量

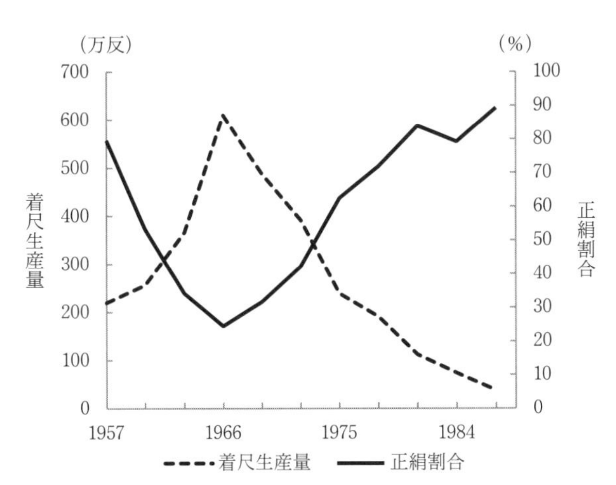


資料：第 11 次西陣機業調査委員会（1987）「西陣機業調査の概要」，9 頁より算出，作成．

**図 2-6**　西陣における着尺の生産量と正絹割合

の保護が大きな目的となっていたことは疑いのないところである．農家や製糸業にとっては格好の政策ではあったが，分業体制により成立していた絹織物業の産業的性格には的確でなかったと指摘できる．生糸一元輸入を延長した場合は，生地を生産する機業では割安に生糸の入手ができず，また絹織物輸入の規制が不可能に近いものとみられることから，製造業者は原料高の製品安に苦しむことになると考え，一元輸入反対運動が起こり[57]，政策批判も出された[58]．

図 2-7 は，1960（昭和 35）年から 1990（平成 2）年までの間における生糸の生産量と純内需，および生糸標準値（価格）の推移を示したものである．図 2-7 において特徴的なことは，純内需の大きなピークである 1972（昭和 47）年以降において，多少の波があるものの，純内需と生糸標準値の動向が逆行している点である．純内需は，1960 年の 18 万 3,086 俵から 1972 年まで増加し続け，同年では 49 万 3414 俵まで増加していた．これに対して，国内生糸生産量は，1960 年の 30 万 796 俵は 1972 年では 31 万 8,945 俵と，純

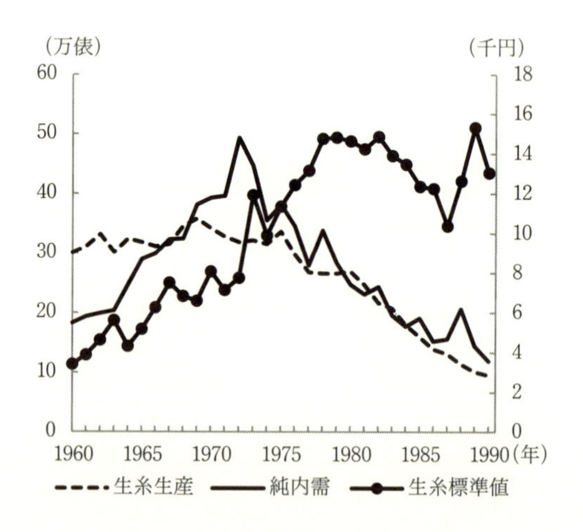


資料：社団法人日本生糸問屋協会（1999）社団法人日本生糸問屋協会 50 年史』，371 頁，379-383 頁より作成．

**図 2-7**　生糸の生産量・純内需量と生糸標準値

内需の2.7倍に対して1.04倍に留まっていた．純内需が国内生糸生産量を上回った1969（昭和44）年以降は国内生糸生産量の不足分を輸入生糸が補ったこと，純内需は1972年以降減少するが，それでも生糸需要に国産生糸の生産が追いつかず，生糸自給率は1969年から1979年まで1を切っていたことも前述の通りである．一方，生糸標準値は，1973年まで上昇し続け，オイルショックの影響を受けて1973年から1974年にかけて下降したものの，1975年以降，1982年まで上昇し続けている．ここで注意しなければならないのは，純内需は1972年以降，減少しているのにもかかわらず，生糸標準値は1975年以降，1980年まで上昇し続けた点である．それは言うまでもなく，日本蚕糸事業団による市場介入，価格支持があったからである．

日本経済の成長にとって不可欠な産業を存続させるためには，政府が市場介入することの必要性は認められるものの，こうした市場介入が日本の絹織物産業全体にどのように作用するのかという見通しを持っていたかという点が問題となる．砂田吉一は，1960年代における生糸の需要と供給はバランスがとれて，比較的安定して推移していたと分析し，経済不況期において日本蚕糸事業団の介入によって糸価暴落を食い止めた点を評価している[59]．しかし，呉服需要が減少し，生糸の純内需が減少しているにもかかわらず，生糸の価格を政策的に上げ続けたことは，分業体制によって成立していた絹織物産業内の連携を分断して，いわば川上の繭糸生産と，生地を生産する川中の機業，商品を制作して，販売する川下とに二分することになったといえる．

図2-8は，生糸，着物，帯の価格について，生糸の自給率が統計の上では1.09となった1980年の価格を100とした場合の価格指数を物価指数と共に示したものである．それによると，1980年以前は，着物，帯は物価指数よりも低位にあったが，生糸については高位にあった．これは，政府，日本蚕糸事業団による市場介入，価格支持による影響と捉えられるが，生糸価格は物価水準よりも高位にあったことになる．製品に占める原材料の割合が高くなることは，製品価格が上昇して，消費者を遠ざけることにつながる．この点について，『グンゼ100年史』は，「蚕糸業安定のために基準糸価を上げ続

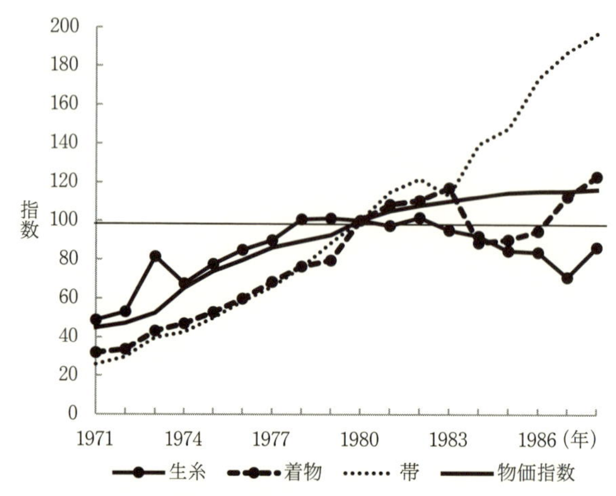


資料：中田英敏「丹後産地の現状と課題」，発行年不詳の 4 頁所収の表に生糸を加えた.

**図 2-8** 生糸，着物，帯の価格指数（1980 年＝100）

けたことが絹織物の原料価格を押し上げ，行く先は消費の減退であった」と述べている[60)].

1980 年以降は，生糸は物価指数よりも低位に位置し，着物と帯は 1983（昭和 58）年まで物価指数の上昇よりも高位に位置し，その後，生糸，着物は価格が下がったが，帯については極端な上昇を示している．これは，需要の減少分を価格に転嫁したからだとされている[61)]．1980 年代後半のバブル経済の生成期には着物価格，生糸価格も需要が増加したことから上昇したが，1980 年以降，原材料としての生糸，製品としての着物，帯の価格は，物価の動きとは関係のない動きを見せている．高価な帯の動きは，需要の減少分を価格に転嫁した結果と読み取れる．着物は 1983 年まで上昇した後，下降を見せ，バブル経済の生成期に再上昇している．1983 年までの動きは帯同様に減少分を価格に転嫁したものと考えられるが，需要の減少から価格を下げる動きがあったものとも見ることができる．生糸の価格は 1980 年以降，横ばいの後，下降しており，これは政策的に支えても，輸入生糸の使用が一般化し，高価格での政策的支持が難しくなったことを示している．

1987（昭和62）年に，製糸会社大手のグンゼと片倉工業が生糸製造を中止するに至ったのも，こうした日本絹織物産業の構造が変化したからである．原材料価格だけを政策的に支持，安定化させることだけに傾注し，川中・川下との連携，消費者への需要喚起など，絹織物産業全体を見なかったことも蚕糸業を衰退させた一因だと指摘できる．川中の機業では安価な中国産を中心とした輸入生糸を使用するようになり，原料調達ルートや原料に合わせた織り方が確立するようになると，再び国産生糸を仕入れて使用することは容易ではなくなったものとも考えられる．洋服など，呉服以外への国産生糸の使用方法の模索[62]もあってよかったが，一面的な価格支持政策は，結果として蚕糸業を衰退させる一因となった．

## 3.　高崎市における呉服店の展開と縮小

前節では，一面的な繭糸への価格支持政策が日本の蚕糸業を衰退させる一因となったことを指摘したが，生活の洋風化というライフスタイルの変化は，別の次元において日本蚕糸業を衰退させる要因として大きい．管見によると，女性における着物の着用率に関する時系列データは存在しないが，高度経済成長期における団地型生活スタイルやモータリゼーション，アパレル製品の大量生産と流通は，女性の洋服化を促進し，前述したように和服は次第にフォーマル化し，着用機会もかなり限られるようになった．一般的な洋服は，着用に手間を必要としないが，和服は着物，帯を着用するために多くの小物を必要とするばかりでなく，着用に多くの時間も必要とし，スピーディーとなった生活には馴染まなくなった．また，汚れやシミ落としが容易ではなく，保管にも気を遣わねばならず，こうしたことから必然的に着用機会を限定させ，市民の日常着からは姿を消すことになった．こうした欠点を拭い去った化学繊維を素材とした着物も開発されたが，それでも着用機会は限定的となった．

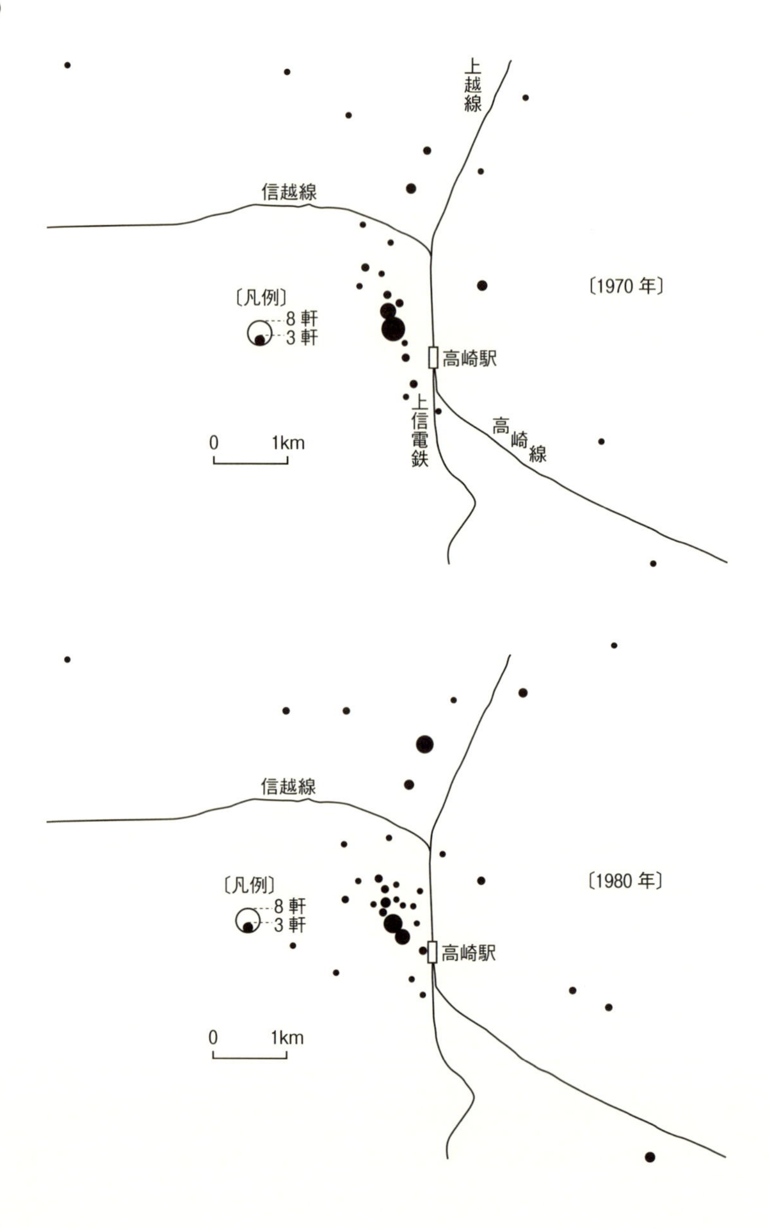
上越線
信越線
〔凡例〕
8 軒
3 軒
〔1970 年〕
高崎駅
上信電鉄
高崎線
0 1km
信越線
〔凡例〕
8 軒
3 軒
〔1980 年〕
高崎駅
0 1km

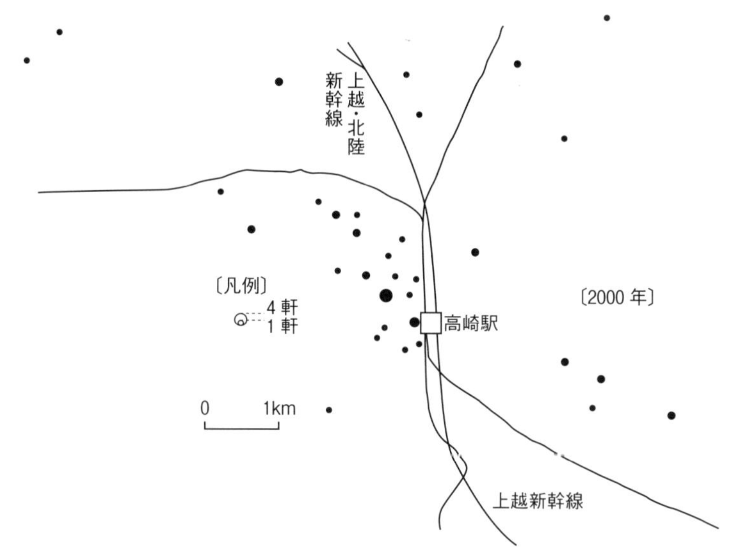


注：各年，職業別電話帳の「呉服店」に記載店舗を町別に集計して地図化した．この分布図は，必ずしも店舗の分布ではない．なお，電話帳には○○呉服店という記載もあれば，会社名，個人名の記載もあり，重複していない限り1店舗と数えた．
資料：各年電話帳．

**図2-9**　旧高崎市における呉服店の立地変化

図2-9は，1970（昭和45）年，1980（昭和55）年と2000（平成12）年の高崎市における呉服店の分布を示したものである．職業別電話帳の呉服店[63)]に記載された店数は，1970年47店，1980年68店，1990（平成2）年58店，2000年50店であった．その内，呉服店と称している店は，1970年17店，1980年14店，1990年16店，2000年7店であった．店数は1970年から1980年にかけて増加し，それ以降は減少しているが，著しい減少は示していない．呉服店の分布をみると，1970年では中心市街地，旧中山道，旧北国街道沿いに多くが立地しているが，1980年になると中心市街地で増加する一方，郊外への広がりを見せるようになった．2000年では中心市街地とその周辺への立地件数が減少している．旧高崎市では，1982年の上越新幹線の開業以降，郊外の宅地開発が活発になった．1990年前後のバブル経済

**最近の呉服店の店頭**（協力：高崎市・きもの彦太郎）

期における公定歩合引き下げによるマイホームブーム期には，地元住民の住宅建設に加え，東京大都市圏における地価高騰によって，東京大都市圏と比べて地価の安い高崎市とその周辺地域には，多くの転入人口が見られるようになり，新幹線による東京通勤が一般化して，高崎市も東京への通勤圏内に組み込まれ，郊外での宅地開発が進展した[64]．呉服店の立地も，こうした郊外の宅地開発に合わせるように郊外へ進出したことが理解される．

聞き取り調査によれば，高崎市では21世紀の初頭頃まで，嫁を迎える家が結納として紋付を準備して渡す習慣があったという．また，嫁入り道具として着物4〜5枚を持たせる習慣もあったという．今日，こうした習慣がなくなり，女性が働きに出るようにもなって，着物需要が減少してきたという．その一方，30歳代後半から60歳代の女性の間で，趣味として着物を購入するケースが増加し，こうした人々の中には茶道や華道に入門する人もいるという．多くの女性は，着物を着たいという願望を持っており，今日，呉服店では着物の手入れや着付けをサポートするなど，着物の欠点を補って，市場開拓を進めている．

## おわりに

本稿は，戦後の日本蚕糸業の縮小，衰退過程について，需要面からアプローチしてみた．戦前の製糸業は米国を中心とした海外への輸出によって成長し，近代資本主義形成に大きく貢献した．戦後も生糸輸出が再開されたものの，米国における化学繊維の発達によって輸出先を失った．一方，日本は朝鮮戦争を契機として経済復興の糸口をつかみ，重化学工業を主軸とした産業政策や技術革新，大型社会資本整備によって経済成長を成し遂げつつあった．その結果，国民所得は急激に伸び，耐久消費財ブームと共に呉服ブームが到来した．呉服ブームは，輸出先を失っていた日本蚕糸業を国内市場に向かわせる契機となったが，旺盛な呉服需要に生糸生産が対応できず，生糸不足から糸価の高騰を招き，そのため1962（昭和37）年に繭糸の輸入自由化が図られ，韓国，中国，ブラジル，イタリアなどからの輸入生糸は国産の不足分を補う役割を果たした．しかし，無秩序な生糸輸入を防止するために，輸入生糸の割合が最高の34％となった1972（昭和47）年に政府による生糸一元輸入制度が定められた．

生糸一元輸入は，1974年に発動され，生糸市場に占める輸入生糸の割合は，おおむね10％から20％の間に調整されるようになった．このことにより，国内繭糸価格は安定したが，生糸の純内需が減少に向かった1976（昭和51）年以降においても生糸価格を高値で維持したことが呉服業界の国産生糸離れを促進し，結果として日本の蚕糸業を衰退に導くこととなった．呉服業界は，オイルショック以降の需要減少に対応するために価格転嫁を行ったりして収益の確保に努めたが，消費を増加させるためには価格を抑制することも必要であった．価格を抑制して収益を上げるには，当然のことながらコスト抑制が必要となり，原材料となる生糸価格は，品質に問題がない限りにおいて経営上重要であった．蚕糸業だけを保護するために推進された生糸一元輸入と価格支持政策は，結果として，分業体制によって成立していた絹織物産業内の連携を分断し，繭糸生産のいわば川上と，機業の川中，制作，卸小売の川下に二分することになったと言えよう．その背景には，省庁の縦割り行政の弊害が顔をのぞかせている．加えて，グンゼや片倉が国内の生糸需要を勘案して，1987（昭和62）年に生糸生産を止めたにもかかわらず，繭糸の価格安定制度がWTO絡みで1998（平成10）年に中止されるまで存続していたことは，政策のあり方として検討を要する[65]．

こうした政策の問題は，繭糸の輸入自由化に踏み切る段階で検討されておくべき問題であったと言える．生糸一元輸入制度，価格支持政策は，農家の所得を安定させ，製糸業の経営を安定させるというでは重要であったが，高騰した国産生糸価格の流通を制御するという視点を欠いていたように思われる．すなわち，機業はじめ，呉服業界では，一旦，国産生糸より安価な輸入生糸よって生産された生地によって呉服を製造する工程が確立されてしまうと，製品の質さえ確保できておれば，原材料を国産生糸に戻すことが難しくなるからであった．輸入一元化が発動されても，各産地の実績割当がなされた実割生糸や撚糸の回数が少ない甘撚生糸を輸入する機業者が多かったことは，このことを裏付けている[66]．問題は，生糸一元輸入が国産生糸による絹織物製品の販売にどのように結びついたか，農家，製糸企業，生糸問屋を守れても，機業，多様な分業体制を持つ呉服業界，卸小売業の繁栄にどのように結びついたのかという点であり，産業振興という視点からは，原料生産から商品開発，販売まで，一体的な政策が肝要だったように考えられる．

一方，呉服は，一旦購入すると買い換えや買い足しがあまり発生しないという性格があり，需要にも限界があったことを業界は認識していたかどうかという点についても検討の必要がある．急激な経済成長に伴う呉服ブームは，未来永劫に続くものではなく，一定の需要を満たせば，ブーム時と同様の販売量が見込めず，そのための対策を持っておくことも必要であった．

現代はあらゆるものがレンタル商品となり，呉服もその１つとなっている．呉服は，小物も多く，一揃えの価格が高額となることからレンタルで済ませるようと考えるのは，合理的な判断だと捉えられるが，呉服需要を減少させる要因ともなっている．

本稿で述べてきたような高度経済成長期における蚕糸政策だけが日本蚕糸業を衰退させたわけではなく，ライフスタイルの洋風化も大きな要因となっている．また以前は，多くの地域で茶道や華道が盛んだった．これらは，女性の「お稽古事」として幼い頃から習わせる家庭が多く，お茶会や華道展は和服を着用するのが一般的であった．また，各地で行われる盆踊りも浴衣を着用する機会でもあった．しかし，多様な文化の流入や世代交代によって，日本伝来の「お稽古事」や盆踊りは少なくなり，このことも和服着用の機会を減少させてきた．呉服小売金額は1982（昭和57）年の1兆7,240億円が2013（平成25）年には3,010億円にまで減少している[67]．

富岡製糸場の世界遺産登録が話題に上り始めると，絹織物産業の見直しがにわかに活気づいた．日本絹業協会では2008（平成20）年より，純国産絹マークを制定して「日本の絹」による商品開発を後ろ押しし，富岡市では養蚕を振興し，シルク製品の開発を進めている．また経済産業省では，着物で日本の魅力を向上することを目的として，2015年に和装振興研究会を組織し，和装振興について議論を始めている．矢口克也は，国内の養蚕業・製糸業を産業として存続させる上での基本戦略として，①高品質の「純国産絹製品」ブランドの確立，②国産の特長を活かし需要に対応した安定的原料供給体制の確立，③蚕糸・絹連携システムの形成促進と，養蚕家・製糸家への適切な収益配分という3つの戦略を提案している[68]．しかし，日本の絹織物産業を復活，再生させていくことは容易ではない．

群馬県伊勢崎市や埼玉県秩父市などの銘仙の産地，福岡県久留米市や愛媛県松山市などのかつての絣の産地，鹿児島県奄美大島や山形県米沢市，新潟県十日町などの紬の産地では，それぞれ地場産業としては成立しておらず，小規模事業者によって辛うじて製作されている場合や地域文化として継承されているに過ぎないのが大半となっている．絹市で栄えた高崎市においても，不毛の高崎台地を潤した長野堰の水を使って染色が盛んに行われ，市街地には呉服店も多かったが，今や歴史となりつつある．

絹織物産業の中心地である京都市では，需要を減少させつつも，西陣を中心として，呉服業が産業として現在も息づいており，地域経済の振興の観点からも呉服業の振興は重要となっている．それは，茶道や華道などの伝統文化や伝統芸能の存在が要因として大きく，生活の中に和の文化が色濃く残っているからだと見ることができる．すなわち，和服は地域文化のあり方と深くかかわっていることに気づかされる．

戦後は戦前以上に欧米文化が流入し，生活スタイルも欧米化した．着物が洋服に替わっていったのは，機能や利便性から合理的な選択だったと考えられるが，その際，伝統的な日本文化の存在を捨て去り，欧米文化に染まっていくことが近代化だと捉えた側面も否めない．呉服業においても，高度経済成長時代における大量生産，大量消費時代の到来によって，手間暇かかる「誂染色」が駆逐され，それにかかわる多くの職人と技能も失ったとも考えられる．繭を生産した農家においては，群馬県や山梨県，長野県では果樹栽培に転換し，また他産業に所得機会を求められたことから，問題も生じなかった．日本の蚕糸業は，知らぬ間に静かに姿を消していた．

和服に対して，男性は憩い，女性は精神的な豊かさを満たすものと思いを持っているとされ[69]，また，和服を着用する機会は少ないものの，和服への一定の興味を持ち，守るべき日本文化だという思いを持っていることなどが明らかにされている[70]．しかし，洋風文化の中で生まれ育った日本人は，「和の文化」に触れる機会が少なく，それゆえに，和服への関心も高まらないものと推測される．

富岡製糸場が世界遺産に登録されたからといって，直ちに国産生糸や国産絹製品の需要が増加するわけではない．もし，富岡製糸場の世界遺産登録を契機として，蚕糸業，絹織物産業を見直し，伝統産業として存続させていくとするならば，それは日本人の生活が「和の文化」の一部に組み込まれることが条件となろう．それは，京都において，伝統文化，伝統芸能と和服が，依然として一体性を保持していることから，我々の生活スタイルの中に「和の文化」が溶け込ませることが和服需要を呼び起こすことになると考えられるからでもある．

皮肉なことに，近年の外国人観光客の増大は，日本人が和の生活スタイルとその価値を見直す契機となっている．それは，来日する多くの観光客が本物の日本文化を知りたいというニーズが高いことに起因している．重要伝統的建築物群保存地区（重伝建）制度を制定する契機となった旧中山道の妻籠宿や奈良井宿の保存地区を訪れ，宿泊する外国からの観光客，とりわけ欧米からの観光客は，保存された江戸時代の町並みから日本文化に理解を深めている[71]．日本人の関心が薄くなりつつある日本文化に，外国からの観光客は高い関心を持っている．また，全国で空き家の増加が問題となっている中，京都では重伝建地区のさらなる整備を進める一方，空き家をリノベーションして，宿泊施設として活用する例が増加している．空き家の有効活用法として注目されるだけでなく，現代に「和の文化」を溶け込ませ，再評価させる手法が注目される．外国人観光客は，そうした宿泊施設での体験を通して「和の文化」に触れている．また，観光客向けの着物レンタル業者が増加し，着物を着て神社仏閣を訪れる外国人，日本人観光客が見受けられるようになった．

本稿で明らかになったように，蚕糸業の保護政策によって蚕糸業と機業部門，制作部門，卸小売り部門が分断され，外国産生糸の使用を常態化した．近年，国産生糸を使用した絹織物製品が生産されるようになったとはいえ，国産生糸を基調とした絹織物産業を復活させていくことは容易ではない．しかし，近代日本を支えた蚕糸業の歴史的役割は重要であり，蚕糸業を産業として保存するという視点も重要であり，そのためには，和服需要の掘り起こしが最大の課題となる．洋風生活スタイルが一般化した現代人のライフスタイルを変えることは不可能であるが，絹織物産業の保存を図る必要があるのであれば，現代生活の中に「和の文化」を採り入れた生活デザインを描き，和服を着る機会を増加させることが重要となろう．そのためには，和の文化を再評価した地域づくりが重要となることを指摘しておきたい[72]．

**［謝辞］** 本稿をまとめるに当り，西陣織工業組合の鍵田訓子参与には，同組合所有の統計書類の閲覧にご高配をいただき，高崎市の呉服店・きもの彦太郎の小山上枝氏には，昨今の着物需要についてご教示いただき，東京大学名誉教授・石井寛治先生からは貴重なご指摘とご指導をいだいた．記して感謝申し上げたい．

**注**

1) 昭和女子大学被服学研究室『近代日本服装史』（昭和女子大学近代文化研究所，1971年）11頁．
2) 増田美子『日本衣服史』（吉川弘文館，2010年）292-295頁．
3) 前掲2)，304-307頁．
4) 前掲2)，341頁．
5) 矢木明夫『生活経済史』（評論社，1978年）212-213頁．
6) 前掲5)，214頁．
7) 矢木明夫『岡谷の製糸業』（日本経済評論社，1980年）．
8) 内田金生「戦前期日本の生糸国内市場—生糸国内消費量の推計及び長期需給の考察—」（経営史学会『経営史学』第29巻第4号，1995年1月）26-57頁．輸移入量となっているのは，当時の日本の植民地からの生糸の移入が含まれていることによる．
9) 小泉和子『昭和のキモノ』（河出書房新社，2006年）47-49頁．
10) 前掲9)，40-41頁．
11) うすぎぬ．目があらく，地のうすい絹織物のこと（小川環樹・西田太一郎・赤塚忠編『角川 新字源』（角川書店，1968年））．
12) 前掲5)，103頁．
13) 解舒とは，繭を煮て操糸を行う際に繭層から繭糸が解離することをいう（広辞苑）．
14) 橋山徳市『玉糸の豊橋（糸徳製糸）』（1987年）3頁．豊橋が玉糸の産地となったのは，1847（弘化4）年に群馬県勢多郡富士見村（現前橋市）に生まれた小渕志ちが，製糸会社勤務を経て座繰業を営み，1892（明治25）年以降，玉糸専業となり，豊橋に玉糸を広げたとされる．
15) 前掲14)，42頁．
16) 前掲9)，49頁．
17) 前掲2)，345-346頁．
18) 前掲5)，103頁．
19) 田中穣『日本合成繊維工業論』（未来社，1967年）149頁．
20) 山崎広明『日本化繊産業発達史論』（東京大学出版会，1975年）145-146頁．
21) 前掲8)，48頁．
22) 前掲20)，331頁．

23)　前掲 2)，348 頁.
24)　前掲 2)，346 頁.
25)　前掲 2)，354-355 頁.
26)　西野寿章「日本蚕糸業研究の足跡」(高崎経済大学地域科学研究所編『富岡製糸場と群馬の蚕糸業』日本経済評論社，2015 年）42-43 頁.
27)　農林水産省養蚕園芸局『蚕糸業要覧』(日本蚕糸新聞社，1982 年）6 頁.
28)　小林良彰『昭和経済史』(ソーテック社，1975 年）147 頁.
29)　前掲 28)，154 頁.
30)　着尺とは，大人用の着物 1 着に要するだけの反物の長さと幅のことであり（広辞苑)，通常，一反は大人用の着物 1 着分に当たる.
31)　浜田幸雄「好調を続ける呉服景気」(日本化学繊維協会『化繊月報』第 19 巻第 12 号，1966 年 12 月）50-54 頁.
32)　加賀美思帆・千年篤「戦後における絹業高級品化の実態解明」(日本シルク学会『日本シルク学会誌』第 21 号，2013 年）37-44 頁.
33)　青山浩「呉服業界の様変わりの中で合繊和装に新たな関心」(日本化学繊維協会『化繊月報』第 37 巻第 5 号，1984 年 5 月）42-46 頁. 1967（昭和 42）年 9 月の総理府の調査結果によると，20 歳以上の女性 5,129 人の内，和服を持っている人は 97%，絹の着物を持っている人は 84% であった. 1964 年調査よりも絹の着物の所有率が 2% 増加していた（後掲 44)，58 頁).
34)　誂染色は，着物の下地や柄を誂え，発注者（消費者）に合った下地や柄をデザインしたオリジナルの着物を制作する. 受注業者は悉皆業者といわれ，オリジナル商品を制作するために下職と呼ばれる職人，業者のネットワーク持っている. 京都の西陣や中京区には，絹織物業の制作に必要な多彩な職人や業者，和裁専門業の人達が多く居住してきた. このようなネットワークにより制作された呉服商品は，1 つ 1 つがていねいに制作されることから，発注から納品まで時間を要し，高価なものとなるが，発注者は自分だけのオリジナルな作品を保有する価値を認めている.
35)　中村宏治「染呉服の需給構造と構造変化（1)」(同志社大学商学会『同志社商学』第 39 巻第 6 号，1988 年 3 月）147-177 頁.
36)　日本蚕糸事業団「絹呉服に関する調査結果報告書―昭和 52 年上半期―」(1977 年）7 頁.
37)　日本蚕糸事業団「絹呉服に関する調査結果報告書―昭和 52 年下半期―」(1978 年）5 頁.
38)　京都府商工部「西陣機業緊急対策調査報告書」(1978 年）6 頁.
39)　京都府蚕糸同友会資料委員会『京都府蚕糸業史』(1987 年）35 頁.
40)　日本蚕糸新聞社『生糸・絹輸入規制の全容』(1976 年）2 頁.
41)　京都原糸商協同組合『京都原糸商協同組合五十年史』(1998 年）39 頁.
42)　前掲 41)，44 頁.

43)　前掲 41)，43 頁．
44)　竹林文雄「生糸価格の動向と今後の需給」(『農林統計調査』1968 年 8 月号）58 頁．
45)　前掲 39)，36 頁．
46)　大林仁保「最近における生糸需給の動向」(『aff 農林省広報』第 4 巻第 1 号，1973 年 1 月）56-61 頁．元農林省蚕糸課長だった髙木賢氏によると，韓国や中国からはそれぞれの国で生産されている生糸の内，最上質の糸が輸入されたそうである．質が良く，価格が安ければ，機業においては利幅の増加する輸入生糸を使用する流れができるのは当然であった．
47)　田中角栄『日本列島改造論』(日刊工業新聞社，1972 年)．
48)　前掲 41)，46 頁．
49)　多田礼治「昭和 44 生糸年度の安定帯価格」(『農林時報』第 28 巻第 3 号，1969 年 4 月）2 頁．
50)　新谷正彦・小野直達「生糸価格の時系列分析」(日本農業経済学会『農業経済研究』第 58 巻第 4 号，1987 年）202 頁．
51)　塩沢更生「生糸の一元輸入制度　生糸価格安定法の一部を改正する法律」(法令普及会編『時の法令』779 号，1972 年 3 月）11-12 頁．
52)　前掲 49)，6 頁．
53)　1 反当たりの価格は，横浜生糸市場における 1kg 当りの現物相場の年平均価格を用いて，1 反に必要な 900g の価格を算出した．
54)　清水とき『今に伝えたいこと　きもの母さん』(アシェット婦人画報社，2010 年）112-113 頁．
55)　小野直達「養蚕業縮小期における繭供給反応」(日本農業市場学会『農業市場研究』第 7 巻第 1 号，1998 年 9 月）53-59 頁．
56)　勅使河原司郎「群馬県下における現状と問題点（蚕糸技術研究会『蚕糸技術』第 97 号，1976 年 10 月）22-25 頁．
57)　前掲 41)，50 頁．
58)　例えば，中央蚕糸協会の海野好吉は，「日本が世界最大の絹消費市場として，世界中の生糸生産国から押し寄せてくる生糸絹織物を自由主義・貿易立国という経済至上主義の立場から処理しきれず，その犠牲をもろにかぶっているのが現在の蚕糸業だといって差し支えないと思います．本来なら，必要な不足量を買い手市場の有利な立場に立って，有利に賄えるはずなのです．それができれば，養蚕家の繭代がそれ相当に支払われ，国産の生糸が高くなっても，平均すれば有利な仕事ができ，消費大衆も絹を安く着られることになる道理です．それができないのは，国の政策が的を得ていないせいでしょう．一元輸入という法的措置によっても，二国間協定の補完措置によっても，完全に弊害を除くことができないのが現状」だと訴え，「蚕糸業と絹業が，一日も早く協力体制を固め，原料繭の生産から生糸・絹織物の製造販売まで，生産流通を一貫した行政と政策で貫く姿勢を作ることだと思います」と述べている（蚕糸技術研究会『蚕糸技術』第97号，1976年10月，2-4頁）.

59）砂田吉一「蚕糸業発展の史的研究」（創価大学経済学会『季刊創価経済論集』第7巻第1号，1977年6月）1-27頁.

60）グンゼ株式会社『グンゼ100年史』（1998年）554頁.

61）前掲33）．吉田満梨は，着物の着用機会がフォーマル化したことに加え，1点当りの価格上昇が着物離れの要因になったと指摘している（吉田満梨「着物関連市場の問題構造と可能性—株式会社千總「總屋」の事例研究を手がかりとして—」，立命館大学経営学会『立命館経営学』第52巻第2・3号，2013年11月，429-452頁）.

62）例えば，林泰子らは，和服地を洋服に用いることの可能性を研究し（林泰子・吉位一子・芦田知子ほか「和服地（但馬ちりめん）を洋服として用いることの可能性に関する研究」『武庫川女子大学紀要・家政学部編』第29集，1982年2月，155-171頁），尾形　恵は洋服への和服地の使用史を研究している（尾形恵（2013）「日本の洋装化にみる和服地の使用について」（『文化学園大学紀要　服装学・造形学研究』第44集，125-130頁）.

63）呉服店と称する店の占める割合は1970年36.2％，1980年20.6％，1990年27.6％，2000年14％となっている．電話帳には店舗名，会社名のほか，個人名で掲載されており，全てが店舗を構えているわけではない．また，近年は和服のレンタル業なども含まれている可能性があるが，電話帳からは，そうした実態は読み取れない.

64）西野寿章「新高崎市前史」（高崎経済大学附属産業研究所編『新高崎市の諸相と地域的課題』日本経済評論社，2012年）10-13頁.

65）養蚕地域であった群馬県では，養蚕の衰退に対応して多様な対応があった．桑園を果樹園に転換した農業地域では安定した農業経営が行われるようになった．1990年代初頭まで養蚕を行っていた旧吉井町（現高崎市）では，野菜作に転換して，群馬県における農産物直売所の先駆例となった（西野寿章「農産物直売所の展開による地域農業の持続可能性—群馬県高崎市吉井地区を事例として—」（『E-journal GEO 11（2）』，2016年）448-459頁）.

66）西野寿章「群馬県の山村における養蚕衰退後の地域の対応と限界化問題」（高崎経済大学地域科学研究所紀要『産業研究』第51巻第1・2合併号，2015年3月）3-26頁.

67）経済産業省繊維課「和装振興研究会—きもので日本の魅力を向上する—」論点資料（資料3）（2015年）6頁.

68）矢口克也「現代蚕糸業の社会経済的性格と意義－持続可能な農村社会構築への示唆－」（国立国会図書館『レファレンス』No.706，2009年10月）56-57頁.

69）乙音絹代・兼子良子は，和服着用は，男性では憩いを，女性では精神的豊かさを満たしていると分析している（乙音絹代・兼子良子「和服の所有と消費性」

（『熊本女子大学学術紀要』第42巻，1990年3月）183-195頁．

70）林隆紀「モノと社会の関わり—京都市東山区における着物に関する意識調査—」（『佛教大学社会学部論集』第62号，2016年3月）45-54頁．

71）高崎経済大学地域政策学部西野ゼミナール『過疎山村における内発的地域振興の成果と課題－長野県南木曽町・妻籠宿を事例として—』西野研究室刊，2016年，174頁．高崎経済大学地域政策学部西野ゼミナール『過疎山村における内発的地域振興の成果と課題—長野県塩尻市奈良井宿を事例として—』西野研究室刊，2017年，122頁．

72）日本蚕糸業の衰退過程は，日本林業の衰退過程とよく似ている．木材価格の高騰を契機として1961年は木材の輸入自由化が実施され，南洋材の輸入が始まった．その後，安価な外材が安定的に輸入され，その後，北米，北欧から木材や製品が輸入されるようになり，日本の木材市場は輸入木材に席巻された．近年は外材の方が高くなる傾向もあり，必ずしも価格だけが輸入木材を有利にしているわけではない．それは，輸入自由化以降，住宅産業において構造材に使用する木材の安定的な調達ルートがシステム的に構築されたことが大きく，国産材が安くなったからといって素材の調達先が容易に変わるわけではない．こうした経過は，国産生糸の不足時に繭糸の輸入自由化が実施され，結果として，安価な外国産生糸が日本の生糸市場を席巻した蚕糸業と類似している．これは，縦割り行政の弊害，長期的視点を欠いた政策立案と実施，経済のグローバル化に対応した国内産業政策の欠落に問題点を見出せるように思われる．詳しくは，西野寿章『現代山村地域振興論』（原書房，2008年），西野寿章『山村における事業展開と共有林の機能』（原書房，2013年）を参照されたい．

# 第3章
# 日本の蚕糸業の歴史・文化伝承の取り組み
## ―関連博物館・資料館や学校での実践―

大島登志彦

## はじめに

本章の筆者大島は，産業考古学を専攻する中で，日本の生糸の生産量や養蚕農家戸数・収繭量など蚕糸業の一端の変遷概要と，そこに内在する課題を考察したり，現役の製糸工場の実態調査を行ってきた[1)]．併せて，蚕糸業に関わる遺産の保存やその歴史文化の重要性を指摘しながら，「富岡製糸場と絹産業遺産群」の世界遺産登録以降，製糸場来場者に対する動向や蚕糸絹文化に関わる認識をアンケート調査を通して2度（2014・16年度）実施・考察した[2)]．一方で，蚕糸絹文化を伝承させる役割を担う全国の蚕糸絹関係博物館・資料館へ開設・運営，活動に関わるアンケート調査票を送付し，その総括調査を行ってきた[3)]．また，学校教育における蚕糸絹文化の伝承を模索する取り組みの重要性とその参加やユニークな実践の考察を目的として，(一財）大日本蚕糸会が2013年度から行っている「蚕を学ぶ奨励賞」の表彰校への訪問調査，群馬県内の小中学校で2015年度から実施されている「絹文化継承プロジェクト」の参加状況や参加学校における学習実践を調査してきた[4)]．

本章では，第1節で日本の蚕糸業の変遷を，関連する複数事象に関して，盛んだった地域（県）を概覧して，20世紀の後半4分の1期，すなわち概ね1975（昭和50）年以降の蚕糸業が急速に衰退する時期の県別・地域別の特性や諸課題を考察する．第2節では，蚕糸絹文化に関係した博物館・資料館に対して行ったアンケート調査をもとに，その開設時期や館種，運営・展示・行事内容の一端を考察し，新たな視点や諸課題，展望などを盛り込みながら，表題に関わる全般的傾向を分析していく．第3節では，学校教育における蚕糸絹文化の伝承のユニークなカリキュラムの一端として，上記2つの事業の実践事情を紹介する．第4節では，富岡製糸場来場者への動向や蚕糸絹文化に関わる認識についてのアンケート調査結果と所感を考察する．試行的かつ断片的な調査ではあるが，これらを統合して，蚕糸業が急速に縮小してきた近年の蚕糸絹文化の伝承に向けた教育的視点からの取り組みや傾向の一端を考察するものである．

## 1. 日本の蚕糸業の歴史大要と製糸工場の地域的変遷特性

### (1) 蚕糸業の変遷概要

わが国の生糸生産量は，戦前の1930-40年をピークとして，年産70万俵を越えていた．戦中戦後に10万俵を割り込み，戦後，製糸工場は，精密機械工場などに転換したものも多かった．しかし，50-60年代には，高度経済成長の波に乗ってかなり復興成長し，65-75年頃にかけては，年産30万俵以上を維持していた[5]．すなわち，1960年代が戦後の活況期で，1969年には，器械製糸工場が，北海道と青森・秋田県を除いた全国広域的（富山・石川・和歌山県などには所在していない）に計167も所在し，免許台（釜）数は17,000機近くに及んでいた（自動・多条・普通機を含む）．国用器械製糸工場も，計815を数え，免許台数8,019機に及んでいた[6)7]．戦前に比べれば，工場数はかなり減少していたが，経営の合理化が図られた成果でもあり，生糸生産量は戦前に近い水準を維持していた．

1975年以降，稼働工場は減少していくが，各工場の合理化もあいまって，80年代半ばまでの生糸生産量はまだ微減で，1985年には約16万俵を確保していた．それは，戦前の最大時の4分の1，戦後の往年の2分の1に当たる．しかし，1990年代になると，いずれも急速に減少していった[8]が，そのことは，本書第１章でも考察されている通りである．

2000年には，生糸生産量は1990年代の10分の１以下に激減して年産１万俵を割り込んだ．器械製糸工場も2000年代前半，碓氷製糸農業協同組合（群馬県，以下碓氷製糸），須藤製糸㈱（茨城県），藤村製糸㈱（高知県），松岡㈱（山形県）の４社になったと言われたが，2004年にうち後記２社が操業停止した．

国用製糸も，昭和末期，まだ全国に数十か所所在していたが，1990年代に大方が廃業していく．山梨県で存続した工場も2000年代に廃業し，養蚕農家の減少が一層顕著になって，国産繭の入手が困難になったことを理由に，閉業した工場もあったという．

2005年４月，全国製糸連絡協議会が設立された．主要器械製糸工場だった須藤製糸と藤村製糸の２社が2004年に閉業した直後の施策である．その趣旨には，次のように記されており，器械製糸と国用製糸を区別することなく製糸業の健全な生き残りをかけて当組織が結成されたと考える．

> ……製糸業者各社は，今後とも関係機関，関係団体との連絡の円滑化を図り，……織物業者などのニーズを意識した製糸の供給体制を構築することが重要であるとの見地から従来の国用・玉糸を含めた幅広い製糸業者有志の参加を募り「全国製糸連絡協議会」を結成……

その本部は，蚕糸会館（千代田区有楽町）５階に所在し，松岡㈱，碓氷製糸，松沢製糸所，宮坂製糸所，西予市野村シルク博物館，吉岡製糸場，㈲三珠館村松製糸所，大下製糸場の８社が参加していた[9]．しかし，在来型蚕糸業はその後もさらに先細っていき，上記の山梨県内の３社も操業停止した．現存する製糸工場は，名簿の上では季節営業や休業中も含めた10社とされるが[10]，定常的に稼働する製糸工場は，上記８社のうちの後記３社を除いた５社と認識されている．

養蚕農家は，戦前は全国で200万戸以上所在したが，戦中戦後における養蚕農家の効率化が進む中で，1950年代半ばの80万戸を契機に減少していき，1975年には25万戸になっていた．1985年時点では，まだ10万戸が残り，蚕糸業に勢いが残っていたと考えるが，やはり90年代に10分の1以下に激減し，2005年には1,591戸となっている．収繭量や養蚕農家・桑園面積等，原料供給サイドのこれらの事項も，同様の傾向となっている．

### (2) 蚕糸業縮小期における地域的特性

1960-70年代，多数の工場が立地していたのは，福島県13・14，群馬県16・98，山梨県13・82，長野県26・236だった（器械製糸13以上を基本に釜数の多い県を拾い，器械製糸工場数・国用器械製糸工場数で記載）[11]．また，西日本の代表として，愛媛・高知を合計（8・27）して同類とみなせるので，この5県・地域の縮小傾向の地域的特性を比較するため，表3-1・2を作成した．

群馬・福島等東日本では，1980年代まで，製糸工場はまだ比較的多くが存続し，収繭量や養蚕農家も維持できていた傾向なのに対し，山梨・長野県は，大幅な縮小が早期に始まっていたと考えられる．製糸工場は1995年以降急速に減少していくが，国用製糸は，山梨県で2005年現在まだ4軒運転していたのを始め，器械より長く存続してきた．小規模で柔軟な経営ができたことや，国産繭が減少する中で，輸入繭を使用して操業できたことが，要因と考える．

蚕糸業の経営が厳しくなって，養蚕農家が急速に減少した1980-90年前後，山梨県などでは，施設の改良と大規模化・効率化を目指したモデル事業が，行われたという．しかし，日本の産業構造の急速な変容・合理化の中で，十分な効果を挙げることなく，改良機械の導入は，系統的に開発されることなく立ち消えていったという．それから四半世紀を経て，蚕糸業が消滅寸前の一方で，蚕糸絹文化・遺産の伝承が叫ばれ，産業として継承すべく大規模養蚕事業が，新潟県や熊本県など，数か所で立ち上がっているようだ．

**表 3-1**　蚕糸業の縮小期における主要県・地域の製糸工場の推移比較

（単位：軒）

| 項目 | 県・地域/年 | 1969 | 1975 | 1980 | 1985 | 1990 | 1994 | 1996 | 1998 | 2000 | 2005 |
|---|---|---|---|---|---|---|---|---|---|---|---|
| 器械製糸運転工場数 | 福島 | 13 | 12 | 11 | 9 | 8 | 5 | 5 | 1 | 2 | 0 |
| | 群馬 | 16 | 11 | 10 | 11 | 8 | 7 | 4 | 3 | 1 | 1 |
| | 山梨 | 13 | 8 | 8 | 5 | 3 | 1 | 1 | 0 | 0 | 0 |
| | 長野 | 26 | 15 | 13 | 12 | 9 | 6 | 7 | 2 | 0 | 0 |
| | 愛媛・高知 | 8 | 6 | 5 | 5 | 4 | 1 | 1 | 1 | 1 | 0 |
| | 全国計 | 156 | 123 | 131 | 67 | 52 | 39 | 26 | 13 | 8 | 2 |
| 国用器械製糸運転工場数 | 福島 | 14 | 8 | 7 | 6 | 6 | 7 | 3 | 0 | 0 | 0 |
| | 群馬 | 98 | 24 | 24 | 17 | 18 | 20 | 7 | 6 | 5 | 0 |
| | 山梨 | 82 | 22 | 22 | 18 | 18 | 20 | 7 | 5 | 4 | 4 |
| | 長野 | 236 | 33 | 29 | 23 | 19 | 22 | 4 | 2 | 2 | 2 |
| | 愛媛・高知 | 27 | 5 | 4 | 3 | 2 | 2 | 1 | 0 | 0 | 1 |
| | 全国計 | 502 | 273 | 172 | 88 | 56 | 33 | 26 | 17 | 11 | 8 |

資料：1969 年は本文末の参考文献 5)6) を参考．1975 年以降は大日本蚕糸会の調査資料を参考に筆者作成．

**表 3-2**　蚕糸業縮小期における養蚕関係主要事項の県・地域別の推移

| 項目 | 県・地域/年 | 1965 | 1975 | 1985 | 1995 | 2005 |
|---|---|---|---|---|---|---|
| 収繭量（トン） | 福島 | 9,291 | 11,047 | 7,958 | 791 | 75 |
| | 群馬 | 11,966 | 9,211 | 4,057 | 371 | 55 |
| | 山梨 | 12,284 | 8,814 | 2,986 | 176 | 15 |
| | 長野 | 14,795 | 8,683 | 2,743 | 267 | 20 |
| | 愛媛・高知 | 1,740 | 2,017 | 1,064 | 87 | 11 |
| | 全国計 | 105,513 | 91,219 | 47,274 | 5,350 | 626 |
| 養蚕農家戸数（軒） | 福島 | 47,100 | 30,960 | 16,340 | 2,000 | 145 |
| | 群馬 | 75,200 | 48,140 | 24,630 | 4,730 | 650 |
| | 山梨 | 35,900 | 21,300 | 6,570 | 480 | 49 |
| | 長野 | 77,300 | 28,600 | 7,450 | 840 | 72 |
| | 愛媛・高知 | 13,300 | 8,830 | 3,420 | 340 | 38 |
| | 全国計 | 513,700 | 248,380 | 99,710 | 13,640 | 1,591 |
| 桑畑面積（ha） | 福島 | 16,200 | 17,900 | 16,100 | 4,030 | 226 |
| | 群馬 | 29,260 | 31,700 | 23,400 | 9,420 | 1,378 |
| | 山梨 | 12,800 | 11,300 | 5,330 | 1,080 | 85 |
| | 長野 | 22,900 | 15,000 | 6,700 | 1,370 | 102 |
| | 愛媛・高知 | 2,980 | 3,760 | 2,398 | 548 | 30 |
| | 全国計 | 163,800 | 150,600 | 96,800 | 26,300 | 2,988 |

資料：小泉勝夫編（2006）『蚕糸業史　蚕糸王国日本と神奈川の顛末』より筆者作成．

## 2. 蚕糸絹文化関連博物館・資料館と今後の蚕糸絹文化の伝承

### (1) 蚕糸絹関係博物館・資料館の分布と展示や業務事情

筆者は，全国の蚕糸絹に関係する博物館等に対して，2015年11月，18項目の質問をA4で4ページにまとめて，郵送・返信によるアンケート調査を行った．調査先は，蚕糸絹関係の専門雑誌「シルクレポート」（大日本蚕糸会，隔月刊→季刊）に毎号掲載される「蚕糸絹関係博物館一覧」を参照し，調査時点の2015年11月号にリストアップされていた75館（最新の同誌2017年10月号では82館が掲載）と，調査前後に群馬県内で訪問できた2館＝リストになし）を加えた77館とし，そのうち54館から回答を得られた．

75館のリストを見ると，北海道は，開拓の村（蚕糸と趣旨が異なるので関連資料としての展示があるためリストアップされたと考える）のみ，北東北三県は含まず，南東北から関東甲信越が過半を占めている．西日本においても，愛知・岐阜から兵庫県に分布し，とりわけ京都府には8館が集中した．そして，岡山・鳥取県以西では，四国の3館に留まっている（表3-3は回答が得られなかった館の一部を含まないので数値は若干異なる）．蚕糸業が栄えた地域との相関が感じられるものである．蚕糸絹に完全特化した大規模館から，蚕糸絹関係展示資料が一握りの館，歴史博物館と称するものなど様々で，蚕糸絹関係の博物館という括りや定義に基づくものではなく，関係者の見聞によるリストアップと考える．

#### 1） 館の設立と館種・内容

回答をいただいた館に，未回答だったが蚕糸関係主要館と思える4館を加えた58館の開設年月日・館種を表3-3に示す（開設年が未記入だった館は筆者が文献等で調べて追記）．開設時期を考察すると，1975-84年に，蚕糸業の主要だった地域で多く開設された傾向にある．そして1985-94年には一旦少なくなるが，95年以降再度増え，2000年前後にグンゼや片倉等，遅く

**表 3-3**　蚕糸絹関係博物館等の一覧とその開設年月日・館種

| 所在地 | 館　名 | 開設年月日 | 館種 |
|---|---|---|---|
| 北海道 | 野外博物館北海道開拓の村 | 1983.4.16 | c |
| 山形 | 原始布・古代織参考館 | 1983.5.14 | b |
| | 米沢織物歴史資料館 | 1979 | c |
| | 南陽市夕鶴の里資料館 | 1993.4.25 | e |
| | 松ヶ岡開墾記念館 | 1983 | e |
| | 公益財団法人到道（ちどう）博物館 | 1950.6.15 | c |
| 福島 | かわまたおりもの展示館 | 1988 | a |
| 茨城 | 結城市伝統工芸館 | 1984.1 | e |
| 栃木 | 足利織物伝承館 | 2011.4.29 | f |
| | 足利まちなか遊学館 | 2003.3.30 | e |
| | 那須野が原博物館 | 2004.4.23 | b |
| 群馬 | 高崎市歴史民俗資料館 | 1978.10.1 | f |
| | 群馬県立歴史博物館 | 1979.1 | c |
| | 群馬県立日本絹の里 | 1998.4.24 | a |
| | 富岡製糸場 | 2005.10.1 | f |
| | 桐生織物記念館 | 2012.8.1 | e |
| | みどり市大間々博物館 | 1988.4.29 | b |
| | 川場村歴史民俗資料館 | 1987.3.31 | f |
| | 桐生市近代化遺産絹撚記念館 | 2013.4.27 | e |
| | **前橋市蚕糸記念館** | **1981** | **a** |
| 埼玉 | ちちぶ銘仙館 | 2002 | e |
| | **片倉シルク記念館** | **2000** | **a** |
| 東京 | 文化学園服飾博物館 | 1979 | c |
| | 調布市郷土博物館 | 1974.11.24 | c |
| | 東京農工大学科学博物館 | 1886 | f |
| | 絹の道資料館 | 1990.3 | f |
| | 八王子市郷土資料館 | 1967.4.1 | e |
| | 町田市立博物館 | 1973.11.3 | b |
| | 羽村市郷土博物館 | 1985.4.6 | b |
| 神奈川 | 神奈川県立歴史博物館 | 1967.3.21 | c |
| | **シルク博物館** | **1959** | **a** |
| 新潟 | 小千谷織物工房「織之座」「匠之座」 | 1983.7.6 | f |
| | 十日町市博物館 | 1979.4.27 | b |
| 新潟 | 織の文化館　塩沢つむぎ記念館 | 1991.10.13 | f |
| 福井 | はたや記念館ゆめおーれ勝山 | 2009.7.21 | a |
| 山梨 | 中央市豊富郷土資料館 | 1994.7.26 | e |
| 長野 | 須坂市立博物館 | 1966.7.20 | b |
| | 常田館資料室 | 1989.8.31 | — |
| | 信州大学繊維学部資料館 | 2010.4.24 | f |
| | 絹糸紡績資料館 | 1998.11.3 | c・e |
| | 海野宿歴史民俗資料館 | 1988.8.1 | e |
| | 日本司法博物館（松本市歴史の里） | 2002.4.1 | f |
| | 岡谷蚕糸博物館（シルクファクトおかや） | 1964 (2014) | a |
| | 駒ヶ根シルクミュージアム | 2002.4.27 | a |
| | 安曇野市天蚕センター | 1977.7.20 | e |
| 岐阜 | 美濃加茂市民ミュージアム | 2000.10.1 | b |
| 愛知 | 石川繊維資料館（豊橋市） | 1999.4 | a |
| | 稲武郷土資料館 | 2003.4.24 | e |
| | 豊橋市民俗資料収蔵室 | 1978.5.1 | e |
| 滋賀 | 手おりの里・金剛苑 | 1978 | f |
| 京都 | 川島織物セルコン織物文化館 | 1984.10.9 | f |
| | 西陣織会館 | 1976.3.22 | f |
| | 織元　田勇 | 1998 | f |
| | **グンゼ博物苑** | **1996** | **a** |
| 兵庫 | 上垣守国養蚕記念館 | 1995 | a |
| | デザインクリエイティブセンター神戸 (KIITO) | 2012.8.8 | f |
| 愛媛 | 西予市野村シルク博物館 | 1994.7 | — |
| 高知 | 藤村製糸記念館 | 2015.2 | a |

注：館種の凡例：a 蚕糸絹の展示を目的＝ 12 館，b 総合博物館＝ 8 館，c 歴史博物館＝ 8 館，d 自然博物館＝ 0 館，e 郷土博物館＝ 14 館，f その他＝ 15 館，記載無し＝ 2 館（2 つ記載館は 2 つにカウントして合計 57 館）

資料：アンケート回答集計結果から筆者作成（蚕糸関係主要館で回答が得られなかった 4 館を太字で追記）

まで操業していた蚕糸大手企業の関連資料館や「日本絹の里」など，大規模専門博物館が開館している．縮小が見え始めた時期に，蚕糸業に関わる展示や歴史保存の重要性が全国で認識されて，博物館等が開設されたり，既存館に関係資料を保存（その流れで当リストに掲載）・展示する措置が取られたことが考察できよう（表3-4）．それ以外の主要質問項目とその回答集計に関する考察・所感を以下に記載していく．

表3-3には，「博物館の館種」を併記した．「郷土資料館」の回答が最も多いことから，蚕糸絹文化が栄えた地域や関連深い地域には，蚕糸絹関係の博物館や資料館が設立された傾向が考察される．また，「歴史博物館」や「総合博物館」の回答も多く，地域全体の歴史や民俗に関する展示の一環として，蚕糸絹に関する展示を行っている館も多い．「自然博物館」と回答した館がないことに関しては，蚕を生物として展示する博物館は，このリストに含めない傾向だったと考える．

「その他」の回答では，「民俗資料館」，「織物資料館」，「世界遺産」などの回答が見られた．また，その他の16館の多くは，蚕糸絹関連事項を館名としているものが多いし，未回答だった蚕糸主要館4館を追加したことも含めると，蚕糸絹関係展示の割合が70％以上の館が21館あることになり（後掲表3-10），75館中の3分の1程度は，蚕糸絹を主体とした博物館等だと考察できる．

**表3-4**　蚕糸絹関係博物館等の開設の経年事情

| 開設年 | 館数（館） |
|---|---|
| 1954年以前 | 3 |
| 1955～64年 | 2 |
| 1965～74年 | 5 |
| 1975～84年 | 16 |
| 1985～94年 | 11 |
| 1995～2004年 | 13 |
| 2005～2014年 | 7 |
| 2015年以降 | 1 |
| 計 | 58 |

注：表3-3の開設年を集約．

### 2）博物館の運営

「博物館の職員数」（表3-5）は，多い館で40人以上，少ない館では1人で，大きな差があった．正規・常勤職員がいない館もあることや，パート・アルバイトの割合が高いことがわかる．個々の事情は割愛するが，職位や勤務形態をみると，概して，正規・常勤職員よりもパート・アルバイトの方が多い館や，パート・アルバイトのみで運営している館もあり，一部の大規模館以外は，非常勤・非正規・時間給職員に支えられている傾向が強いと考察される．

**表 3-5**　博物館の職員別人数

(人)

| | 合計 | 平均 | 最多 | 最少 |
|---|---|---|---|---|
| 正規/常勤 | 219 | 5 | 23 | 0 |
| 非常勤 | 86 | 4 | 22 | 0 |
| パート/アルバイト | 121 | 5 | 34 | 1 |
| その他 | 95 | 9 | 27 | 1 |

注：数値で記入されているもののみ集計．

「博物館の運営主体」(表 3-6) は，指定管理も含めると，約半数が公営である．「その他」には，「協同組合」，「社員が運営」，「外部委託」などの回答があった．運営と職員数の相関傾向としては，都道府県や市町村直営の館は職員が多く，企業・法人直営等，公的以外の館は少ない傾向を感じた．

**表 3-6**　博物館の運営主体

(館)

| | | |
|---|---|---|
| a | 都道府県直営 | 2 |
| b | 市町村直営 | 22 |
| c | 企業・法人直営 | 10 |
| d | 公営・法人営で指定管理 | 9 |
| e | 学校 | 3 |
| f | 個人 | 3 |
| g | その他 | 5 |

「博物館の見学料」(表 3-7) を見ると，多くの館では，比較的安価に設定されている傾向にあった．また，小学生やそれ以下の子ども (一部で中学生も)，お年寄り，障がい者およびその介護者は見学料無料という館も多数あった．また，時期やイベントによって見学料が異なるケースや，館が所在する県内・市内に在住者・在学者や学生は無料とする館も見られたほか，見学料が一律無料の館が回答 54 館中 24 館もあった．運営主体の側面からみると，企業・法人直営，公営・法人営で指定管理の館は一律無料が比較的多く，学校や個人で運営している館も，同様に一律無料が多かった．市町村直営の館は，低廉ながらも

**表 3-7**　見学料の平均と最高・最低額

(円)

| | 平均額 | 最高額 | 最低額 |
|---|---|---|---|
| 小学生 | 91 | 280 | 0 |
| 中学生 | 104 | 300 | 0 |
| 高校生 | 251 | 610 | 70 |
| 大学生 | 274 | 610 | 100 |
| 大人 | 347 | 1，000 | 100 |
| お年寄り | | 300 | 0 |
| 障がい者 | | 150 | 0 |

注：一律無料は除く．

**表 3-8**　来館者の主な利用交通手段（複数回答）

（館）

| | | |
|---|---|---|
| a | 自家用車を利用 | 43 |
| b | 鉄道を利用 | 25 |
| c | 路線バスを利用 | 9 |
| d | 観光バスを利用 | 21 |
| e | その他 | 2 |

**表 3-9**　来館者の分類（複数回答）

（館）

| | | |
|---|---|---|
| a | 個人 | 54 |
| b | 児童・生徒団体 | 45 |
| c | 成人団体 | 49 |
| d | 学生の調査・研究 | 3 |
| e | 企業等の研修 | 4 |
| f | その他 | 8 |

見学料を徴収する館が多く，一方，団体割引を適用する館は少ない傾向にあった．

### 3）来館者のアクセスや傾向

「来館者の主な利用交通手段」（表 3-8）は，蚕糸業の栄えた地域の特性が急速に車社会に移行したことも反映して，自家用車の利用が多くを占め，路線バスの利用が少ない傾向にある．また，「鉄道」と「観光バス」の割合はほぼ同じであるが，観光バスは団体利用のため，来館者数に置き換えると，鉄道での来館者数より多いと考えられる．

「平成 26 年度の年間来館者数」の平均的な数値は，群馬県の「富岡製糸場」が飛びぬけて多く 133 万 7,720 人だったほか，年間 5,000～10,000 人の館が最も多く，次いで 10,000～30,000 人であった．また，内訳別に見てみると，小中学生・小学生以下と大人・お年寄りの割合が多く，高校生・大学生の割合は比較的少なかった．この数値だけでも，世界遺産ブームの一端と，博物館等の通常の来館者数は，多いところで 1 日数十人平均であることが偲ばれる．

「来館者の分類」（表 3-9）では，利用の多いものから順に 3 つ選択してもらい，個人の利用が最も多いと回答した館は 54 館中 37 館であった．次いで成人団体での利用が多かったので，個人の見学や学習としてだけではなく，観光やツアーの一環としての利用も多いと考える．児童・生徒団体の利用が多いことと比較し，「学生の調査研究」の割合は低く，高校生や大学生の利用は少ない傾向にある．

### 4) 展示内容や行事

**表3-10**　蚕糸絹関係展示の割合

（館）

| | | |
|---|---|---|
| a | 90％以上 | 10 |
| b | 70％程度 | 7 |
| c | 50％程度 | 8 |
| d | 30％程度 | 8 |
| e | 10％以下 | 21 |

**表3-11**　蚕糸絹関係の主な展示（複数回答）

（館）

| | | |
|---|---|---|
| a | 製糸機械・道具の展示 | 21 |
| b | 養蚕に関わる道具の展示 | 23 |
| c | 養蚕・製糸に関する文書資料の展示 | 13 |
| d | 機織り機の展示 | 15 |
| e | 絹製品の展示 | 17 |
| f | その他 | 9 |

「蚕糸絹関係の展示の割合」（表3-10）は，「90％以上」の回答が多く，全体的な傾向としても，50％以上の割合で蚕糸絹関係の展示をしている館が58館中29館で，約半数を占めた（回答館以外に表3-3に追加した4館を含める）．「蚕糸絹関係の主な展示物・展示内容」（表3-11）について，この質問では2つまで回答してもらい，その組み合わせとして多かったのが，「製糸機械・道具の展示」と「養蚕に関わる道具の展示」，「機織り機の展示」と「絹製品の展示」だった．この結果から，機械と道具関係，機織り機と絹製品が合わせて展示される傾向が考察される．

「蚕糸絹関係の行事」については，当該年度（2015）回答54館中27館で行事やイベントを開催していた．その内容は，作品展などの特別展示や有識者による講演会，工作・手作り体験学習など様々な種類のものがあり，毎年恒例，隔年開催の割合が多く，定期的に実施されている傾向が見られた．対象者はほとんどが一般・全員であり，コサージュやテーブルクロス作りなどの手作り体験も多く見られた．そのほか，「東京農工大学科学博物館」では，大学生や学生支援団体による研究成果発表，長野県の「岡谷蚕糸博物館（シルクファクトおかや）」では，実際に養蚕をしていた人や館の職員が講師を務めての体験学習等の企画も行われている．料金は，材料の一部の実費分を有料としているほかは，負担は少なく設定しているようだ．「日本絹の里」では，児童と保護者を対象とした染色体験が行われており，私たちは，その様子を見学したが，保護者が子どもの教育や思い出づくりのために参加して

表 3-12　行事に対する来館者の反応

（館）

| | | |
|---|---|---|
| a | 大変興味を示してくれた | 15 |
| b | まあまあ興味を示してくれた | 5 |
| c | あまり興味を示してくれなかった | 2 |
| d | その他 | 0 |

表 3-13　館外での教育・普及活動

（館）

| | | |
|---|---|---|
| a | 出前授業 | 12 |
| b | 移動博物館 | 0 |
| c | 地域の行事等への参加 | 9 |
| d | 特に実施していない | 32 |
| e | その他 | 1 |

表 3-14　学習支援の実施状況（複数回答）

（館）

| | | |
|---|---|---|
| a | ワークシートを作成 | 4 |
| b | テキストを作成 | 4 |
| c | 子供向けのパンフレットを作成 | 4 |
| d | ホームページ上で子供たちの学習支援を行っている | 2 |
| e | 特に行っていない | 29 |
| f | その他 | 15 |

いる傾向が見られた．

「行事に対する参加者の反応」（表 3-12）は，「大変興味を示した」が過半を占め，興味深いと感じてくれる人が多いことが分かる．「蚕糸絹関係の特色ある展示や取り組み」については，特色のある展示や取り組みをしていると回答した館が 40 館もあり，機織りの実演や体験，企画展，夏休みにこども達を対象とした各種体験講座等が多かった．その内容として，絹織物の展示や，機織り機の実演・体験，蚕の飼育展示，絹製品のショップなどの回答が目立った．

### 5）地域との関わり

「館外で行っている蚕糸絹関係の教育・普及活動」（表 3-13）では，出前授業は小学校を対象にしたものが多く，平均的に年間 2〜5 回，多い館で 10 回止まりだった．そのなかで，「岡谷蚕糸博物館（シルクファクトおかや）」では 44 回の出前講座，74 回の出前学習支援を行っているという．しかし，一部でそうした精力的な支援が行われている一方，回答館数でみると，「子ども達に対する学習支援」は，「特に行っていない」が 29 館で，直接支援を行っている館は少なかった（表 3-14）．

「館の活動を支援する組織」は，「有」が 24 館・「無」28 館で（「その他」2 館）半々程度だった．多くが「友の会」と称する団体であり，規模の大きいものは 4,000 人以上の組織もあった．他にも学習支援ボランティアや館内ガイドボランティア，展示解説員や運営サポーター等もあった．また，それらの組織のメンバーが，館内の説明員をしている館も複数あった．

**表3-15　収蔵資料の貸出状況（複数回答）**

（館）

| | | |
|---|---|---|
| a | 書籍を貸出 | 3 |
| b | ビデオ・DVDを貸出 | 6 |
| c | 教材・教具を貸出 | 8 |
| d | 特に資料の貸出は行っていない | 32 |
| e | その他 | 11 |

※表3-6，8〜15のa〜gの符号は，調査表に記した選択肢の符号．

「収蔵資料の貸出の有無」（表3-15）では，学校などでの学習に直接活用できる教材や教具，映像などの資料が，貸出し可能である傾向の反面，「書籍を貸出」の回答は少なかった．書籍を貸し出す役割は図書館が担うものだとの解釈であることや，所蔵する専門書籍は随時館内研究に活用されることなどによると考える．また，「その他」の回答では，写真・画像資料や絹織物の貸出を行っているという館も見られた．主な貸出先としては小学校が多いが，個人や市町村関係，高校の演劇部などが記載されていた．

「地域や周辺の学校で独自に行われている蚕糸絹関係の行事」は，7館のみの回答にとどまった．館外で特徴的な取り組みが行われることが少ないか，博物館・資料館側では地域の行事を把握していないためと考える．具体的な行事の例としては，糸引き体験やコースター作り，絹の産地を巡るツアー，学習会や有識者による講演会などが挙げられた．

自由記述欄では，「蚕糸絹の文化や歴史は，産業の歴史を知るうえで重要であるため伝えていきたい」という前向きな意見がある反面，「機具や技術の展示・保管が難しい」，「蚕糸絹について知らない子どもが多い．後世に伝えていけるか不安」といった意見が多かった．また，そのために地域や行政の協力が必要だという記述もあった（個々の記載意見等は割愛）．

### (2) 調査対象から漏れた蚕糸絹関係博物館の所在とリスト

「シルクレポート」には，毎号「シルク遺産を訪ねて」のレポートが2018年1月号まで，35回にわたって連載されて完結した（著者：平井東幸）．

「蚕糸絹関係博物館一覧」を補完紹介する重要な連載であり，各館の蚕糸絹文化の展示や伝承が紹介・考察されてきた．蚕糸絹関係博物館等は，展示や収集資料等のボリュームや割合にもよろうが，筆者は個別に博物館見聞するなかで，このリスト以外でも多数あると認識している．

「シルクレポート」以外に蚕糸絹関連博物館等のリストアップとしては，農業生物資源研究所が作成した[12]「蚕糸・織物関係の資料館・博物館・施設等」があげられる．そのリストは，「蚕糸・織物関係の資料館・博物館」と「一部に蚕糸・織物関係の展示のある館や関係のある施設」に分けて，計60館が表記されている．概ね「シルクレポート」のリストと重なり，異なる8館を以下に記載する．

- 北橘村歴史民俗資料館
- 赤城村歴史資料館
- JA沢田・薬王園蚕糸館（以上群馬県）
- 下諏訪倉庫蚕糸資料館
- 伊豆まゆの資料館（松崎町）
- 浅井町歴史民俗資料館
- 丹後ちりめん歴史館（野田川町）
- 城川町天蚕センター

多くが平成の合併以前の旧町名等で記されているし，下諏訪倉庫のように取り壊されて消息不祥の館もあるので，2000年代半ば以前に作成されて更新されていないと思われる．筆者の見聞では，過半は継続開館していると思われ，「シルクレポート」の，リストに含めて考察する必要があると考える．また，これに付随して，「各地にある蚕糸・織物関係の記念碑・遺跡・歴史的建造物等」のリストが提示されている．福島県から岐阜県にかけての中央日本主体に19施設が記されており，内9施設は神社等宗教に関わる施設である．

その他，「きもの美術館/博物館/資料館/工芸館」（男のきもの便利帳）と表した主題の[13]，「地方伝統産業工芸を紹介する施設」の項に，上記してきたリストと過半が重複する資料館等55館が記載されているほか，上記にはほとんどなかった九州沖縄の6館（うち伝統工芸を名乗るものが3館）が掲げられているほか，からむし織の里（福島県昭和村），藍住町歴史館 藍住の里（徳島県）など，隠れた蚕糸絹に関係する文化を展示・伝承していると思われる館が含まれている．全国に分布する蚕糸絹文化を伝承すべく資料館や施設が，全国的に立地し，相互の情報交換・連携していくことが望まれる．

### (3) 今後要求される蚕糸絹文化の伝承に関わる博物館等への期待

学校教育のなかで，既設の博物館・資料館の見学を，教育課程に組み入れている学校は多い．群馬県内では，群馬県立歴史博物館，富岡製糸場や「日本絹の里」などの見学を毎年，カリキュラムに導入している学校も多く，重要な学習課題と考える．一方，校内に資料室があると，蚕糸も含めた身近な地域の歴史学習の場となる．既存の資料室・スペースを有する学校もあると思うが，正規に登録された資料室ではないものも多く，実態は明らかではない．空き教室などを利用して，新たに設置される傾向にはあろう．以下，断片的ではあるが，筆者のこれまでの調査で，感銘を受けた館や事象を取り上げて考察を進める．

#### 1) 地域の学校と関連した博物館

資料1のチラシに示したユニークなイベント（4回目）が，横浜市で行われることを知り，2017年2月11日，それを見聞した．その主題は，国の補助事業を活用して，世代交代と再開発で急速に失われつつある地域の歴史・民俗資料を保存すべく，横浜市の一部学校が資料室を新たに設置した取り組み事例だった．

大都市地域を除くと，近年少子化で空き教室が増えたり，学校等の統合が進み，その有効活用が議論されている．学童保育や集会所，都会の児童生徒の体験学習施設やボランティア等，地域の人たちが活躍する場所としての活用の範囲は多い．しかし，学校が統廃合される際，鉄筋の3階・4階建て校

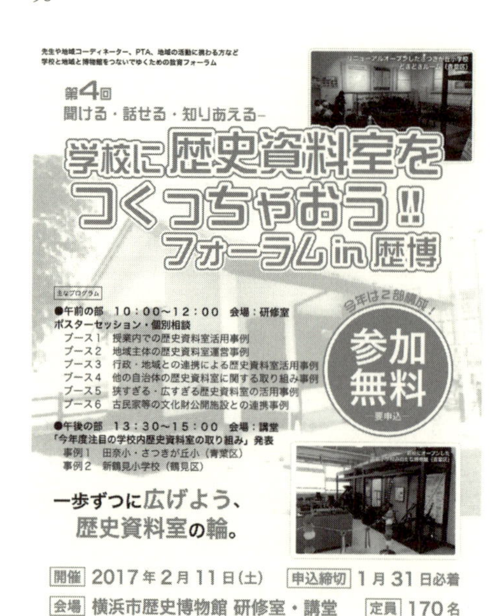


**資料1**　横浜市で企画された「学校に歴史資料室をつくっちゃおう」フォーラムのチラシ

舎を十分に活かし切れていないことを感じる．一方で，既存の資料館等で収集されている資料とはフレームの異なる地域の特徴を有したり，地域独自の教材として活用できる資産は多いと考える．

2017年1月，福島県伊達市郊外の「泉原養蚕展示室」を訪問した（2017年1月27日）．ここも，偶然入手したチラシで知った廃校を利用した蚕種・養蚕に特化した資料室で，前項で記したいずれのリストにも含まれていない．しかし，国の重要文化財を含む4,000点以上の器具・資料が，各教室と廊下に並んでおり，訪問当日，教育委員会と兼務する担当学芸員が（現地には，資料整理の職員が在駐），丁寧に説明してくださった．

私たちは，例えば奥州座繰りというと，総括して1形態と見なしてしまい，「1つ残せばよい」という発想を持つ傾向にあろう．しかし，廃校のスペースを部屋毎に有効に活用して，地域や時代の特性を細分化し，多数を地域遺産として保存・整理されており，各々の特性を説明できる体制であることに感嘆した❶．

伊達市周辺は，宮城県側で接する丸森町（後掲図3-1の②に示す表彰校が所在）も含めて蚕種・養蚕が基幹産業だった．明治期に開通した東北本線は，機関車の煙で桑が枯れて養蚕が寂れるとして，伊達地方を通らず，白石経由のルートに曲げられて建設されたと伝承されている．

資料室（館）の持続可能性を考えたとき，前記の横浜市の場合は，国の補助事業が途切れた後の存続や，廃校を利用する場合は，建物の維持管理が課題だと考える．しかし，群馬県内はじめ各地域を見渡した場合，学校や地域毎に器具・資料・風土に特性があり，歴史資料室をまず作ることが重要だと考える．学校が統廃合される際には，歴史資料の保存を重要な課題として位置付けることを要望するものである．

❶泉原養蚕展示室の様子

### 2）養蚕農家の保存事例

兵庫県養父市は，かつて群馬の技術も伝承した近畿地方の大養蚕地帯だった．2016年12月16日，その状況を概観すべく訪問した際，同市教育委員会の専門職員が，市内に多数残る養蚕農家を案内してくださり，関連資料を多数頂戴した．

この地域は，3階建て養蚕農家造りの民家が特徴とされ，外観や窓配列，天井の傾斜などで，形態は大きく5つに分類されるのだという❷．すなわち，単に同じ市内の養蚕農家造りといっても，家ごとに特徴が見られ，それらを5つに類型

❷養父市内に残る3階建て養蚕農家

化して，調査報告する重要性を痛感した．

群馬県では，昭和後期以降半世紀間に蚕糸業やそれに関わる桑畑等が激減する中で，地域特有の文化景観といえる「からっ風」「かかあ天下」，「樫ぐね」と称した屋敷森等も失われてきた．地域と一体で歩んできた学校が，空き教室が増えたり廃校舎となる際には，何かしらの資料室を確保し，歴史文化や遺産を保存して後世に伝承していく教育的意義は大きいことを再認識したい．それによって，その地域の特徴ある文化や個人で集めた貴重な資料などを保存して，蚕糸・歴史教育に活用することも可能である．

#### 3）蚕糸関係博物館の展示傾向と伝承に向けた課題

蚕糸関係博物館（アンケート回答館77館と未回答だった蚕糸絹専門4館）の調査結果から，その過半の館内展示の50％以上が蚕糸絹関係であることがわかった．すなわち，平均各県1館以上の蚕糸関係資料を収集した博物館が立地していることになる．しかし，蚕糸関係機器は多彩で地域的特性も複雑であるし，博物館の運営形態はまちまちである．一方で，見学料は，500円以下と比較的安価な傾向にあり，予算や設備の面からも，蚕糸絹の歴史や文化を学び伝承する機能を十分備えているとはいえず，蚕糸絹文化の普及や伝承は困難であるという回答記述もあった．すなわち，経年劣化などの面から，養蚕に使う機具や資料の保管や展示が難しいことが挙げられる．しかし，博物館・資料館のような施設以外で蚕糸絹文化に触れる機会が少なくなったことに加えて，機器や資料の保管は，博物館単独では予算，設備等の面で限界があると思われるので，行政の随時の予算措置や補助金等の支援が必要であろう．

## 3. 蚕糸絹文化を継承するユニークな教育実践

### (1)「蚕を学ぶ奨励賞」受賞校の調査

（一財）大日本蚕糸会は，2013（平成25）年度から「蚕糸絹文化学習教育奨励賞」(通称「蚕を学ぶ奨励賞」，以下この記載に統一）の表彰を始めた．この賞は，名称の通り，長年ユニークかつ優れた蚕糸絹に関わる学習活動を継続してきた学校を表彰し，一層の蚕糸絹文化を学校教育で普及・活性化させる効果を期待する目的で始まったと考える．2017年度までに16校が受賞し，それを図3-1に示す．

筆者を主体とする高崎経済大学大島ゼミナール有志では，受賞校8校の蚕糸絹教育実践を，2016年度に訪問調査した．以下，福島・山形県と関東信越に分けて1)，2)項で，初めての幼稚園の受賞であるピノキオ幼稚園（熊谷市）を3)項でまとめた．4)項では，今回の調査で考察された蚕糸絹文化の学校教育における課題と展望を考察する．以下訪問校名の表題は，図3-1の○番号に対応させたために順不同であることを，予めご了解いただく（調査日は2016年度内で，大島ゼミの協力院生・学生名を併記した）．

### 1) 福島・山形県内3校への訪問調査

⑪川俣町立富田小学校（福島県）

当校の所在する福島県伊達郡川俣町は，江戸時代には生糸市・羽二重市が定期的に開催され，明治から昭和初期にかけて，全国有数の羽二重の産地の地位を確立した．当校は，1989年，川俣町郊外の3小学校が統合して創設された新しい学校で，3年生児童が地域の特産物である蚕糸絹学習の一環として，総合的な学習の時間として，15年以上行ってきた．学校の敷地内に蚕小屋を設営し，蚕の飼育から収繭，出荷までの一連の作業や，機織り・染色などの体験を行ってきた．

毎年4月，学校に隣接した桑畑（地域の方から借用）を整備する．6月に「お蚕様を迎える会」を実施，JAかわまたより3〜4齢の蚕3,000頭の提供を受けて，地域の元養蚕農家などからなる「シルクボランティア」がサポートして，蚕が成育するまでの2〜3週間，蚕の飼育と観察を行う．6月中下旬に，上蔟（じょうぞく）と繭かきを行い，昔の道具と現在の自動収繭機の両方を体験し，昔と今の作業とを比較する．

資料：（一財）大日本蚕糸会提供資料をもとに筆者作成.

**図 3-1** 「蚕を学ぶ奨励賞」受賞校の分布

収穫した繭は，JA かわまたに出荷するが，一部は，2 学期に機織り・染色を行って，コースター作りを体験する．これらの作業は，学校に近隣する「からりこ館」（道の駅川俣，かわまたおりもの館に併設され，手織りや染色体験施設）で行っている．2 学期には，お蚕様の迎えから収穫までを劇にした学習発表会のほか，機織りや染色体験の発表会も行う❸.

❸富田小学校の児童が作成した学習発表会の資料

3学期には，繭を出荷した収益で，繭玉細工の作製や，シルクボランティアやJA職員への感謝の会を催す．また，授業参観では，1年間の学習内容を4班に分けて発表する．こうしたユニークな当校の取り組みが，JAかわまたに評価されて表彰に繋がったという（1月27日調査，大島・石関）.

③山形市立蔵王第二小学校（山形県）

当校は，斎藤茂吉の出身校としても著名で，その関係資料は，校舎内に展示され，校舎外には歌碑や斎藤茂吉記念館も造成されてきた．周辺は大養蚕地域で，現在でも養蚕農家が数軒残り，6月半ばからの春蚕を主体に，秋蚕や晩秋蚕も行っているという.

1992年頃から，総合学習の一環として，3年生が近隣養蚕農家から蚕を頂戴して学校で飼育し，5齢になったら，各自10頭ずつ自宅で育て蚕や繭の観察学習を始める．98年頃からは，6年生も蚕の飼育や繭のコサージュ作りに取り組んできた．一部の繭をカッターで切断して蛹（さなぎ）を取り出して行い，卒業式で胸に着ける．PTAの親子行事にもなり，近隣の現役養蚕農家から蚕や繭と飼育指導を受け，学校と地域が一体で蚕育学習に取り組み，地域への愛着や生涯学習にも繋がる展開ができているという．また，この間の2003年には，入院中の天皇陛下の御回復を願って，6年生が作った繭コサージュを宮内庁に贈り，それが「小さな親切運動」にも発展したという．また，校舎内の一室に，養蚕関係主体の農機具類を収集した資料室「高岡歴史館」が設けられていたのが印象的だった（11月25日調査，大島）.

⑤白鷹町立蚕桑小学校（山形県）

当校は，山形県内陸北部の西置賜郡白鷹町荒砥に位置する．この地域は最上川中流域にあたり，最寄りは山形鉄道フラワー長井線（旧国鉄長井線）の蚕桑（こぐわ）駅である❹．豪雪地帯であるが，学校や駅名は蚕糸を思い起こすものである．養蚕は，高度経済成長のピークだった1973（昭和48）年頃が全盛で，白鷹で850戸のうち600戸程度が養蚕農家だったという．

当校での蚕育学習は，2002年度より，山形県の専門指導員や地域の養蚕経験者，JA関係者の協力で「蚕の先生」を組織して飼育室を新たに整備し，「蚕の飼育」（3,000頭）と「繭細工」に取り組み，校庭に隣接する公園に桑並木を整備した．総合的な学習として，全校生で前記2種の蚕糸学習をし，テーブルクロスを織る機織体験を実施したり，地域に呼びかけて，養蚕用具の収集も行ってきた．

2010年度以降は，総合学習の時間数減少で，3年生（養蚕と繭細工）と6年生（桑かけとコサージュ作り＝卒業式で胸付）で継続している．また，同年より山形県蚕糸業会の啓発支援事業を受け，2012年度には関係施設が整備されたほか，「かいこの学習資料室」が設置された❺．繭乾燥機や学習パネルも作製されて，効果的な蚕育学習を行う体制にあることも受賞の一因

❹山形鉄道フラワー長井線 蚕桑駅の駅名標

❺蚕桑小学校の「かいこの学習資料室」

と考える．また，県蚕糸業会から寄贈された年表「蚕桑小学校のあゆみ」パネルも，有益な教材であろう（11月25日調査，大島）．

### 2）北関東・長野県で受賞した小学校の事例

⑬本庄市立秋平小学校（埼玉県）

当校の所在する埼玉県旧児玉町（2006年，本庄市と合併）は，今なお養蚕農家造りの家屋が現存し，「高窓の里」としてアピールされている．当校の教育の特色として，2005年に埼玉県が推進する「学校応援団」の指定を受け，20分休みに地域の方々との交流や諸体験をする時間を設けている．蚕育は，近隣の金屋稚蚕飼育場（旧児玉町内）より提供を受けて，3年生児童が6〜7月の総合的な学習の時間に児童玄関にテーブルを置いて行うが，個人でも蚕を家に持ち帰って飼育している．

最近2年間，蚕育学習を指導した教諭自ら「日本絹の里」で研修を受けたり，地域の方々の支援を得て座繰り体験を導入したという．また，繭細工やうちわの製作（蚕を骨組みに這わせて糸を吐かせて製作），蚕に人工飼料を与えて繭の着色を試みたところ❻，児童は色々な着色方法を発見し，創造力の育成につながったという．近隣地域での養蚕は休止したが，地域の方々が桑の木の管理を続けており，こうした長年の地域と一体になった取り組みが，金屋稚蚕飼育場などにも評価されて表彰に繋がったと考える（1月13日調査，大島・石関・関上）．

⑫前橋市立総社小学校（群馬県）

学校周辺は，かつて養蚕地帯で，近隣に群馬県立蚕糸技術センターが立地して，蚕の卵の提供が可能なことなどから，2003年から蚕育学習を行ってきた．現在，

❻秋平小学校の児童が作成したうちわや繭細工

3年生の総合的な学習の時間に4～10月，「総社の今昔　お蚕様の糸をたどって」という単元で計35時間実施される．事前学習として，上記センターの職員の講話を設けて，児童たちは，蚕を卵の段階から，担任教諭の飼育の下で一定の大きさになるまで観察を行い，その後虫かごに入れて1人数頭ずつ飼育する形をとっている．桑の葉は，元養蚕農家が校庭に植えてくださった1本の桑の木から摘み取って，主に昼休みを蚕育に当てている❼．土休日には，児童は蚕と桑の葉を自宅に持ち帰って飼育するが，そのことが地域との交流の場にもなり，最初は蚕を怖がっていた児童も愛着がわくようになるという．収穫した繭は蚕糸技術センターで熱処理して，座繰り体験や繭細工などを行う．また，図書室での調査や，養蚕経験者への聞き取り学習を行い，授業参観日に養蚕に関する発表を行う❽．

❼総社小学校の校庭に植えられた桑の木．左下の幹のやや太い木が桑の木（周囲の木はレッドロビンという観葉植物）．

❽総社小学校の児童が学習発表で使用したカード

蚕育は3年生の理科の授業の昆虫学習とも関連して実施され，4年生で富岡製糸場の見学（世界遺産登録と前後して最近開始），5年生で桐生の織物工場（織物参考館“紫”）の見学や藍染め体験を行い，体系的に養蚕から織物ができる過程を学習できる．こうしたユニークな蚕育学習を15年近くも教育課程で継続したことが県の蚕糸園芸課に認められたことも，受賞に繋がったと考える（1月17日調査，大島・石関・足助).

⑥高崎市立金古南小学校（群馬県）

高崎市郊外の都市化が進む地域で，1980年に新設，各学年3〜4クラスを有する児童数の多い学校である．徒歩圏内に群馬県立「日本絹の里」が立地し，蚕育学習や繭クラフト作成等を長らく行ってきた❾．桑の葉は，養蚕農家の衰退により，3年前から「日本絹の里」の人工飼料を利用している．

蚕育学習は，3年生全員が，当番制で世話をするが，蚕を真剣に世話する児童ほど，繭の形成段階で姿を消す寂しさを感じるという．4年生では，理科の一環で，蝶（モンシロチョウ）の学習と関連させて生物としての蚕を学ぶという．その際，蛹を殺して糸を採ることに涙ぐむ児童もいるという．また，6年生は，「日本絹の里」やPTA婦人部会員の訪問指導を受けながら，卒業式のコサージュ作りをする．同校は，群馬県の2015年度の「絹文化継承プロジェクト」にも参加してきた（本節(2)を参照）．担当教諭が，前職在任校でも蚕糸教育に積極的だったことや，「日本絹の里」の繭クラフト展に出品・入賞したことなどが，受賞に繋がったと思われる（1月13日調査，大島・関上）．

⑦岡谷市立湊小学校（長野県）

製糸工業が全国有数だった岡谷市内は，岡谷蚕糸博物館－シルクファクトおかや－が立地し，館内では宮坂製糸所（市内現役唯一の製糸工場）が稼働するが，蚕糸遺産的建物は減少してきた．そうした地域の下地を踏まえて，蚕育学習は，3年生の総合学習として，蚕糸博物館の専門指導員が，生後10日足らずの蚕を学校に持参して飼育するなかで，毎回子供たちは，蚕の成長と脱皮に感

❾金古南小学校の児童が製作した繭クラフト

嘆していることなどが，受賞に繋がったようだ❿.

岡谷市内では，他校でも蚕育学習や岡谷蚕糸博物館等の見学は行っていようが，同校では，校庭の一角に数種十数本の桑の木が植えられ⓫，養蚕とあわせて，桑の摘み取りから餌やりまでを児童に毎日体験させており，それが有益な蚕育教育として評価できよう（9月15日調査，大島）.

### 3）学校法人服部学園　ピノキオ幼稚園（埼玉県・⑨）

1981年に創立した園である．所在する埼玉県熊谷市妻沼地域は，県北で最後まで蚕糸業が盛んだったことや，同園の環境教育としての位置付けや，教育上の素材として園児たちの知的好奇心を刺激，地域の歴史文化とも関連して教育効果が大きいため，蚕育教育を継続してきたという．今年度は，教材として販売される蚕の卵を購入し（昨年は3齢蚕から飼育），年長・年中クラスで飼育し，併せて信州大学繊維学部から，「カイコ遺伝資源」として天蚕，柞蚕，ウスタビガの提供を受け，野生蚕と養蚕の比較飼育も行っている⓬．収穫した繭で，深谷市内の同園系列の老人ホーム開放日に，幼稚園の子どもたちや地元の小中学生と一緒に繭細工をしたり，桑の葉を入れたクッキーをつくる体験など，毎

❿「蚕を学ぶ奨励賞」受賞各校に贈られた盾と賞状（湊小学校）

⓫湊小学校の校庭に植えられた桑の木

⓬園庭に植えられた桑の木とクヌギの木．蚕に与える桑のほか，天蚕・柞蚕の餌となるクヌギの木が植えられている．

⓭ピノキオ幼稚園での聞き取り調査の様子

年の恒例行事と年毎のオリジナルメニューを組み合わせて，蚕を通して園児の創造力を養う教育が施されているのが考察できた．また，時代に即応して，蚕育を認知症の治療に生かす「蚕セラピー」や，老人ホームに温室を設けて，ヨナグニサンの保護活動も行っているという．

指導にあたった教員も，蚕糸関係資料館で研修したり，独自に教材・教具を作製するなど，熱心に取り組んできたという．また，養蚕の体験を通じて，飼育による蚕と天然の蚕の比較をし，何が違うのかを探究したり，食紅を蚕に塗り繭に着色しようとするなど，子ども達の知的好奇心を刺激したり，科学的探究心を育成する機会になったとの声も聞かれた．最初は蚕が苦手な児童も，虫が好きな児童に促されて蚕を触れて愛着がわいていくなど，児童相互の友達関係や，生き物を愛でる気持ちが醸成され，地域の歴史や文化の学習だけでなく，理科教育や情操教育における効果も大きいといえる⓭（1月17日調査，大島・石関・足助）．

#### 4)「蚕を学ぶ奨励賞」関連調査と蚕糸絹文化に関わる教育の位置づけ

受賞した16校の分布を概覧（前掲図3-1）すると，南東北3県とそれに隣接した一関市を含めた地域に計7校，北関東・長野県内で8校が受賞するなど，地域的に偏在している．蚕糸業がさかんな地域なので，それを郷土学習に盛り込んで，蚕糸絹文化を継承させようとする意図が感じ取れる．また，東日本大震災で被害が甚大だったにもかかわらず，蚕糸教育を継続したことなどが，受賞の要因の一端でもあったと考える．

訪問できなかった８校については資料調査のみにとどめるが，当賞を受賞して今回訪問した学校の多くは，地域の方々や農協等，近接施設や博物館の協力が，蚕育教育の支えになっていることが考察できた．また，養蚕を基軸として，校庭に桑の木を植えて，桑摘みや餌付けを効果的に行ったり，できた繭でコサージュや繭細工・繭クラフト造りを取り入れて，創造力を養っていることが考察できた．限定されたカリキュラムのなかで，蚕育のみに時間を割くのは困難であるとの声が聞かれるが，総合的な学習の時間の一環に位置付け，地域の歴史調査や理科の生物学習などと関連させて蚕育を行う工夫も感じ取れた．今後，養蚕や繭細工を指導する元養蚕農家やボランティアの方々の高齢化に伴い，今後の蚕糸絹教育の継続や歴史・文化の伝承には，人材の確保や育成が課題となるだろう．

訪問８校のうち，東北の２校と総社小学校の計３校に，養蚕も含む歴史・民俗資料の展示スペースが設置されていた．他富田小学校でも，オープンスクール的構造空間に若干資料が展示されていた．蚕糸絹文化の継承の基本は，第２節でも考察したように，民具や資料の保存にあると考える．

また，受賞校は，かつて養蚕や織物業が盛んだったり，近隣に，関連する資料館や試験場等が所在して，歴史や伝統産業など，地域性との関わりから学習を進めやすく，桑や蚕の入手や養蚕指導も受けやすい環境にあったと考察される．また受賞の影には，旧養蚕農家の方々など，地域の人たちの協力によって教育実践が有益にできたり，蚕糸専門機関が近接して学習し易い環境にあることなども，表彰やその推薦の一因だったと考えられる．また，各校での取り組みは，地域の歴史や産業に根ざした郷土教育の一環として，長年にわたり取り組まれてきたことも考察できた．特に昭和末期から2000年前後の蚕糸業が急速に衰退していく時期に蚕育学習を導入したことは，地域の蚕糸絹に関わる歴史や文化を継承する上でも意義が大きかったと考える．それに際しては，地域の元養蚕農家やボランティアの方々が学校のために桑畑を残したり，養蚕や座繰り，繭細工の指導を行うなど，子どもたちと地域の人たちとの交流の機会にもなっていよう．

### (2) 群馬県の「絹文化継承プロジェクト」の概要とその参加校

「絹文化継承プロジェクト」は，群馬県世界遺産課が2015年度より実施した企画であり，初年度は，小学校・中学校を対象とした2種類が企画された．小学校対象の「校旗をつくろうプロジェクト」は，蚕とその成育に要する人工飼料が参加各校に配布され，学校ごとに蚕を飼育し，その繭から取れた生糸で，校章等を刺繍した各校の校旗を作製するというものである．繭から生糸を採るのは，全国で2か所だけとなった器械製糸工場の1つである碓氷製糸農業協同組合で行い，それを桐生市内の織物・染色工場で校旗を作成するのである．ただし，子供たちが体験・見聞するのは，校内での養蚕とでき上がった校旗に触れることが主体である．

中学校対象の「地域の絹の歴史を調べるプロジェクト」は，養蚕が盛んだった群馬県には，多くの絹文化や絹遺産が埋もれていることから，生徒たちが家族の歴史や地域の歴史を掘り起こして，それを世界遺産と共に情報発信することを目的として企画されたものである（2016年度は未実施）．両年度とも，代表校のみではあるが，年度末に県庁で発表会が行われた（資料2，⓮）．

群馬県内には小学校313校，中学校167校，計480校が所在し（2016年度），そのうち本プロジェクトに参加したのは2015・16年度合わせ75小学校と6中学校の計81校である（表3-16・図3-2）．市町村ごとの小学校の参加状況を見ると，町村内に1校のみしかない下仁田町・南牧村・神流町・片品村と，2校の吉岡町，3校の甘楽町はいずれも全小学校が参加したため100.0%，以下館林市63.6%，安中市・邑楽町・榛東村・中之条町50.0%，桐生市47.1%，藤岡市45.5%，富岡市27.3%，大泉町・長野原町25.0%，

⑭群馬県庁で行われた絹文化継承プロジェクトの校旗などの展示の状況（2017年1月15日）

**資料2**　絹文化継承プロジェクト発表会のチラシ（2016年度）

高崎市22.4％，伊勢崎市21.7％，東吾妻町20.0％，渋川市18.8％，前橋市16.0％，太田市3.8％となっている．また，中学校は藤岡・安中・桐生の各2校ずつに限定された．

全般的な傾向として，参加校は平野部に多く，西毛地域や東毛地域のかつて養蚕が盛んだった地域が多いといえるが，分布は偏在している．西毛地域は，高崎市吉井地区，藤岡市北部，安中市中部などに多いものの，長野県境周辺は，学校が各町村に1校しかない傾向にもよるが，数・密度は低い．東毛地区は，桐生市や館林市周辺に多く分布する一方で，太田市は1校のみ，みどり市の参加校はなかった．

中毛地区は，北毛地区に比べれば参加学校数は多いが，参加率は低調といえる．北毛地区は，参加学校数・比率とも少なく，渋川市や北群馬郡（吉岡町・榛東村）を除けば4校しかない．特に，利根沼田地域は，かつて養蚕が盛んだったにもかかわらず，参加は片品小学校だけだった．

2015・16年度ともに参加した学校は，参加81校中14校（17.3％）であ

**表 3-16** 絹文化継承プロジェクト参加校（2015・2016 年度）

| | 地域 | 市町村 | 学校名と参加年度 |
|---|---|---|---|
| 1 | 中毛 | 前橋市(50)[21] | 前橋市立桃木小学校（15） |
| 2 | | | 前橋市立桂萱東小学校（15） |
| 3 | | | 前橋市立元総社南小学校（15） |
| 4 | | | 前橋市立大胡小学校（15） |
| 5 | | | 前橋市立上川淵小学校（16） |
| 6 | | | 前橋市立月田小学校（15） |
| 7 | | | 前橋市立粕川小学校（16） |
| 8 | | | 県立盲学校（15） |
| 9 | | 伊勢崎市(23)[11] | 伊勢崎市立名和小学校（15） |
| 10 | | | 伊勢崎市立豊受小学校（15） |
| 11 | | | 伊勢崎市立殖蓮第二小学校（15, 16） |
| 12 | | | 伊勢崎市立境東小学校（16） |
| 13 | | | 伊勢崎市立赤堀小学校（16） |
| | | 玉村町(5)[2] | |
| 14 | 東毛 | 桐生市(17) | 桐生市立南小学校（16） |
| 15 | | | 桐生市立西小学校（15, 16） |
| 16 | | | 桐生市立神明小学校（15, 16） |
| 17 | | | 桐生市立相生小学校（16） |
| 18 | | | 桐生市立川内小学校（16） |
| 19 | | | 桐生市立桜木小学校（16） |
| 20 | | | 桐生市立黒保根小学校（15） |
| 21 | | | 桐生市立新里北小学校（16） |
| 22 | | [10] | 桐生市立黒保根中学校（15） |
| 23 | | | 桐生大学附属中学校（15） |
| 24 | | 太田市(26)[17] | 太田市立韮川西小学校（15） |
| | | みどり市(8)[5] | |
| 25 | | 館林市(11)[5] | 館林市立第一小学校（15, 16） |
| 26 | | | 館林市立第二小学校（16） |
| 27 | | | 館林市立第三小学校（16） |
| 28 | | | 館林市立第五小学校（15） |
| 29 | | | 館林市立第六小学校（16） |
| 30 | | | 館林市立第七小学校（16） |
| 31 | | | 館林市立第十小学校（16） |
| 32 | 東毛 | 大泉町(4)[3] | 大泉町立東小学校（16） |
| 33 | | 邑楽町(4)[2] | 邑楽町立高島小学校（16） |
| 34 | | | 邑楽町立中野東小学校（16） |
| | | 板倉町(4)[1] | |
| | | 明和町(2)[1] | |
| | | 千代田町(2)[1] | |
| 35 | 西毛 | 高崎市(58)[25] | 高崎市立南小学校（15） |
| 36 | | | 高崎市立西小学校（15） |
| 37 | | | 高崎市立金古南小学校（15） |
| 38 | | | 高崎市立宮沢小学校（15） |
| 39 | | | 高崎市立大類小学校（16） |
| 40 | | | 高崎市立矢中小学校（16） |
| 41 | | | 高崎市立城山小学校（16） |
| 42 | | | 高崎市立上郊小学校（16） |
| 43 | | | 高崎市立新町第一小学校（16） |
| 44 | | | 高崎市立多胡小学校（15） |
| 45 | | | 高崎市立岩平小学校（15, 16） |
| 46 | | | 高崎市立入野小学校（16） |
| 47 | | | 高崎市立馬庭小学校（16） |
| 48 | | 藤岡市(11) | 藤岡市立藤岡第一小学校（15, 16） |
| 49 | | | 藤岡市立美土里小学校（15, 16） |
| 50 | | | 藤岡市立美九里東小学校（15, 16） |
| 51 | | | 藤岡市立美九里西小学校（15） |
| 52 | | | 藤岡市立日野小学校（15, 16） |
| 53 | | [5] | 藤岡市立東中学校（15） |
| 54 | | | 藤岡市立小野中学校（15） |
| 55 | | 安中市(12) | 安中市安中市立原市小学校（15） |
| 56 | | | 安中市立秋間小学校（15） |
| 57 | | | 安中市立後閑小学校（15） |
| 58 | | | 安中市立松井田小学校（15） |

表 3-16 つづき

| | 地域 | 市町村 | 学校名と参加年度 |
|---|---|---|---|
| 59 | 西毛 | | 安中市立臼井小学校（15, 16） |
| 60 | | | 安中市立九十九小学校（16） |
| 61 | | [5] | 安中市立松井田東中学校（15） |
| 62 | | | 安中市立松井田南中学校（15） |
| 63 | | 富岡市 (11) [6] | 富岡市立黒岩小学校（15） |
| 64 | | | 富岡市立丹生小学校（16） |
| 65 | | | 富岡市立高田小学校（16） |
| 66 | | 甘楽町 (3) [1] | 甘楽町立小幡小学校（15） |
| 67 | | | 甘楽町立福島小学校（15） |
| 68 | | | 甘楽町立新屋小学校（15, 16） |
| 69 | | 下仁田町 (1) [1] | 下仁田町立下仁田小学校（15, 16） |
| 70 | | 南牧村 (1) [1] | 南牧村立南牧小学校（15, 16） |
| 71 | | 神流町 (1) [1] | 神流町立万場小学校（15） |
| | | 上野村 (1) [1] | |
| 72 | 北毛 | 渋川市 (16) [9] | 渋川市立古巻小学校（15, 16） |
| 73 | | | 渋川市立中郷小学校（16） |
| 74 | | | 渋川市立南雲小学校（16） |
| 75 | | 吉岡町 (2) [1] | 吉岡町立明治小学校（15） |
| 76 | | | 吉岡町立駒寄小学校（15） |
| 77 | | 榛東村 (2) [1] | 榛東村立南小学校（15） |
| 78 | | 中之条町 (2) [2] | 中之条町立六合小学校（15） |

| | 地域 | 市町村 | 学校名と参加年度 |
|---|---|---|---|
| 79 | 北毛 | 東吾妻町 (5) [1] | 東吾妻町立岩島小学校（15） |
| 80 | | 長野原町 (4) [2] | 長野原町立応桑小学校（16） |
| | | 草津町 (1) [1] | |
| | | 嬬恋村 (2) [1] | |
| | | 高山村 (1) [1] | |
| | | 沼田市 (11) [9] | |
| | | みなかみ町 (6) [4] | |
| | | 昭和村 (3) [1] | |
| | | 川場村 (1) [1] | |
| 81 | | 片品村 (1) [1] | 片品村立片品小学校（16） |

| | |
|---|---|
| 群馬県全体 | 小学校：313 校<br>中学校：167 校 |
| 参加校全体 | 小学校：75 校<br>中学校：6 校 |

*その市町村内に所在する学校数（2016/5/1 現在）を（小学校）［中学校］で記した．
*学校名右の（　）は，参加年度を示す．

る．地区別では，中毛 1 校，東毛 3 校，西毛 9 校，北毛 1 校で，市町村別では，藤岡市が最も多く 4 校，次いで桐生市が 2 校，高崎市・伊勢崎市・館林市・安中市・渋川市・甘楽町・下仁田町・南牧村が各 1 校である（表 3-15・図 3-2）．

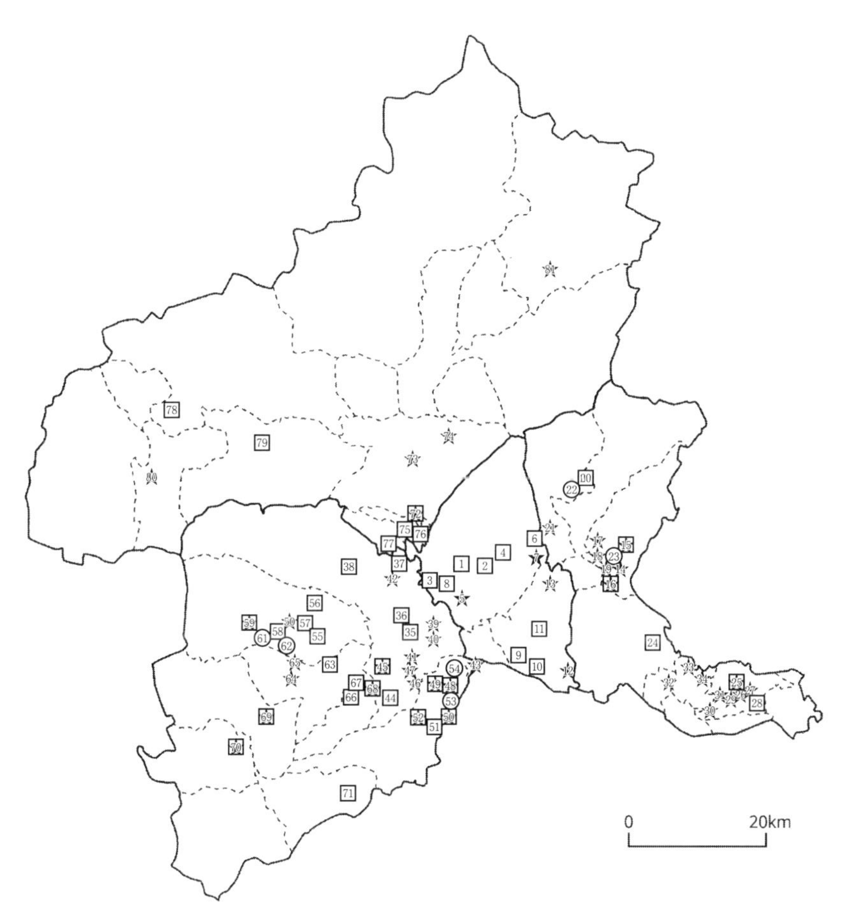


凡例
□：2015 年度 参加小学校　○：2015 年度 参加中学校　★：2016 年度 参加小学校
＊ 2016 年度 中学校は募集なし．
＊図中の数字は表 3-16 と対応．

**図 3-2**　絹文化継承プロジェクトの参加校分布図（2015・16 年度）

ただし，以上の集計は，あくまでも「絹文化継承プロジェクト」の参加状況をまとめたもので，参加校が少ない市町村や地域が，蚕糸教育や文化を重視していないことに繋がらないのは言うまでもない．群馬県内の小学校については，このプロジェクト以外でも，独自で蚕糸絹文化に関するカリキュラムが実施されている学校・市町村も多いと考える．(1)項でみたようなコサージュや繭クラフト作り，養蚕や座繰り体験は，多くの学校で児童に実践させていることや，富岡製糸場や群馬県立歴史博物館の見学などを教育課程に組み入れている学校は多い．

また，富岡市は，世界遺産登録された富岡製糸場の所在も学校教育にも反映していようが，2015年度は1校の参加に留まっている．その理由として，市内の小学校ではすでに養蚕体験や繭クラフトを全学校で行ってきており，二重学習になる可能性も含めて，参加を見送る傾向だったと聞く．参加した黒岩小学校のみ，従前からの市内の蚕糸教育と「絹文化継承プロジェクト」の意義・内容と比較研究する目的を含めて参加したと聞いたが，16年度には2校，17年度は7校が参加している．一方，利根沼田地域は，今なお多くの養蚕農家造りの民家が多数残る大養蚕地帯だったので，地域や学校独自の蚕糸教育は行われている．また，藤岡市は，このプロジェクトへの参加が積極的だったが，高山社跡の世界遺産登録を契機に，地域との関わりや意義を学ぶ「高山社学」を教育課程に組み入れたり，従来から行ってきた市内小中学校の郷土学習発表会と結び付けて，地域の蚕糸絹文化の調査研究を，学校・学年単位で自主的に行わせていることで効果を挙げていることが見聞できた．

蚕糸絹教育は，小学校で多く取り入れられている反面，中学校では消極的であり，当プロジェクトも，2015年度30校の募集に対して参加校は6校に留まり，2016年度は実施されなかった．教育課程への盛り込みが困難なことや，高校受験対策に向けた教育が優先される影響もあると考える．

「絹文化継承プロジェクト」は，2017年度も，群馬県世界遺産課主導で，2016年度とほぼ同様の形態・行程で，45校の参加で進行しつつある．前橋市内で参加4校全て，富岡市内では参加全7校中4校，伊勢崎市内は6校参加中3校がそれぞれ初参加等，従来からの参加校の多少にかかわらず，初めて参加した学校が多い市が見受けられ，教育委員会が多くの学校に参加を呼びかけたことが考察される．一方で，3回とも参加した学校は，西毛・東毛で6校に及び，2回目の学校も十数校に及んだが，北毛地域では，渋川市内で2校が参加しただけ（うち1校が3回目）など，3年目を迎えたこのプロジェクトだが，まだ全県に浸透していないことが考察された．また，蚕糸絹文化で栄えた群馬県にあって，中学校・高等学校の中等教育の段階でも，郷土学習も含めた蚕糸絹文化の伝承に向けた教育課程の取り込みを多少とも望むが，受験教育が優先される傾向にあるように思われる．群馬県において，このプロジェクトが，蚕糸絹教育と文化の伝承を目指すカリキュラムの一端として浸透していくことに期待したい．

## 4.　富岡製糸場来場者の蚕糸絹文化に対する認識

### (1)　はじめに

大島ゼミでは，2014（平成26）年11月12-29日の間の10日，急増する富岡製糸場への見学者を対象に，製糸場内に机と椅子を設置したブースを設け⓯，見学を終えて協力いただける方にその場で質問紙に記入していただくアンケート調査を行った．その内容は，観光動向や，蚕糸絹文化に対する意識，今後の課題についてであり，その集計結果と考察は，学内での研究発表会や「シルクレポート」，前回の当プロジェクト報告書でも考察した[14)15)]．

⓯アンケート調査の様子（2014年11月大島ゼミ撮影，⓰も同じ）

⓰開場前の富岡製糸場の様子

世界遺産登録から約3年半（本書執筆時）がたち，新聞やニュースなど様々な場面をつぶさに目にしてきたが，そのブームはやや下火になり，来場者も急速に減少していた（図3-3）．そのため，2016年，再度そのフォローアップが必要と考え，類似のアンケート調査を行った（8月8日〜9月24日の間の10日）．調査内容・方法は，2014年度のものを踏襲している．調査は，両回とも平日・土休日交え，2014年度調査では1,004票，2016年度では549票の有効回答を得た．

以下，アンケート調査結果を資料3として，両年度を並列記載し，その中の○番号で調査項目を記した．資料3の表①〜⑰を参照しながら，本文を読んでいただけると幸いである．

### (2) 調査概要と来場者の特徴

回答者の「①男女比率」や「②年齢構成」の特徴として，2016年調査では若年層が増えたことが挙げられる．ただし，現地の様子を見ると，高年層の来場者が最も多かったように感じた．親子や家族，親戚での来場や小中学生の社会科の勉強の一環としての来場者が増加しているように思えた．高齢者の回答が少なかった要因としては，調査が8-9月の高温期だったことも起因していると考える．

「③お住まい」は，いずれも関東圏の割合が高い傾向が見られた．反面，群馬県内居住者の割合は大きく減少した．また，両回とも，遠方県の中で，静岡・愛知県が多いのが，継続した特徴と感じた．今後，安定した集客を得るためには，全国的なPRと，県内在住者をリピーターとして獲得できる企画の開催など必要だと考える．

「④来場の理由・目的」は，「世界遺産の見学」の回答数が両年とも圧倒的に多いが，「歴史や産業への興味」も増えていることは，より歴史的意義を認識した人が増えたことを物語る．世界遺産を見たいという人は今後もそれなりに来場するであろうが，減少傾向がこのまま続いていった場合，製糸場の歴史・文化的価値をどのようにアピールしていくのかが大きな課題の1つ

| 来場者数推移 | | | | | | | | | | | | |
|---|---|---|---|---|---|---|---|---|---|---|---|---|
| 月＼年度 | 2005 | 2006 | 2007 | 2008 | 2009 | 2010 | 2011 | 2012 | 2013 | 2014 | 2015 | 2016 |
| 4 | | 3,977 | 17,571 | 19,198 | 20,513 | 18,123 | 10,845 | 18,593 | 22,652 | 38,821 | 87,337 | 63,927 |
| 5 | | 6,007 | 25,210 | 26,789 | 23,956 | 23,690 | 17,751 | 20,812 | 31,634 | 109,703 | 141,915 | 92,845 |
| 6 | | 3,693 | 19,363 | 22,259 | 19,589 | 17,702 | 15,062 | 17,924 | 23,858 | 109,064 | 109,817 | 72,462 |
| 7 | | 4,481 | 23,119 | 24,081 | 16,476 | 17,987 | 16,881 | 22,242 | 22,448 | 128,925 | 92,741 | 75,644 |
| 8 | | 6,730 | 20,151 | 21,194 | 18,979 | 18,868 | 22,713 | 31,972 | 31,840 | 166,168 | 123,603 | 94,493 |
| 9 | | 6,771 | 23,649 | 24,378 | 20,737 | 18,379 | 33,386 | 31,144 | 31,223 | 151,534 | 111,674 | 71,680 |
| 10 | 4,678 | 7,623 | 31,471 | 34,349 | 29,040 | 28,630 | 38,707 | 43,373 | 43,394 | 162,685 | 149,606 | 100,275 |
| 11 | 6,332 | 9,381 | 34,050 | 39,576 | 29,644 | 31,687 | 33,770 | 43,740 | 49,857 | 177,071 | 142,635 | 86,660 |
| 12 | 2,166 | 3,859 | 9,435 | 9,895 | 8,787 | 8,631 | 10,252 | 12,735 | 14,208 | 65,232 | 43,320 | 32,230 |
| 1 | 1,865 | 12,552 | 12,210 | 11,590 | 10,244 | 9,091 | 9,897 | 12,662 | 14,201 | 58,769 | 38,337 | 27,716 |
| 2 | 2,330 | 23,194 | 12,288 | 12,724 | 10,392 | 8,013 | 9,343 | 13,473 | 7,888 | 60,289 | 37,682 | 27,021 |
| 3 | 3,474 | 24,720 | 20,817 | 18,991 | 15,043 | 5,302 | 12,784 | 18,668 | 21,313 | 109,459 | 65,979 | 55,277 |
| 合計 | 20,845 | 112,988 | 249,334 | 265,024 | 223,400 | 206,103 | 231,391 | 287,338 | 314,516 | 1,337,720 | 1,144,706 | 800,230 |

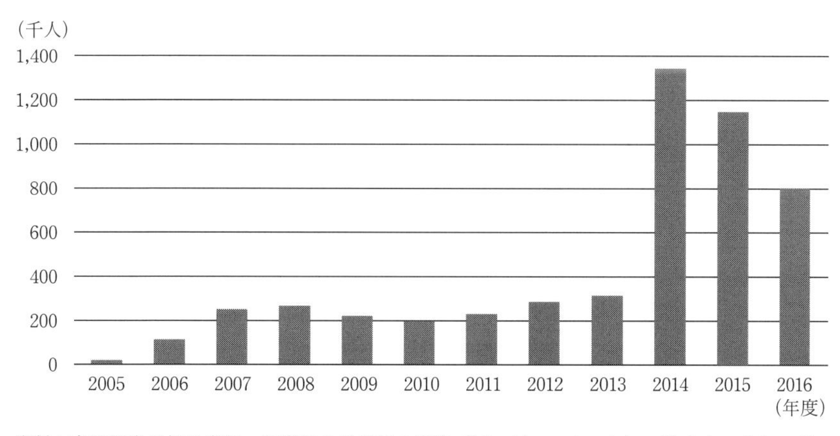


資料：富岡製糸場提供資料・年度別入場者数の推移（http://www.tomioka-silk.jp/tomioka-silk-mill/guide/record.html, 2018 年 2 月 26 日確認）

**図 3-3** 富岡製糸場来場者数の推移

と考える．

「⑤誰と来場したか」は，「家族・ご友人など」の回答数が増加し，ここでも親子や家族連れでの来場者が多いことがうかがえた．「⑥主な利用交通手

## 資料3　2016年と2014年のアンケート調査結果の比較

### 【①男女比率】

| 2016年 | | | 2014年 | | |
|---|---|---|---|---|---|
| 性別 | 回答数 | 割合 | 性別 | 回答数 | 割合 |
| 男性 | 259 | 47.2 | 男性 | 441 | 43.9 |
| 女性 | 268 | 48.8 | 女性 | 538 | 53.6 |
| 無回答 | 19 | 3.5 | 無回答 | 25 | 2.5 |
| 不詳 | 3 | 0.5 | 総数 | 1,004 | 100 |
| 総数 | 549 | 100 | | | |

注：1）回答数の単位は人，割合は%．以下の表も同じ．
　　2）複数回答されたものは不詳として集計．以下の表も同じ．

### 【②年齢構成】

| 2016年 | | | 2014年 | | |
|---|---|---|---|---|---|
| 年齢 | 回答数 | 割合 | 年齢 | 回答数 | 割合 |
| 20歳未満 | 85 | 15.5 | 20歳未満 | 69 | 6.9 |
| 20代 | 59 | 10.7 | 20代 | 89 | 8.9 |
| 30代 | 39 | 7.1 | 30代 | 90 | 9.0 |
| 40代 | 129 | 23.5 | 40代 | 161 | 16.0 |
| 50代 | 99 | 18.0 | 50代 | 184 | 18.3 |
| 60代 | 80 | 14.8 | 60代 | 268 | 26.7 |
| 70歳以上 | 42 | 7.7 | 70代 | 137 | 13.6 |
| 無回答 | 11 | 2.0 | 無回答 | 6 | 0.6 |
| 不詳 | 5 | 0.9 | 総数 | 1,004 | 100 |
| 総数 | 549 | 100 | | | |

### 【③お住まいの都道府県】

2016年

| | 都道府県 | 回答数 | 割合 |
|---|---|---|---|
| | 北海道 | 4 | 0.7 |
| 東北 | 青森県 | 0 | 0.0 |
| | 岩手県 | 1 | 0.2 |
| | 宮城県 | 6 | 1.1 |
| | 秋田県 | 3 | 0.5 |
| | 山形県 | 4 | 0.7 |
| | 福島県 | 4 | 0.7 |
| 関東 | 茨城県 | 33 | 6.0 |
| | 栃木県 | 26 | 4.7 |
| | 群馬県 | 15 | 2.7 |
| | 埼玉県 | 67 | 12.2 |
| | 千葉県 | 30 | 5.5 |
| | 東京都 | 82 | 14.9 |
| | 神奈川県 | 80 | 14.6 |
| 甲信越 | 山梨県 | 5 | 0.9 |
| | 長野県 | 12 | 2.2 |
| | 新潟県 | 18 | 3.3 |
| 北陸 | 富山県 | 3 | 0.5 |
| | 石川県 | 3 | 0.5 |
| | 福井県 | 5 | 0.9 |
| 東海 | 静岡県 | 24 | 4.4 |
| | 愛知県 | 13 | 2.4 |
| | 岐阜県 | 7 | 1.3 |
| 近畿 | 三重県 | 4 | 0.7 |
| | 滋賀県 | 4 | 0.7 |
| | 京都府 | 4 | 0.7 |
| | 大阪府 | 8 | 1.5 |
| | 兵庫県 | 11 | 2.0 |
| | 奈良県 | 2 | 0.4 |
| | 和歌山県 | 2 | 0.4 |
| 中国 | 鳥取県 | 0 | 0.0 |
| | 島根県 | 0 | 0.0 |
| | 岡山県 | 1 | 0.2 |
| | 広島県 | 4 | 0.7 |
| | 山口県 | 0 | 0.0 |
| 四国 | 徳島県 | 0 | 0.0 |
| | 香川県 | 1 | 0.2 |
| | 愛媛県 | 0 | 0.0 |
| | 高知県 | 0 | 0.0 |
| 九州・沖縄 | 福岡県 | 2 | 0.4 |
| | 佐賀県 | 0 | 0.0 |
| | 長崎県 | 0 | 0.0 |
| | 熊本県 | 0 | 0.0 |
| | 大分県 | 0 | 0.0 |
| | 宮崎県 | 0 | 0.0 |
| | 鹿児島県 | 0 | 0.0 |
| | 沖縄県 | 0 | 0.0 |
| その他 | 海外 | 1 | 0.2 |
| | 無回答 | 59 | 10.7 |
| | 不詳 | 1 | 0.2 |
| | 総数 | 549 | 100 |

2014年

| | 都道府県 | 回答数 | 割合 |
|---|---|---|---|
| | 北海道 | 13 | 1.3 |
| 東北 | 青森県 | 2 | 0.2 |
| | 秋田県 | 4 | 0.4 |
| | 岩手県 | 7 | 0.7 |
| | 宮城県 | 9 | 0.9 |
| | 山形県 | 12 | 1.2 |
| | 福島県 | 36 | 3.6 |
| 関東 | 茨城県 | 70 | 7.0 |
| | 栃木県 | 64 | 6.4 |
| | 群馬県 | 74 | 7.4 |
| | 埼玉県 | 171 | 17.0 |
| | 千葉県 | 48 | 4.8 |
| | 東京都 | 137 | 13.6 |
| | 神奈川県 | 112 | 11.2 |
| 甲信越 | 山梨県 | 22 | 2.2 |
| | 長野県 | 18 | 1.8 |
| | 新潟県 | 37 | 3.7 |
| 北陸 | 富山県 | 4 | 0.4 |
| | 石川県 | 3 | 0.3 |
| | 福井県 | 0 | 0.0 |
| 東海 | 静岡県 | 38 | 3.8 |
| | 愛知県 | 38 | 3.8 |
| | 岐阜県 | 7 | 0.7 |
| 近畿 | 三重県 | 7 | 0.7 |
| | 滋賀県 | 0 | 0.0 |
| | 奈良県 | 0 | 0.0 |
| | 和歌山県 | 0 | 0.0 |
| | 京都府 | 6 | 0.6 |
| | 大阪府 | 11 | 1.1 |
| | 兵庫県 | 12 | 1.2 |
| 中国 | 鳥取県 | 0 | 0.0 |
| | 島根県 | 0 | 0.0 |
| | 岡山県 | 6 | 0.6 |
| | 広島県 | 0 | 0.0 |
| | 山口県 | 4 | 0.4 |
| 四国 | 徳島県 | 3 | 0.3 |
| | 愛媛県 | 10 | 1.0 |
| | 香川県 | 0 | 0.0 |
| | 高知県 | 0 | 0.0 |
| 九州・沖縄 | 福岡県 | 1 | 0.1 |
| | 佐賀県 | 0 | 0.0 |
| | 長崎県 | 2 | 0.2 |
| | 熊本県 | 1 | 0.1 |
| | 大分県 | 0 | 0.0 |
| | 宮崎県 | 0 | 0.0 |
| | 鹿児島県 | 2 | 0.2 |
| | 沖縄県 | 0 | 0.0 |
| | 無回答 | 13 | 1.3 |
| | 総数 | 1,004 | 100 |

### 【④理由・目的】（複数回答）

| 2016年 | | 2014年 | |
|---|---|---|---|
| 理由・目的 | 回答数 | 目的 | 回答数 |
| 世界遺産の見学 | 385 | 世界遺産に登録 | 640 |
| 歴史や産業への興味 | 122 | 歴史や産業に興味 | 150 |
| 着物や絹織物への興味 | 18 | 着物や絹織物などに興味 | 48 |
| 前回来て良かったため | 9 | | |
| 旅行・ツアーの一環 | 92 | 旅行・ツアーの一環 | 255 |
| 家族や友人に誘われた | 70 | 家族や友人に誘われた | 112 |
| その他 | 18 | その他 | 66 |
| 無回答 | 0 | 無回答 | 0 |
| 総数 | 714 | 総数 | 1,271 |

### 【⑤誰と来場したか】

| 2016年 | | | 2014年 | | |
|---|---|---|---|---|---|
| 誰と来たか | 回答数 | 割合 | 誰と来たか | 回答数 | 割合 |
| 個人 | 33 | 6.0 | 個人 | 65 | 6.5 |
| 家族・ご友人など | 458 | 83.4 | 家族・ご友人など | 665 | 66.2 |
| 団体(ツアー等) | 53 | 9.7 | 団体(ツアー等) | 272 | 27.1 |
| その他 | 5 | 0.9 | 無回答 | 2 | 0.2 |
| 無回答 | 0 | 0.0 | 総数 | 1,004 | 100 |
| 総数 | 549 | 100 | | | |

### 【⑥主な利用交通機関】

| 2016年 | | | 2014年 | | |
|---|---|---|---|---|---|
| 利用交通機関 | 回答数 | 割合 | 利用交通機関 | 回答数 | 割合 |
| 自家用車 | 423 | 77.0 | 自家用車 | 545 | 54.3 |
| 鉄道 | 38 | 6.9 | 貸切バス | 273 | 9.6 |
| バス（団体貸切・高速・定期観光等） | 55 | 10.0 | 鉄道 | 96 | 27.2 |
| | | | レンタカー | 42 | 1.7 |
| | | | その他 | 28 | 4.2 |
| レンタカー | 30 | 5.5 | 高速バス・定期観光バス | 17 | 0.1 |
| その他 | 1 | 0.2 | | | |
| 無回答 | 0 | 0.0 | タクシー | 1 | 0.2 |
| 不詳 | 2 | 0.4 | 無回答 | 2 | 2.8 |
| 総数 | 549 | 100 | 総数 | 1,004 | 100 |

【⑦旅行の形態】

2016 年

| 旅行形態 | 回答数 | 割合 |
|---|---|---|
| 日帰り | 206 | 37.5 |
| 1 泊 | 208 | 37.9 |
| 2 泊以上 | 134 | 24.4 |
| 無回答 | 0 | 0.0 |
| 不詳 | 1 | 0.2 |
| 総数 | 549 | 100 |

2014 年

| 旅行形態 | 回答数 | 割合 |
|---|---|---|
| 日帰り | 441 | 43.9 |
| 1 泊 | 469 | 46.7 |
| 2 泊以上 | 88 | 8.8 |
| 無回答 | 6 | 0.6 |
| 総数 | 1,004 | 100 |

【⑧来場回数】

2016 年

| 来場回数 | 回答数 | 割合 |
|---|---|---|
| はじめて | 499 | 90.9 |
| 2 回目 | 32 | 5.8 |
| 3 回目 | 10 | 1.8 |
| 4 回目 | 3 | 0.5 |
| それ以上 | 5 | 0.9 |
| 無回答 | 0 | 0.0 |
| 総数 | 549 | 100 |

※ 2014 年との比較なし

【⑨適切だと思う見学料】

2016 年

| 金額 | 回答数 | 割合 |
|---|---|---|
| 500 円（2015 年 3 月迄） | 185 | 33.7 |
| 800 円程度 | 149 | 27.1 |
| 1000 円（現行） | 202 | 36.8 |
| 1000 円以上 | 5 | 0.9 |
| 無回答 | 7 | 1.3 |
| 不詳 | 1 | 0.2 |
| 総数 | 549 | 100 |

2014 年

| 金額 | 回答数 | 割合 |
|---|---|---|
| 500 円を維持 | 744 | 74.1 |
| 800 円 | 118 | 11.8 |
| 1000 円以上 | 72 | 7.2 |
| わからない | 53 | 5.3 |
| 無回答 | 17 | 1.7 |
| 総数 | 1,004 | 100 |

【⑩滞在時間】

2016 年

| 滞在時間 | 回答数 | 割合 |
|---|---|---|
| 1 時間以内 | 67 | 12.2 |
| 1〜2 時間 | 256 | 46.6 |
| 2〜3 時間 | 164 | 29.9 |
| 3 時間以上 | 50 | 9.1 |
| 無回答 | 10 | 1.8 |
| 不詳 | 2 | 0.4 |
| 総数 | 549 | 100 |

2014 年

| 滞在時間 | 回答数 | 割合 |
|---|---|---|
| 2 時間以内 | 526 | 52.4 |
| 2〜3 時間 | 351 | 35.0 |
| 3 時間以上 | 123 | 12.3 |
| 無回答 | 4 | 0.4 |
| 総数 | 1,004 | 100 |

※①〜⑩⑫の割合の合計は，四捨五入の関係で 100.0 にならないものもあるが，一律 100 と記載．

【⑪立ち寄った場所】（複数回答）

2016 年

| 立ち寄った場所 | 回答数 |
|---|---|
| 富岡周辺の観光スポット | 266 |
| 世界遺産登録施設 | 30 |
| 群馬県内の温泉 | 205 |
| 軽井沢 | 113 |
| その他 | 53 |
| 特になし | 63 |
| 無回答 | 31 |
| 総数 | 761 |

2014 年

| 立ち寄った場所 | 回答数 |
|---|---|
| 富岡周辺の観光スポット | 393 |
| 世界遺産登録施設 | 83 |
| 群馬県内の温泉 | 226 |
| 軽井沢 | 134 |
| 碓氷峠鉄道文化むら | 31 |
| 特になし | 200 |
| その他 | 103 |
| 無回答 | 46 |
| 総数 | 1,216 |

【⑪-a 富岡市周辺の観光スポット内訳】

2016 年

| 立ち寄った場所 | 回答数 |
|---|---|
| こんにゃくパーク | 140 |
| 貫前神社 | 17 |
| 自然史博物館 | 14 |
| 不詳 | 95 |
| 総数 | 266 |

2014 年

| 立ち寄った場所 | 回答数 |
|---|---|
| こんにゃくパーク | 118 |
| 貫前神社 | 17 |
| 自然史博物館 | 11 |
| その他 | 9 |
| 不詳 | 239 |
| 総数 | 394 |

【⑪-b 群馬県内温泉内訳】

2016 年

| 立ち寄った場所 | 回答数 |
|---|---|
| 伊香保 | 53 |
| 草津 | 62 |
| 四万 | 9 |
| 磯部 | 12 |
| 水上 | 12 |
| 不詳 | 57 |
| 総数 | 205 |

2014 年

| 立ち寄った場所 | 回答数 |
|---|---|
| 伊香保 | 52 |
| 草津 | 34 |
| 四万 | 17 |
| 磯部 | 18 |
| その他 | 9 |
| 不詳 | 98 |
| 総数 | 228 |

【⑪-c 世界遺産登録施設内訳】

2016 年

| 立ち寄った場所 | 回答数 |
|---|---|
| 高山社跡 | 3 |
| 田島弥平旧宅 | 7 |
| 荒船風穴 | 8 |
| 不詳 | 12 |
| 総数 | 30 |

2014 年

| 立ち寄った場所 | 回答数 |
|---|---|
| 高山社跡 | 9 |
| 荒船風穴 | 7 |
| 田島弥平旧宅 | 5 |
| 不詳 | 63 |
| 総数 | 84 |

※⑪-a〜c の不詳は，⑪の表題（立ち寄った場所の区分）のなかの具体的施設等が不詳な回答数

【⑫満足度】

| 2016年 | | | 2014年 | | |
|---|---|---|---|---|---|
| 満足度 | 回答数 | 割合 | 満足度 | 回答数 | 割合 |
| 大変満足 | 224 | 40.8 | 満足 | 398 | 39.6 |
| まあまあ満足 | 288 | 52.5 | まあまあ満足 | 472 | 47.0 |
| やや不満 | 18 | 3.3 | やや不満 | 55 | 5.5 |
| 不満 | 4 | 0.7 | 不満 | 9 | 0.9 |
| 無回答 | 15 | 2.7 | わからない | 51 | 5.1 |
| 総数 | 549 | 100 | 無回答 | 19 | 1.9 |
| | | | 総数 | 1,004 | 100 |

【⑬訪れたい絹文化関連施設】（複数回答）

| 2016年 | | 2014年 | |
|---|---|---|---|
| 訪れたい施設 | 回答数 | 訪れたい施設 | 回答数 |
| 養蚕農家 | 149 | 養蚕農家 | 367 |
| 製糸工場 | 143 | 製糸工場 | 252 |
| 織物工場 | 154 | 織物工場 | 290 |
| 絹織物・絹製品が展示された博物館 | 81 | 絹製品の展示博物館 | 310 |
| 製糸・織物の体験工房 | 188 | 製糸・織物の体験工房 | 295 |
| 養蚕・製糸に関する道具や機械の展示施設 | 78 | 道具や機械の展示施設 | 132 |
| その他 | 10 | その他 | 25 |
| 無回答 | 46 | 無回答 | 56 |
| 総数 | 849 | 総数 | 1,727 |

【⑭絹製品のイメージ】（複数回答）

| 2016年 | | 2014年 | |
|---|---|---|---|
| 感想・イメージ | 回答数 | 感想・イメージ | 回答数 |
| 暖かい | 76 | 暖かい | 307 |
| 肌触りが良い | 451 | 肌触りが良い | 705 |
| 美しい | 210 | 美しい | 436 |
| 高級感がある | 304 | 高級感がある | 549 |
| ブランド・ステータス | 16 | 絹という自負 | 50 |
| その他 | 11 | その他 | 20 |
| 無回答 | 14 | 無回答 | 34 |
| 総数 | 1,082 | 総数 | 2,101 |

【⑮所有している絹製品】（複数回答）

| 2016年 | | 2014年 | |
|---|---|---|---|
| 製品名 | 回答数 | 製品名 | 回答数 |
| 着物 | 118 | きもの | 282 |
| 衣類（肌着・靴下など） | 153 | 衣類として愛用 | 367 |
| 身近に愛用（毛布、ひざ掛けなど） | 43 | 身近に愛用 | 134 |
| | | 美容のために愛用 | 118 |
| 美容品（石鹸・化粧品など） | 41 | 所持品として愛用 | 255 |
| 所持品（ハンカチ・財布など） | 198 | 記念品やお宝として愛用 | 53 |
| | | 特に愛用していない | 189 |
| 記念品・お宝 | 9 | その他 | 73 |
| 特に所有・愛用していない | 170 | 無回答 | 43 |
| | | 総数 | 1,514 |
| その他 | 23 | | |
| 無回答 | 28 | | |
| 総数 | 783 | | |

【⑯継承すべき絹文化・製品】（複数回答）

| 2016年 | | 2014年 | |
|---|---|---|---|
| 製品 | 回答数 | 製品 | 回答数 |
| 着物 | 427 | きもの | 729 |
| ドレス | 54 | ドレス | 369 |
| 高級衣類 | 137 | 手袋 | 221 |
| 寝具 | 93 | 寝具 | 168 |
| 袱紗 | 87 | 袱紗 | 147 |
| その他 | 8 | その他 | 19 |
| 無回答 | 16 | 無回答 | 34 |
| 総数 | 822 | 総数 | 1,687 |

【⑰継承すべき絹文化・文化】（複数回答）

| 2016年 | | 2014年 | |
|---|---|---|---|
| 文化 | 回答数 | 文化 | 回答数 |
| 結婚式 | 87 | 結婚式 | 352 |
| 七五三 | 123 | 七五三 | 294 |
| 成人式 | 122 | 成人式 | 243 |
| 歌舞伎・能 | 171 | 歌舞伎・能 | 341 |
| 日本舞踊 | 120 | 日本舞踊 | 272 |
| 茶道 | 133 | 茶道 | 240 |
| 華道 | 63 | 華道 | 122 |
| その他 | 2 | その他 | 22 |
| 無回答 | 68 | 無回答 | 117 |
| 総数 | 889 | 総数 | 2,003 |

段」を比較すると，「自家用車」が半数から４分の３を占めるようになり，レンタカーも若干増え，鉄道が大幅に減少した．車での道案内が広報されたことにもよると考える．

「④来場の理由・目的」，「⑤誰と来場したか」，「⑥主な利用交通手段」の回答では，それぞれツアー客の減少がうかがえた．しかし，現地の様子では一般・学生共に団体での来場は非常に多く，休日などでは来場者の大半を占めていたように感じた．富岡製糸場の見学は約１時間から１時間半程度という団体が多い傾向にあると思われ，上記３つの回答が減少した要因として，見学時間の短さから，ツアー客がアンケートに協力する余裕がなかったということも考えられる．「⑦旅行形態」では，「２泊以上」の割合が大幅に増加していた．

### (3) 他の観光施設との連携と蚕糸絹文化

次に，製糸場来場者が立ち寄る他の観光スポットや宿泊地についての考察をしていく．

「⑪立ち寄った場所」は，2014 年に比べて，回答の割合に大きな差は見られなかったが，「世界遺産登録施設」の割合が大きく減少していた．最も回答数の多かった「富岡周辺の観光スポット」の内訳（⑪-a）は，全体の回答数は減少しているものの，「こんにゃくパーク」と「貫前神社」の回答の割合は増加していた．富岡製糸場の世界遺産登録から約２年半が経過し，周辺の観光スポットの知名度も上昇してきたことがうかがえる．例えば，「こんにゃくパーク」は，富岡製糸場等の世界遺産登録の効果で，見学者が増加しているという．周辺の観光スポットは世界遺産登録の恩恵は，多少とも受けていると考える．

「⑬訪れたい絹文化関連施設」の結果は，絹製品の展示施設より，養蚕農家や工場，体験工房など実際に養蚕や製糸，機織りに触れられる施設に興味がある回答が多かった．群馬県内には，「碓氷製糸」（安中市）や「後藤織物」（桐生市）など，蚕糸絹産業の現場を体感できる施設がまだ多く所在する．また，「日本絹の里」（高崎市）や「織物参考館“紫”」（桐生市）などでは染色など，絹製品の製造工程の一端を体験できる講座なども開催されているので，より一層の施設間の連携や情報交換が必要なことが痛感されよう．

絹製品や絹文化に関わる認識について（⑭～⑰）は，個々の項目ごとの考察は割愛するが，それなりに回答いただけていることから，来場者は，多少とも蚕糸絹文化に興味を持っているし，成人式や七五三，茶道・華道など，絹文化を日常生活で認識している人の割合は多いと考える（⑰など）．ただし，絹製品を身につけている人の割合は少なく，高級感で敬遠する傾向もあるといえよう．

2016年度の調査では，2014年と比較して，アンケートに協力していただくのが，概して難しかった．すなわち，2014年に比べると，賑わいは平日・土休日とも低調になり，来場者数は2014年度の約3分の2に落ち込んでいる（図3-3）．来場者数や時期，天候の関係もあるのだろうが，世界遺産登録というブームが一段落して落ち着きを取り戻し，見学者全体の活気は下火になっていることを感じた．回答全体からの動向をみると，「世界遺産登録の効果で富岡製糸場のみを短時間で見学しに来る来場者」から，「群馬県または関東圏への旅行の一環で，富岡製糸場に立ち寄った来場者」が増加している傾向が考察された．今後，富岡周辺の観光スポットだけでなく，群馬県全域の観光面での連携・協力が要求されよう．さらに，「蚕糸絹文化が多角的に伝承された富岡製糸場を見学し，周辺の観光スポットを見て群馬の温泉に宿泊する」というシナリオが構築されることが望まれる．

## 5. まとめ：蚕糸絹の教育・文化の継承に関する総括的考察

本章は，蚕糸絹に関係した博物館・資料館等や学校教育，及び世界遺産登録で来場者が急増した富岡製糸場において，各々の文化の伝承の現状と成果・課題を考察する一端として，筆者が行ってきた実態調査を中心にまとめたものである．第1節では，日本の蚕糸業縮小の地域的特性として，筆者のこれまでの個人的な文献や見聞調査の蓄積をもとに，日本の蚕糸業の盛衰を振り返り，蚕糸業が栄えた地域を主体に，地域的な特性を考察したうえで，筆者と大島ゼミ所属の学生や院生の協力も得ながら行ってきた蚕糸絹文化の伝承に関して，第 2〜4 節の事項を柱とした研究をもとに，その結果報告と考察を中心にまとめた．

第 2 節では，蚕糸絹文化に対する市民の意識や教育的課題や実態調査，その伝承の観点から，全国の蚕糸絹関係博物館などへのアンケート調査をもとに，考察を進めた成果をまとめた．総じて，各地の蚕糸絹関係博物館や資料館は，蚕糸業縮小期にあたる 1970-90 年代に，現存する過半の 30 館以上が開設され，地域の蚕糸絹の歴史に根ざしたユニークな展示や取り組みが行われてきた．イベントや企画展を通じて，その普及に努めていることが考察された．今後はこうした活動の周知を図るとともに，子ども達に対する学習支援の充実などを通して，わが国の蚕糸絹文化を次の世代へ伝承できるような取り組みが，より一層なされることを期待したい．

第 3 節は，学校教育における蚕糸絹文化の継承で重要な要素になると思われる学校教育における実践の一端を考察した．その 1 つの事例として，大日本蚕糸会の「蚕を学ぶ奨励賞」を受賞した各小学校・幼稚園を訪問調査した．受賞したのは，2013-17 年度までに，南東北から甲信越地域を主体とする 16 校で，各々の実践や特徴・意義などは(1)に記した通りである．子ども達の蚕糸絹文化に対する好奇心は，糸や絹織物の原料としての産業的視点以上に，成長して姿を変えていく生き物としての関心を持つことは，(2)で考察した群馬県内の小中学校で行われた「絹文化継承プロジェクト」の調査に関しても，そのアンケート調査や数校の訪問調査時に伺った話で，興味を示す子どもは多いといえる．

第 4 節は，富岡製糸場来場者への蚕糸絹文化に対する認識に関して，2014 年度に実施した現地でのアンケート調査とその方式・内容を踏襲した 2016 年度のフォローアップ調査（いずれも 10 日間）を比較しながら，考察したものである．約 1,000 人の協力を得られた 2014 年に対して，2016 年は，来場者自体が約3分の2程度に減少していたことや夏の炎天下という時期も重なり，600人足らずの協力に留まった．調査結果は，概ね，両年余り変わらない傾向に留まったといえよう．

蚕糸絹文化の普及・伝承の対象は，博物館や学校，児童生徒や学生だけではない．養蚕や蚕の歴史を知らない世代の大人が蚕糸絹文化を知り，そこからも子ども達へ伝承することや，養蚕製糸が日本の経済成長を支えた一大産業であったことを，多くの国民に認識してもらい，その歴史が埋もれてしまわないように普及していく努力が必要であると考える．とりわけ，蚕糸業が栄えた地方で，少子化・過疎化が進む中で，学校の統廃合や地域の民俗・文化が縮小してきており，蚕糸関係遺産を後世に継承するための地域資料館などが，今後重要な意義を持つと考える．

**［付記］** 本章の調査研究の多くは，2014-16年度，筆者のゼミナールに所属する以下4名の学生・院生などの協力を得て調査や資料収集を進めたものである．

・足助寛人・広田淳郎（いずれも2016年度経済学部4年，2017年3月卒業）

・関上巧（2016年度経済学部1年，2017年度2年在学）

・石関正典（経済経営研究科博士後期課程在学，2017年度修了見込み）

また，一連の調査を進めるにあたって，（一財）大日本蚕糸会の蚕糸絹文化推進事業の補助と支援を受けることができた．その概要と研究成果は，各年度末に本学で研究発表会を開催して報告し，同会の研究誌「シルクレポート」に要旨を報告した[16)17)18)]．本章は，それらの内容を参照・精選しながら，福島県伊達市，養父市などの北近畿への実地調査による資料収集や成果なども含めて，まとめさせていただいた．同会には，格段の御支援と御協力いただいてきたことに，深く感謝いたします．また，「蚕を学ぶ奨励賞」受賞校やアンケート等に協力いただいた各方面や調査先に御礼申し上げます．なお，文中の写真は全て，筆者及びゼミ学生等が撮影したもので，期日を記載したもの以外は，本文に記した調査日に準じている．

**注**

1）大島登志彦・原田喬「近年の日本国内の蚕糸業の動向と製糸工場の現状」（高崎経済大学経済学会『高崎経済大学論集』第56巻第4号，2014年3月，89-98頁）．

大島登志彦（2016）「近年の富岡製糸場の動向と操業する製糸工場にみる蚕糸絹文化」（群馬県立日本絹の里『日本絹の里紀要』第18号，5-13頁）．

2)　大島登志彦・石関正典（2015）「富岡製糸場見学者の動向と日本の蚕糸絹文化」（全30頁，高崎経済大学経済学部大島研究室）（一般財団法人大日本蚕糸会の補助を受け，下記の同会雑誌にも報告）．

大島登志彦・石関正典（2015）「『富岡製糸場見学者の動向と日本の蚕糸絹文化』に関わる調査報告」（シルクレポート No.42，18-22頁，一般財団法人大日本蚕糸会）．

3)　大島登志彦・石関正典（2016）「蚕糸絹文化の教育効果と将来への継承」（全30頁，高崎経済大学経済学部大島研究室）（一般財団法人大日本蚕糸会の補助を受け，下記の同会雑誌にも報告）．

大島登志彦（2016）「『蚕糸絹文化の教育効果と将来への継承』に関わる調査報告」（シルクレポート No.49，25-31頁，一般財団法人大日本蚕糸会）．

4)　大島登志彦・石関正典（2017）「蚕糸絹の教育・文化を考える」（全34頁，高崎経済大学経済学部大島研究室）（一般財団法人大日本蚕糸会の補助を受け，下記の同会雑誌にも報告）．

大島登志彦・石関正典（2017）「蚕糸絹文化の学校教育における継承」（シルクレポート No.55，28-33頁，一般財団法人大日本蚕糸会）．

5)　髙木賢『日本の蚕糸のものがたり―横浜開港150年 波乱万丈の歴史―』（大成出版社，2014年）．

6)　農林省蚕糸園芸局編「器械製糸工場名簿」（昭和44年7月31日現在，日本蚕糸協会）．

農林省蚕糸園芸局蚕糸課「国用器械製糸工場名簿」（昭和44年7月31日現在）．

7)　定義は定かではないが，筆者は次のように考えている．器械製糸工場とは，国産の繭を大型の自動繰糸機で良質の輸出用を含む生糸を生産する工場であり，国用製糸とは，安価な輸入繭も含めて生産し，多少質が落ちるので，主に国内向けの生糸を生産する方式を指す．6）の国用器械製糸工場とは，器械設備は有するが輸入繭も含めて使用している工場である．なお，国用製糸には，器械設備のない小規模な座繰的方式の工場も多かった．

8)　注5に同じ．

9)　全国製糸連絡協議会事務局 鈴木浩「全国製糸連絡協議会の設立」2005年6月号国内（シルク情報ホームページ，http//sugar.lin.go.jp/silk/info/topics/0506tp1.htm），2007年9月23日現在．

10)　『蚕糸関係名簿』（中央蚕糸協会，年刊）の2013～16年度版の4年間変更なし．本誌の2017年度版は刊行されていない．

11)　注6に同じ．

12)　http://www.naro.affrc.go.jp/archive/nias/silkwave/silkmuseum/index.htm（2017年11月20日）．

13) http://www7b.biglobe.ne.jp/˜kimono-link/museum.html（2017年11月20日）.
14) 注2に同じ.
15) 高崎経済大学地域科学研究所編『富岡製糸場と群馬の蚕糸業』（日本経済評論社, 2016年）.
16) 注2に同じ.
17) 注3に同じ.
18) 注4に同じ.

# 第4章
# 世界遺産とその周辺の観光振興と景観保全の国際比較

佐 滝 剛 弘

## はじめに

群馬県の蚕糸業の象徴的な歴史的建造物といえる富岡製糸場が，県内の他の3資産と併せて「富岡製糸場と絹産業遺産群」として2014年6月に世界遺産に登録され，富岡市の中心街は製糸場の周辺を中心に大きな変化に見舞われた．ユネスコの諮問機関であるイコモスによる登録勧告が出された同年4月下旬以降，製糸場への観光客が一気に増加，同年度（2014年4月～2015年3月）の富岡製糸場への入場者数は，前年度の31.5万人の4倍を上回る133.7万人に達し，開場前から入場者の行列が敷地外の公道にまで伸び，製糸場周辺の空き地が駐車場に変わり，関連商品を売る商店が一気に増えた．

本来，顕著な普遍的価値のある建造物や遺跡，自然景観などを次世代に引き継ぐために誕生した「世界遺産」は，観光地の一大ブランドとしての役割も担うようになり，登録資産が一気に観光地として脚光を浴び，観光客の増加が地域に大きな影響を及ぼす状況が各地で見られるようになった．1996年に登録された「白川郷と五箇山の合掌造り集落」（岐阜・富山県）では，とりわけ白川郷の中心である荻町地区に観光客が集中し，集落の中心部に民間の駐車場が造られて生活道路で渋滞を引き起こしたり，今も住民が生活する住まいの中を観光客が傍若無人に無断で覗き見るなど，平穏な山里の生活が脅かされる事態となった．後述する「石見銀山とその文化的景観」（島根県，2007年登録）でも，登録後に狭い生活道路に観光客を銀山の坑道跡に運ぶバスが頻繁に行き来し，住民の往来に危険が及ぶようになった．

日本では，多くの地域が世界遺産の称号を求めて，自治体が旗を振り地域の企業や住民を巻き込んで誘致合戦を繰り広げてきた．のみならず，すでに21件（2017年7月現在）にまで仲間を増やした現在でも，すでに正式に世界遺産の予備軍となった8件の暫定リスト記載物件の他にも，北関東に限定しても足尾銅山（栃木県日光市），足利学校（栃木県足利市），弘道館・偕楽園（茨城県水戸市）などが世界遺産に名乗りを上げ，それぞれ登録に向けた運動が行われている．

しかし，世界遺産への登録では，登録後の観光客などの動向を予想しつつ景観や住民の暮らしを守る手立てを講じておかないと，せっかく登録の栄誉を勝ち得ても守るべき遺産の周囲の景観が損なわれたり，住民に思わぬ皺寄せが及んだりすることを，先例から教訓として学ぶべきであろう．

世界遺産登録にかかるこうした観光資源としてのありようや景観と住民の暮らしを保全する具体的な施策は，国内外の他の世界遺産登録地ではどのようになっているのか，こうした問題意識から何か所かの世界遺産や同様の価値を持つ建造物や景観について現地調査を行った．この章ではその概要をいくつかの地域に分けて述べたい．

## 1.　世界遺産登録後の富岡製糸場周辺の変化

### (1)「富岡製糸場と絹産業遺産群」の経済・観光的な視点における特徴

「富岡製糸場と絹産業遺産群」が世界遺産への登録勧告を受け，一躍観光地として認知されてから3年半が経過し，当初の異常とも言える観光客の殺到による混雑は薄れたが，それでも富岡製糸場は年間80万人ほど（2016年度）が訪れる群馬県でも指折りの観光地へと変貌した．

観光とは縁遠い静かな地方都市だった富岡市の中心街は，製糸場の内部や隣接地に観光客用の駐車場を設置できないことから，近隣の駐車場や公共交通利用者の製糸場への玄関となる上州富岡駅から見学客が市街地を歩いて訪れることになり，当初の予想以上の“賑わい”が創出されることとなった．とともに，見学客を目当てに，製糸場の正門前を中心に登録前後から土産物店，飲食店などが進出し，遊休地の駐車場への転用とも併せて，街並み自体も以前とは大きく変わった．

この章のはじめに，まず富岡製糸場の世界遺産登録後3年間の変化と課題を確認しておきたい．

まず，「富岡製糸場と絹産業遺産群」を既登録の世界遺産と比較して，他の登録物件にはないいくつかの特徴を列挙する．

1) 複数の構成資産からなる「シリアル・ノミネーション」[1)]であることは，「古都京都の文化財」「琉球王国のグスクと関連遺産群」など先行事例があるが，「富岡製糸場と絹産業遺産群」では，それぞれの構成資産の所在する自治体がすべて異なっており，しかもある特定の施設の知名度が突出し，観光客がその施設に集中したこと．具体的には，資産の名称にもなっている「富岡製糸場」が他の資産に比べ30倍以上の見学者を集めており，しかもその格差は年を追うごとに拡大している[2)]．

2) 世界遺産には，「登録前から観光地として知名度があり，世界遺産登録後も観光客は横ばいか微増あるいは微減となっているところ」と，「登録前は観光地としての知名度が低く，登録後に観光客が大幅に増えたところ」に二分されるが，「富岡製糸場と絹産業遺産群」は，「琉球王国のグスクと関連遺産群」，「石見銀山とその文化的景観」などと並び，典型的な後者であること．したがって，登録後の街並みの変化も大きく，岐阜県白川村の白川郷や石見銀山の大森地区と並ぶ「世界遺産登録で変化した街」といってよい．

3)「富岡製糸場」は，旧来の観光地ではない一定規模の都市の中心部に突如世界遺産が登場した，日本で初めてのケースであったこと．白川郷は人口2,000人程度，石見銀山大森地区は，大田市自体の人口は4万人程度と富岡市と大差はないが，登録地は市の中心部からは大きく外れ，人口400人弱の一集落に過ぎない．また，姫路城がある姫路市や日光の社寺を持つ日光市は登録以前から多くの観光客を集め，登録前後で街並みに顕著な変化はなかったことから，富岡市は「地方の小都市が世界遺産登録によっていきなり観光地化した」という点でわが国で初の事例といってよい．

4）富岡市は，西毛地方の中心地で高速道路のインターチェンジもあることから，工業，商業等で一定の産業集積はあるものの，これといった特徴は薄く地場産業といえるものもなく，世界遺産登録による「観光業」への期待が大きい．同じ県内でも工業出荷額がきわめて多い太田市，伊勢崎市や商業のウェイトが高い高崎市，農業出荷額が多い前橋市などに比べ，富岡市における富岡製糸場への「依存度」がおのずと大きくなっている．

以上のことから，富岡市は，世界遺産登録によって「地域ブランド」を高めただけでなく，今後も市全体でそのブランドに頼っていかざるを得ず，まちづくり，地域づくりの観点からも「富岡製糸場」のウェイトは引き続き重要な要素となることが想定される．

### (2) 製糸場周辺の特徴と観光客数の推移

富岡市は，江戸期に町の西方，長野県に近い砥沢（現，南牧村砥沢）で産出する砥石を江戸に運ぶ中継地として新田開発が行われ，町域が成立したことに端を発し，その後，中山道と分かれて，新町から藤岡，富岡，下仁田を通り上信国境を越えて信州佐久へと続く下仁田街道沿いの集落としても発展した町である．また，七日市藩の陣屋町としての機能も兼ね備えていた．

1870 年，代官陣屋用に用意された鏑（かぶら）川北岸の微高地が官営製糸場の建設の適地とされ，1872 年に現在の場所に富岡製糸場が開業，21 年間の官営期間の後，工場は民間に払い下げられた．その後を受け継いだ三井，原合名会社，片倉製糸紡績（現，片倉工業）時代を通じて各社の主力製糸工場となり，市街地における雇用の中心であり続けた．

生糸等の輸送のために敷設された上野鉄道（現，上信電鉄）は，富岡の中心街の北端で東西方向に線路が敷かれ，富岡製糸場から 700m ほど北東に街の玄関となる上州富岡駅が開業した．町役場（1954 年の市制施行以降は市役所）は駅の西の上信電鉄線沿いに置かれ，こうして線路を北端とし，製糸場の南を流れる鏑川を南端とする現在の市街地が形成された．製糸場の隆盛に伴い，市街地には住民のための商店のほかに製糸場の労働者，とりわけ工女の生活や娯楽にかかわる施設が次第に整備され，食堂，映画館，美容室などが製糸場の北東に隣接した地域に立地したほか，製糸場を訪れる養蚕農家，生糸取引業者，製糸場の機械や装置などに関係する出入りの業者や製糸場を経営した三井，原合名会社などの関係者の来訪が多く，居酒屋，料亭，旅館などもこのエリアに立ち並ぶようになり，現在見るような細い路地が幾本も通り，その両側に様々な店舗が並ぶ町の姿ができあがった．

製糸場が生糸の最大の生産量を記録したのは1974年だが，この頃には自動化が進み，従業員も少なくなっていたことに加え，その後の急激な生産の減少と自動車の普及による郊外型の店舗の増加，いわゆるスプロール化もあって，製糸場周辺は開発が止まったままとなった．一方，市民の買い物など生活の中心は上信電鉄の線路の北側にできた国道254号線バイパス沿いへと移った．中心街では製糸場の閉鎖後も再開発が進まずそのままの路地や店舗が維持されたこともあり，結果として主に昭和初期から戦後の高度成長期までに建てられた街並みが「昭和レトロの街」として今に残された．

世界遺産「富岡製糸場」の登録地域は，製糸場の敷地全体が世界遺産に登録された資産，周囲の市街地及び鏑川南岸のエリア（富岡製糸場から見下ろせるため景観の保全が必要）が緩衝地域[3)]，いわゆるバッファゾーンとなっている（図4-1）．

富岡製糸場は有料の観光施設で，見学客は必ず製糸場あるいは上信電鉄の駅や市内の入場券販売所でチケットを購入したうえで入場するため，正確な入場者数が把握されている．

世界遺産登録前の2004年度から2016年度までの年間入場者数の推移は表4-1の通りである．

「富岡製糸場と絹産業遺産群」がユネスコの世界遺産暫定リストに記載され，年間を通じて入場者を受け入れるようになった2006年度の入場者数は112,988人であったが，翌年には有料化にもかかわらず倍増し，以後2011

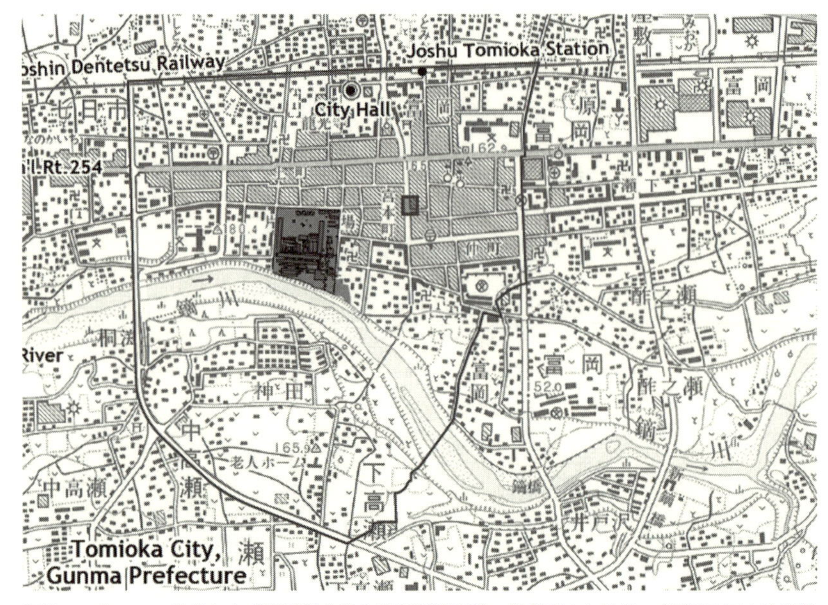


資料：ユネスコへ提出した「富岡製糸場と絹産業遺産群」推薦書より抜粋.（原図は国土地理院地形図）

**図 4-1** 中心が登録エリア，外枠部分がバッファゾーン

**表 4-1** 富岡製糸場の入場者数の推移

| 年度 | 入場者数 | 備　考 |
|---|---|---|
| 2005 年度 | 20,845 | 10 月から開始 |
| 2006 年度 | 112,988 | 1 月ユネスコ世界遺産暫定リスト記載 |
| 2007 年度 | 249,334 | 4 月から有料化 |
| 2008 年度 | 265,024 | |
| 2009 年度 | 223,400 | |
| 2010 年度 | 206,103 | |
| 2011 年度 | 231,391 | |
| 2012 年度 | 287,338 | 冬季の月曜日に休場（12 日間），1 月ユネスコへ推薦書提出 |
| 2013 年度 | 314,516 | 9 月イコモス現地調査，冬季の月曜日に 12 日間休場と，2/15～21 の 7 日間大雪被害で休場（1 日重複） |
| 2014 年度 | 1,337,720 | 4 月イコモス勧告，6 月世界文化遺産登録，12 月国宝指定，1～3 月まで水曜日を休場（12 日間） |
| 2015 年度 | 1,144,706 | 水曜日を休場（H27 年 4 月～H28 年 2 月） |
| 2016 年度 | 800,230 | |

資料：富岡市調べ.

年度までの 5 年ほどは横ばいであった．2013 年 1 月にユネスコへ正式に推薦書を提出する前後から登録への機運が高まりメディアへの露出も増えてきたことで，2012 年度は前年比 124％と大幅に増加した．さらに翌年度も 9％増加し，31 万人を超えた．

そして，2014 年 4 月 26 日にイコモスが登録が適当であると勧告，世界遺産登録が確実になったことを受けて入場者が一気に増え，この年の 5 月は，109,703 人と前月の 3 倍近い増加となった．2014 年度全体では前年比 425％という驚くべき数字となり，入場に長蛇の列ができるなど，観光への世界遺産効果が顕著に現れた例として注目を浴びた．

ところが，減少に転じるのも早く，登録翌年の 2015 年度は 15％減少して 114 万人あまり，さらに翌年は 30％も減少して 80 万人に留まった．2017 年度もこれまでのところ前年の 2 割減のペースで推移しており，登録年をピークに年々減少するという急激な「世界遺産ブーム」の高まりと冷え込みが見られる典型例として語られるようになっている．

こうした顕著な見学客の増加とその後の減少は，市街地の商店等の立地や景観に大きな変化を与えている．それを具体的に見ておきたい．

### (3)　製糸場周辺の商店街の変化

図 4-2 は，公共交通機関を利用して富岡製糸場を訪れる観光客が利用する上信電鉄上州富岡駅から製糸場に至る中心商店街の観光客が利用する店舗，食事処などについて，2017 年 3 月の調査に基づき，その出店時期によって記号を付与したものである．表記のないものは世界遺産登録以前（2013 年以前）から店舗を構えるところで，戦前から営業する精肉店や大衆食堂などもともとは地元客だけを対象にしていた店舗から，町外の弁当店が登録の直前に進出して経営を始めたレストランまで，その歩みは多様である．この図では，2013 年末の時点で経営していた店が 55 軒となっている．その後，富岡製糸場の「門前町」となっている，正門から正面に延びる城町通りや正門から北に延びる通りを中心に多くの店舗が進出した．登録された 2014 年に

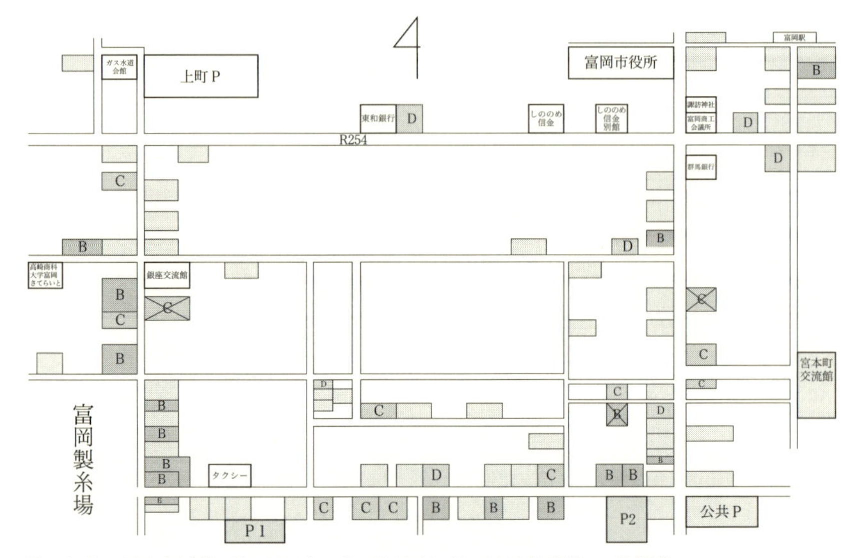


注：無印；2013 年以前，B；2014 年，C；2015 年，D；2016 年出店，× は閉店.
資料：富岡市が調査して作成した地図をもとに筆者が加工.

**図 4-2**　富岡製糸場周辺の出店状況

は 17 軒，2015 年には 12 軒，2016 年には 7 軒とテンポは鈍っているものの新規出店が続き，この 3 年間に進出した土産物店や食事処などは 36 軒を数え，それまでにあった店舗数と比べて，7 割近く増加している（表 4-2）.

一方で，進出したもののすでに撤退し，別の経営者が異なった業態で営業を始めているところもあれば，撤退したまま空き家になっている店舗もある. 2017 年になって閉店したところも入れれば，すでに 10 店舗以上が商売をやめている. 観光客の急激な増加と減少が店舗の相次ぐ進出と撤退をもたらしていることがわかる（❶は，かつての旅館が 2015 年にペルシャ料理店に衣替えしたところ. 2017 年春以降，旅館の看板は撤去された）.

2017 年 3 月に現地を調査した際には，撤退はしていないものの製糸場への入場者が極端に減る冬期の平日は，店を開けても売り上げがほとんど見込めないのでシャッターを閉めている店舗を確認することができた[4].

**表 4-2**　製糸場周辺の年次別の店舗の出店数

| | 記　号 | 店舗数 | 比　率 |
|---|---|---|---|
| 2013 年以前 | A（図表では省略） | 55 | 60.4% |
| 2014 年（登録年） | B | 17 | 18.7% |
| 2015 年 | C | 12 | 13.2% |
| 2016 年 | D | 7 | 7.7% |

資料：富岡市調べ.

新規に開業した店舗は，富岡市内の別の場所で経営していた店が進出しているケース，桐生市，安中市など群馬県内の他都市から進出したケースが目立ち，県外資本の進出はほとんどないという状況であった．

❶旅館の看板が残ったまま，ペルシャ料理店に変更（筆者撮影，以下も同じ）

### (4) 景観の問題

こうした急激な店舗の出店ラッシュは，これまで落ち着いていた街並みの雰囲気を大きく変えるほどの景観の変化をもたらした．城山通りには桑の葉茶の試飲や絹の成分を入れた石鹸の実演など，登録前にはなかった賑わいが創出される一方，歴史的建造物へのアプローチにはそぐわない，店をPRするために設置された巨大な魚のモニュメントがそば屋の店頭に登場したり❷，図4-2のP1，P2のように観光客向けの駐車場がオープンし，連続した街並みの景観が途切れるような状況が出現した．

富岡市では登録の1年半前にあたる2012年10月に景観行政団体として屋外広告物にかかる権限を群馬県から移譲され，景観施策と一体となって屋外広告の規制・誘導を行うべく「風景づくりガイド」や「屋外広告物ガイド」などを作成して指導にあたっている．しかし，急激な出店には十分な対応が

❷城町通りで最も目立っていた店舗の看板．撤退とともに撤去された

❸市から指導があっても撤去されなかった店舗の看板．2017年3月の撮影時にはあったが，夏には店の廃業とともに撤去された

できず，指導が行き届かなかったことで，こうした景観の課題に直面した．

その後，❷の店舗は撤退したため，魚の広告物も撤去されたほか，同じく城町通りにあった❸に見られるような道路に大きくせり出した看板なども市の粘り強い指導と店舗の廃業により2017年夏以降は撤去されている．また，製糸場正門前のタクシーの営業所の色彩も街並みに合うよう変更を依頼し新しく塗り替えられた．周辺の道路の舗装についても街並みに合わせた落ち着いた色への塗り直しが進んでいる．

製糸場周辺の空き地についても駐車場化を防ぐため，市が買い取って観光客が休めるようなポケットパークを造成したり，空き家となった古い家を買い取って修景を施すなど，ようやく景観への総合的な政策が進み始めているところである．

正門のすぐ前の古い長屋が，製糸場の創業期に初代場長尾高惇忠[5)]のもとで腕を揮った韮塚直次郎[6)]が建設した韮塚製糸場の遺構であることが確認され，こちらも市による整備の計画がある．後手に回った感も否めないが，観光客数が落ち着いたこととも併せ，ようやく景観対策が進み始めつつあるのが，現在の状況である．

富岡市が実施した富岡製糸場への来訪者への満足度調査[7]によれば，周辺の商店街については，様々な店ができて賑やかになり楽しいという意見がある一方で，昭和の落ち着いた街並みにそぐわない派手な店が並んで興醒めだという意見もあり，訪問者の観光地に求めるイメージの違いで，評価が大きく分かれる結果となっている．

### (5) まちづくりへの課題

富岡製糸場を持つ富岡市が現在抱えている大きな課題は，大規模な修復が必要とされる製糸場の持続的な保存活用策の策定と，修復の財源となっている入場料収入を支える見学者の維持，そしてそれを前提とした新たなまちづくりの模索である．

製糸場内では現在，国宝に指定されている1872年建造の西置繭所の初めての大掛かりな修復が行われている．それが完成した後も，東置繭所，繰糸場の修復が待っている．製糸場への見学客が登録年をピークに大きく落ち込んでいる中，修復が続き主要な施設の一部が見学できない事態が続けば，さらに見学客数が落ち込み，修復を支える入場料収入の減少に直結する心配がある．

製糸場内の見学についても，見学できるエリアが全体の3割にも満たないこと，施設の価値を示す解説・案内がきわめて少ないこと，施設の要となる繰糸場内の繰糸機はその一部はスイッチを入れれば動かせる状態であるにもかかわらず，安定的な繭の供給体制が確保できないため，ビニルカバーに覆われたままになっており見学者に面白さが伝わらないことなど，見学客の満足度の面では課題が多い．こうした課題を放置すれば，見学客はさらに減少し，賑わいが創出された街並みから，再び櫛の歯が欠けるように店舗が撤退し，空き家だけが残る事態になりかねない．こうした意味でも，製糸場内の魅力を高めて，一定の見学客を維持することは，持続的な市街景観の保持と密接にかかわっていると言える．

一方で，製糸場の見学客の内訳を見ると，登録当初に比べて個人客の割合が増えていることがわかる．個人客はマイカー利用にせよ，公共交通機関を利用するにせよ，駐車場や駅から製糸場まで歩くため，商店街に立ち寄ったり，市街地で食事をしたりする可能性が高くなる．富岡市など群馬・埼玉両県の絹産業遺産を持つ7市町で構成する「上武絹の道連絡協議会」では，人気のアメリカ人ユー・チューバーに，富岡市と下仁田町の紹介動画の制作を依頼したが，2017年10月に公開された動画では，製糸場の内部だけでなく，商店街の菓子店で販売される蚕の形をしたチョコレートが紹介されるなど，誘客の戦略としても，製糸場だけでなく周辺の商店街の魅力を発信し，製糸場と周辺の街並みを一体として来訪してもらうことが重要になろう．

バブルのような大量の見学客の波が引き，地域が主導して製糸場への見学者とその周遊戦略を腰を落ち着けて取れる今こそ，地域の人，そして域外から進出した業者も交え，連携して訪問者に対しても居住者に対しても満足度を高められるような施策を打っていく時期に入ってきていると言えよう．

## 2. 国内の実例：「石見銀山とその文化的景観」との比較

### (1) 世界遺産「石見銀山とその文化的景観」の特徴

富岡製糸場と富岡市の今後を考える際，参考となる地域のひとつが，国内では世界遺産「石見銀山とその文化的景観」の中心となる島根県大田市大森地区であると考え，比較対象に選んだ．特徴のうち，前節(2)の2)で挙げたように，世界遺産登録後に観光客が一気に増加し，街並みにも大きな変化があったもののその後落ち着くなど，「富岡製糸場と絹産業遺産群」よりも，7年前に世界遺産に登録され，先行事例として適切であると考えたからである．

地理上の発見の時代，スペインやポルトガルはインド航路によりアジアに達し，貿易上の利益を得ようと争って極東への進出を果たした．1543年の鉄砲の伝来や1549年のフランシスコ・ザビエルによるキリスト教の布教は，その結果日本にもたらされた大きな変革である．当時，両国，特にポルトガルが推し進めようとした貿易は，日本の特産である「銀」を日本から輸入し，マカオを通じて中国へ売って銀貨を鋳造させるとともに，その見返りとして中国の特産品で日本ではほとんど生産のなかった生糸を日本へ輸出するというもので，日本の銀は，当時ヨーロッパ諸国にまでその存在が知られていた．当時の日本の銀の最大の産地が石見であった．江戸時代になって鎖国政策が始まってからも石見銀山は幕府の直轄地として，国内向けに銀の生産を続けた．このように，西洋の極東への進出という大変革のきっかけとなったのが石見銀山であり，その生産拠点である坑道，銀山統括の役所，それらを取り巻く街並みなどが一群でよく残されていることから，その普遍的価値が認められて2007年，世界遺産に登録されている．

登録エリアは，坑道が集中した「銀山」地区と隣接する銀山支配のための集落である「大森」のほか，精錬した銀を運んだ古道，銀を積み出した港とその付近にできた温泉集落「温泉津（ゆのつ）」（登録前は独立した自治体だったが，登録とほぼ同時に大田市に編入）に分かれているが，観光客のほとんどは，大森地区を通って銀山地区の坑道を訪れるというスタイルになっている．

### (2) 特徴ある2つの観光客対策

石見銀山は，島根県松江市から車でおよそ2時間，最寄りの出雲空港から1時間あまり，山陽側からは中国地方の玄関となる広島市から車で2時間以上かかるなど，交通の便は決して良いとは言えない．羽田〜出雲の航空便は現在も1日5往復のみであるし，世界遺産登録後運行が始まった広島駅と大田市を結ぶ直通の路線バスも1日2往復しかない．しかし，登録前は年間30万人に満たなかった観光客は，登録年の2007年には80万人に跳ね上がり，世界遺産フィーバーに沸く街としてメディアにも多く取り上げられ，世界遺産を目指す自治体などからの視察も相次いだ．

島根県では，こうした観光客の車が狭い銀山地区に集中しない方策として，大森の集落から2キロほど離れた山中に大規模なビジターセンター（世界遺産センター）を設置❹，観光客にはここに車を停めてもらい，ここから銀山地区へは観光用のシャトルバスを運行することとした．また，大田市駅など

❹石見銀山世界遺産センター

からの路線バスも銀山地区だけでなく，世界遺産センターにも立ち寄るようにし，このセンターを展示・映像上映・ガイド紹介・坑道予約窓口などを行う世界遺産観光の中心的な施設と位置づけ，ここで一定の知識を得，世界遺産への理解を深めてもらってから，世界遺産を見学するような動線とした．

また，多くの観光客が見学する代表的な坑道は集落を遡った山中にあるため，坑道行きのシャトルバスを集落内の狭い道路に走らせて観光客を運んだものの，地域住民にとっては狭い生活道路にバスが四六時中行きかうことになり，静かな生活が一変してしまった．そこで，大田市では世界遺産登録1年半後の2008年冬にこのバスを廃止．集落の入口までで運行を打ち切り，坑道までの2キロほどの道のりを観光客には往復歩いてもらう方針に切り替えた❺．世界遺産登録によりバスが平穏な生活を破壊するに至るほど観光客が増加したことと，一転して地元住民の生活を重視し，観光客には最大の見どころまで往復1時間以上歩かせるという大胆な策に転換したことは，メディアでも大きく取り上げられ，世界遺産効果のインパクトの大きさや，世界遺産登録における観光振興と住民の利害との調和という観点から重要な問題提起の事例となったことでもよく知られている．

❺登録直後はその狭い生活道路に路線バスが走ったが，今は廃止され静かな空間が戻っている

### (3) 石見銀山の現状

石見銀山への入込客数は，登録の翌年は反動で大きく減少したものの，その後は概ね年間40～50万人程度を維持している（図4-3）．登録年の80万人から翌年40万人へと半減した際には，「世界遺産効果はわずか1年」とか「世界遺産バブル崩壊」と言った辛辣なメディアの論調も見られたが，地元の大田市では登録年の観光客数が異常であり，半減することも織り込み済で，落ち着いた街並みをゆっくり歩いてもらうことこそ見学者へのおもてなしだと考え，無理な観光客再増加に汲々とする策は採らず，むしろ静かな山間の集落の雰囲気を売り物にし，観光客数の維持に成功しているといえる．40～50万人という数字は，世界遺産登録

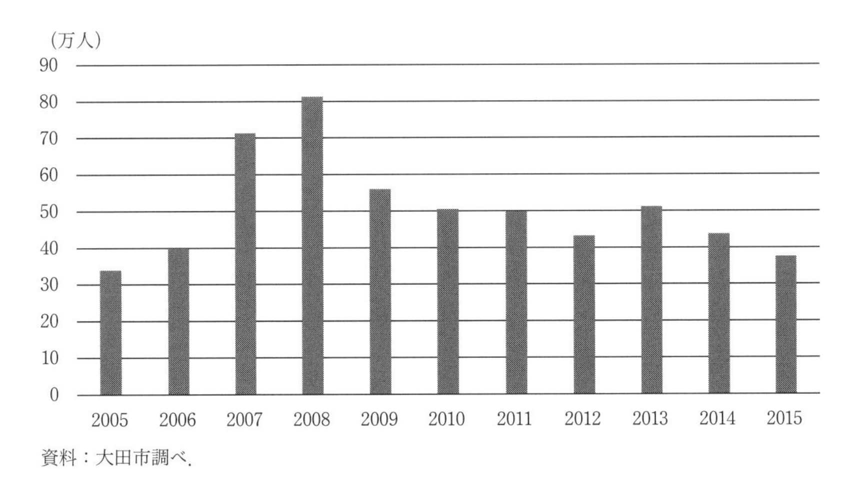

資料：大田市調べ．

**図4-3**　石見銀山への入込客数の推移

前の観光客数よりは多く，「持続可能な観光客の受け入れ」が実現できていると，大田市では考えている．

一方で，観光だけでなく，世界遺産の誕生が雇用を生み，人口の維持（あるいは減少の食い止め）に貢献しているかどうかについては，統計の上からは一定の効果が出始めていると考えることができる．

石見銀山のある中国山地は日本でも指折りの高齢化地域であり，島根県全体でも，また大田市単独でも既に人口減少が進行している．とりわけ銀山のある大森地区は，1985 年には 583 人いた人口が世界遺産登録後 3 年の 2010 年には 405 人と 3 割も減少した．しかし，2015 年の国勢調査では 391 人と微減（マイナス 3.5%）にとどまっており，同時期の大田市全体の人口減少率がマイナス 6.5% となっていることを考えると，山間地であることを考慮に入れれば人口減少に歯止めがかかっているといえる．大森地区の年齢別人口の内訳を見ると，2010-15 年の 5 年間で，全体の人口が減っているにもかかわらず，0〜4 歳，10〜14 歳，30〜44 歳の人口が 5 割程度増えており，いわゆる働き盛り世代とその子供の世代の人口増が顕著である．

その大きな理由は，世界遺産の登録や維持にかかわっている 2 つの企業[8)]が石見銀山に本拠を構え，継続して若い人を定期的に雇用していることや，大森地区に新たに店を構える若い家族が見られることなど，間接的に世界遺産登録の効果が地域の極端な人口減少や高齢化を食い止めている部分があり，単に観光客数だけでは計れない，地域の活力や居住地としての魅力の向上に，世界遺産のブランドは登録後 10 年を経て地域に一定の貢献をしていると考えられる．2015 年には大森地区で 9 人の新生児が誕生し，地元では明るいニュースとして迎えられた．

### (4) 観光客向けの店舗の変化

このプロジェクトの研究の一環で，世界遺産登録後 9 年を経た 2016 年 10 月に大森の町を歩き，土産物店，飲食店などの観光客向けの店舗の状況について調査し，大田市の協力を得て，登録 2 年後の 2010 年と登録前の 2006 年のデータを入手し，その経年変化を追った．店舗の中には，もともと住民向けの食品や品物を売る店が，登録前後から観光客向けの商品も扱うようになって，観光客・住民両方を相手に商売をしている店もあれば，登録前と場所も経営者も同じながら，完全に観光客向けの店にシフトしたところもあって，観光客相手の店だけを抽出するのは厳密には難しいため，地元向け，観光客向けを問わず，銀山地区の商店・飲食店をすべて調査の対象とした．

観光客が坑道へのルートとして歩くとともに沿道に公開された観光施設が並ぶ大森地区は，世界遺産登録以前の 1987 年というかなり早い時期に国の重要伝統的建造物群保存地区（重伝建）に指定されており，街並みを大きく損なうような改築や建て替えはよほどのことがない限り認められていないため，店舗の進出や撤退が街並みを大きく変えることに対して歯止めとなっている．

図 4-4a は，2006 年，世界遺産登録前の大森地区中心部の店舗の状況である．すでに世界遺産登録への動きが大きく報道され，注目が集まって観光客も増加傾向にあった時期でもあり，観光客向けの雑貨や飲食店，宿泊施設などこのエリアに 21 の店舗（ほかにもっぱら地元向けの店舗△が 8 軒）が点在している．

次に世界遺産登録後 3 年近くが経過した 2010 年の状況をプロットする（図 4-4b）と，もっぱら観光客向けの店舗等が 33 と大きく増加し，一方で地元向けの店舗は 6 軒に減少している．この頃が最も観光客向けの店舗が多かった時期である．

そして実地調査をした 2016 年 11 月の時点では，観光客向けの店舗等は 26 と 2 割以上減少している．地元向けの店舗の数は 5 軒で 1 軒減っている（図 4-4c）．

2006 年から 10 年までに増加した店舗は，雑貨屋，カフェ，食品，割烹，レンタサイクルなどの業態となっている．一方，2010 年から 2016 年までに廃業したのは，2010 年の時点で進出していた店が比較的多い[9]．また，一度閉めた店を別の経営者が同じ業態で入っているケース（パン製造）もある[10]．

(a) 2006 年

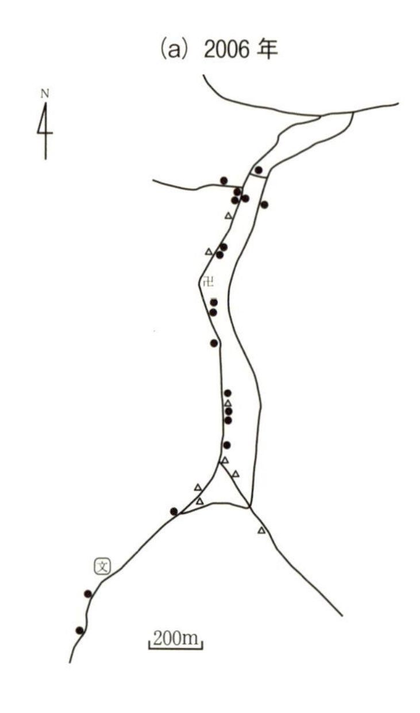


こちらはパン屋であるから地元住民ももちろん利用するが，店主がドイツで修行しマイスターの資格を得て進出した店ということもあり，県外などかなり遠方からわざわざ買いに来る客が少なくないなど，地元向け，観光客向けという区分けでは当てはまりにくい新形態ともいえる．また，日用品を扱う地元向けの店もこの6年で消えている．

### (5) 進出店との調整

大森地区は，国の重要伝統的建造物群保

(b) 2010 年

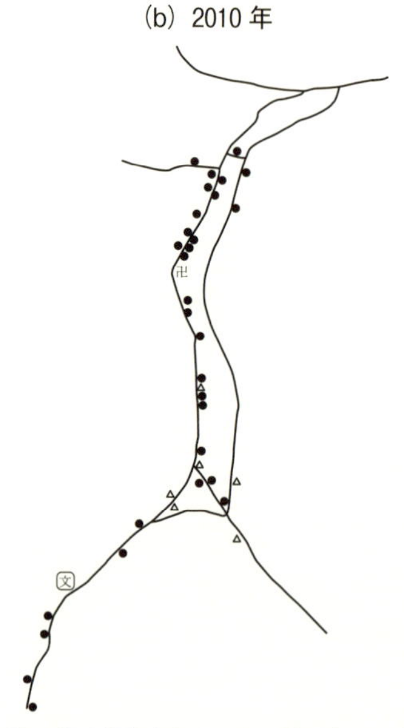

(c) 2016 年

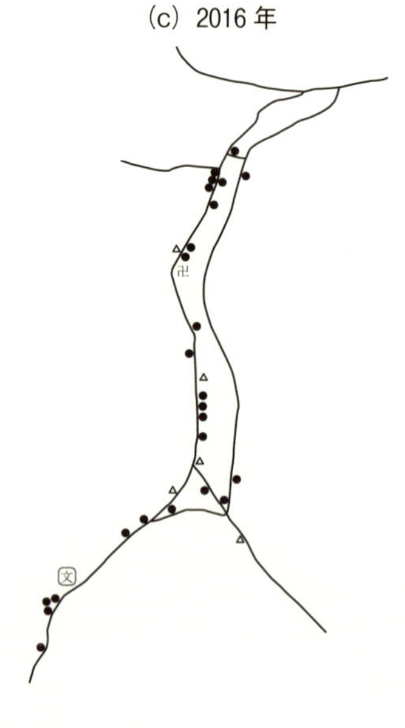

注：●は観光客向け，△は地元向け．(筆者作成)

**図 4-4** 大森地区の商店の出店状況

存地区に指定されているため，建造物の大幅な改築・改造は難しいが，看板や店構えなどに法的な規制はないため，景観を保全するために世界遺産登録以前から住民による申し合わせが行われてきた．そして世界遺産登録後も，これを機に進出する店舗に対しても，「確認」として，実質的な環境保全策を課してきた．

以下は，「大森町内での出店に関するお願い」の文書の主要な部分である．

出店計画者には石見銀山大森町住民憲章を紹介し，この憲章にある「賑わいと穏やかさの両立」に協力してもらえるよう働きかける．

出店が定住につながるようにしましょう

地元住民とのコミュニケーションを図りましょう

→自治会加入と自治会活動への参加

石見銀山遺跡の保全活動に参加しましょう

環境（自然，生活）や景観に配慮したお店作りをしましょう

お店ごとの独自性・メッセージ性を加味した魅力ある商品を開発・販売しましょう

この「お願い」では，空き地は露店や有料駐車場に使用しないことを自治会協議会で申し合わせていることから，新規出店者にも同様のお願いを徹底，また店が掲示する看板にも次のように細かい規定を設けている．

◎建物敷設の看板は１店舗１カ所１看板

◎移動可能な看板は画一的にならないよう下記のことを守る

規模：人が一人で持ち運べる程度

意匠：街並みにふさわしい看板にする

材質：自然素材（綿，麻，竹，木など）

色彩：華美にならないよう文字は白色，黒色を原則，看板の色彩は茶褐色系

位置：通行の妨げにならないよう商品陳列は軒下ではなく屋内で

◎客引き，呼び込み等は節度を持って行う

◎音声機器等を利用した宣伝は行わない

◎自動販売機の新規設置は極力控える 既存の自動販売機は場所に応じた修景

◎機器更新の際は対面販売に切り替えることを検討

◎飲食物を提供する店舗は，椅子，ベンチなどを屋内に設け，自店で飲食するように呼びかけ，なるべくごみが出ないように配慮する

こうしたソフトの対策とともに，資金力のある地元企業の経営者が空き家を買い上げて管理しながら，移住者に提供するなどの努力もあって，大森地区の景観はほぼ良好に保存されているといってよい．人口規模からして，地域住民だけを対象にしても成り立たない商業経営者はターゲットを観光客に変更したり，地域住民と観光客の両方をターゲットにするなど，観光地化に合わせて存続と定住に力を注いできた．現在，地域住民からも観光客からも，街並みの景観の維持や保全について，特に否定的な意見や感想は聞かれない．ブームが去った後だからこそ取り戻した街並み，山並みの落ち着きが，今では石見銀山の貴重な観光資源であり，住民に住み続けたいと思わせる定住への動機付けとなっている．

### (6) 石見銀山の登録後 10 年の評価と今後の課題

現在，わが国は初めての人口減少局面に直面し，なおかつ東京への人口集中の加速化が一向に衰えず，地方の沈滞・疲弊は深刻の度合いを増している．世界遺産への登録の本来の目的は決して地域振興ではなく，あくまで後世に伝えるべき人類の宝の保護にあるが，こうした背景もあり，わが国では世界遺産は観光を中心として地域から多くの期待を担わされている．

中でも，日本でも最も高齢化の進展が早い地域のひとつといわれる中国山地の山あいに立地し，産業基盤にも乏しい石見銀山の世界遺産登録は，地域

にとっては代えがたい地域振興の柱として，他地域からの注目もきわめて高いものがあった．しかし，メディアの皮相的な報道の影響もあって，石見銀山は登録後観光客が激増したがすぐに激減し，世界遺産バブルに踊った地域としての認識のまま，その後のメディアへの露出の減少などで，「世界遺産の失敗例」の烙印を押されている一面も否定できない．

しかし，今回の調査を通して地域の人とも接する中で，世界遺産は過疎化への一定の歯止めや地域の魅力の掘り起こしと，それに伴う地域に住まう人々の自信や誇りの回復に一定の役割を果たしていることが伝わってきた．地域住民が自らの環境を守りつつ一方で他地域からの進出や移住希望者を温かく迎え入れることで，結果として世界遺産登録が地域の安定に資している例として，石見銀山のあり方は観光客誘致の失敗例ではなく，もっと肯定的に捉えるべきだと考える．富岡市とその周辺への今後を考えるうえでも，観光客の多寡だけに目を奪われず，移住者や定住者なども指標のひとつとしていくことが必要であろう．マスメディアでの報道ではわかりやすい数字を追うため観光客数の増減に注目しがちであるが，その背後にある事象の変化にまで踏み込んで捉えなければ世界遺産登録の意義は見えてこないし，地域振興のあり方や持続的な保護と活用といった議論も深まらないということが垣間見えた石見銀山の現状であった．

## 3.　海外の事例Ⅰ：フランス

### (1)　調査国の選定理由

世界遺産条約が批准され，世界で初めて世界遺産が登録されて2018年で40年を迎える．その間に世界遺産の登録件数は年々増加し，2017年ポーランド・クラクフでの世界遺産委員会を経て，登録数は全世界で1,073件を数えるまでになった．顕著な普遍的価値を持つ優れた歴史的建造物や自然景観・文化景観を後世に伝えようとするために始まった世界遺産の制度だが，登録後，登録された物件だけではなく，その周囲の景観にも注意が払われ，遺産の景観を脅かすような景観の変化に対しては，ユネスコは常に注意喚起を行い，時には遺産そのものが危機であるとのレッテルを貼るという手段を使いながら，景観の保全に力を注いできた．

しかしながら，途上国は言うに及ばず先進国においてさえ，世界遺産の周辺で地域の活性化や新たな都市計画のために開発が進行するケースがしばしば見られ，これまでもドイツ・ケルンの中心部にそびえる「ケルン大聖堂」が周辺の高層ビルの建設計画により危機遺産リストに記載されたり，同じくドイツの「ドレスデン・エルベ渓谷」がエルベ川への架橋計画が撤回されなかったために世界遺産を抹消されるなど，単なる警告ではなく実際に世界遺産の称号の剥奪にまで事態は進んでいる．

先進国では他にも，イギリスの「海商都市リバプール」が2012年，オーストリアの「ウイーン歴史地区」が2017年，どちらも地元自治体の再開発計画のために危機遺産リスト入りを余儀なくされた．

こうした世界遺産の周辺景観については，近年に限っても，世界遺産のバッファゾーンが持つ問題点を地形図などをもとに分析した『京都市における世界遺産バッファゾーン内の景観の変遷』（河村・深町・柴田 2016）や，遺産対象への影響評価を多面的に分析した『世界遺産西湖：景観保全の課題と遺産影響評価』（黄斌・松本訳 2016）など国内外ともに多くの先行研究があるが，本論はこうした先行研究を踏まえ，2017年に現地調査をしたフランスとイギリスの世界遺産とその周辺の景観保全のあり方の概要をまとめたものである．

景観保全については，先述したドイツやイギリス・オーストリアで危機遺産リスト入りした例はあるものの，伝統的に欧州では早くから都市の景観に配慮し，法的な整備や民間団体による景観保全策が採られてきた．ローマ帝国時代の遺産を多く抱えるイタリアやいちはやく環境優先に舵を切ったドイツなども，多数の都市内世界遺産を抱え，その景観保全に早くから力を注いできた国々である．

しかし，今回は，中央集権的な政治体制のもと，国家が制定する法律で規制することで美しい街並みや景観を保ってきた世界一の観光大国フランスと，すでに19世紀末から民間の団体が歴史的建造物や自然景観を組織的に保護し，その精神が世界の各地に広がって同様の動きに繋がる発祥となったイギリスを調査の対象に選んだ．

フランスは，パリ市内の景観を守るために設けられたフュゾー法[11)]など，都市景観保全の教科書ともいえる存在で，都市計画などを専門とする研究者の研究事例も多い[12)]．パリ市内はセーヌ川の河畔一帯が世界遺産となっているが，先行研究がなされていない地方都市，それも富岡製糸場のある富岡市と人口や町の規模が近い都市を選ぶことで，法に裏打ちされていかなる規制が行われ，いかなる成果を挙げているかを見ることにした．また，併せて，日本人観光客が多い著名な世界遺産登録地が観光客の利便性よりも環境や景観保全を選んだという最近の事例がフランスに存在することも，この国を選んだ理由である．

フランスへの調査は2017年2月，訪問先は「アルビ司教都市」，「モンサンミシェルとその湾」の2件の世界遺産である．

### ⑵　フランスの世界遺産の特徴

2017年7月現在，フランスには43件の世界遺産が本国と海外領土（カリブ海，メラネシアなど）に存在する．これは，国別の登録数としては，中国，イタリア，スペインに次いで世界で第4位にあたり，有数の世界遺産大国といってよい．

そのうち文化遺産が39件，複合遺産が1件あるため，「文化」の要素を持つ登録物件を40件所有していることになる．中世から近世にかけての教会・聖堂・修道院や王国時代の宮殿が多いのが特徴で，ゴシック建築の代表的な作例として知られる「シャルトル大聖堂」，歴代の王が戴冠を行った「アミアン大聖堂」，ルイ14世が財力を傾けるほど建造に力を入れた「ヴェルサイユ宮殿と庭園」，歴代の王の狩り場として使われた「フォンテーヌブロー宮殿と庭園」などが代表的なものである．

一方，近代建築の巨匠ル・コルビュジエの建築作品や，ベルギーの著名な建築家オーギュスト・ペレにより第二次大戦からの復興でよみがえった大西洋沿いの町ル・アーブル，北東部ノール・パ・ド・カレ地方の炭鉱群など，近現代の建築や産業遺産が含まれるのも，多くの世界的建築家が活躍し，産業集積が進んだフランスの特徴をよく表している．

建造物単独ではないが，「パリのセーヌ河岸」としてパリ中心部を流れるセーヌ川の両岸に広がる世界遺産登録地でもっとも目立つエッフェル塔が，鉄の時代の幕開けを告げるエポックメイキングな建造物であるとととともに，完成時にその景観が賛否両論を巻き起こすほどのセンセーショナルな登場でパリ市民を驚かせたことも，フランスらしさをよく示しているといえよう．

フランスは，世界で最も早くから都市の美観を守ることに力を入れてきた国であると同時に，エッフェル塔以降もパリ中心部に建造されたポンピドゥーセンター[13]や，パリ西郊のラ・デファンスに建てられた新凱旋門[14]など，常に都市の景観のあり方に一石を投じるような前衛的，実験的な建築を生み出す国でもあった．

### (3) 調査対象に選んだ2件の世界遺産

このように伝統と前衛が対立しながらも融合してきたこの国を調査するにあたり，今回，2件の世界遺産登録地をクローズアップすることにした．ひとつは，南西部にある「アルビ司教都市」，もうひとつは，西洋人ばかりでなく日本人旅行客にも人気が高い北西部の「モンサンミシェルとその湾」である（位置は図4-5参照）．

「アルビ司教都市」を選んだ理由は3点ある．ひとつは世界遺産登録が2010年と比較的最近で登録後の変化が摑みやすいこと，2つ目は世界遺産登録前はフランス国外はもちろんのこと，国内でも必ずしも知名度の高い観光都市ではなかったこと，3点目は市域の人口が5万人ほどで，しかも世界遺産の登録地域が市の中心部の一角だけであり，富岡製糸場を有する富岡市（2017年4月現在の人口は4万8千人とほぼアルビと同規模）と比較がしやすいという理由からである.

一般にヨーロッパでは日本ほど世界遺産という言葉は市民に浸透しておらず，世界遺産への関心も日本と比較するとかなり低い[15)]. したがって世界遺産に登録されたからといって，一気に観光客が増えたり，メディアへの露出が増えるという現象はおきにくい. そうした中にあって事前のリサーチで,「アルビ司教都市」は，世界遺産登録後に観光客が増加しており，富岡市および富岡製糸場との比較対象の好適地だと推測することができた.

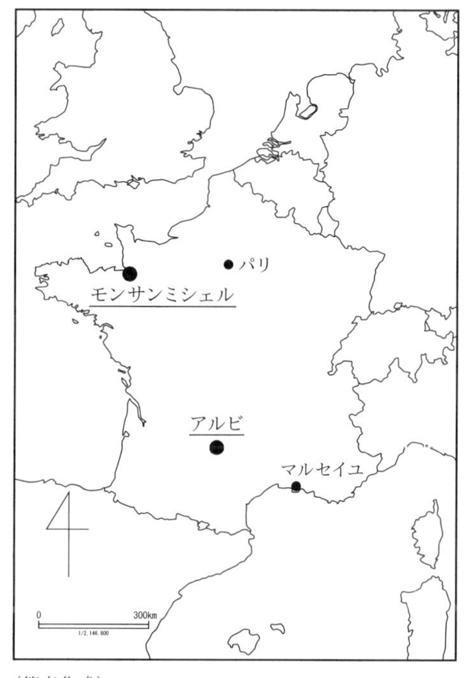

(筆者作成)

**図 4-5**　アルビとモンサンミシェルの位置

一方,「モンサンミシェル」は，アルビとは逆に1979年とフランスでは最も早期に世界遺産に登録された資産である. ヨーロッパ全体を見渡しても，世界で最も早く世界遺産に登録されたポーランドの「クラクフ歴史地区」および「ヴィエリチカ岩塩鉱」[16)]，ドイツの「アーヘン歴史地区」の3件に次ぐ登録であり，世界遺産全体の中でも最も早期の登録例であるといってよい. また，世界遺産登録前からヨーロッパではカトリックの巡礼地として知られ，世界遺産登録で一気に知名度が上がったわけではない点も，アルビ司教都市とは大きく異なっている.

モンサンミシェルは，その一方で，日本では世界遺産への関心の高まりからフランスの旅行先としてはパリと並ぶ目的地の地位を占めるようになり，現在，フランス北部へ向かう日本人の海外旅行の団体ツアーでは，モンサンミシェルはパリとともに欠かせない訪問先となっている.

さらに，モンサンミシェルの項で詳述するが，巡礼者の便宜を図るために築造されたモンサンミシェルがある島への堤防が周辺環境に対し深刻な影響を与えているため，近年，堤防を撤去するという大規模な工事が行われた.観光と環境保全の共存にどう折り合いをつけるかという世界遺産につきまとう恒久的な課題にひとつの答えを見つけて実現させたことは，富岡市の景観保全の今後を考える上での1本の補助線になりうるのではないかという期待が，モンサンミシェルを調査地に選んだ理由である.

### (4) フランスの景観保全の歴史

パリ中心街の歴史的な建造物が並ぶ一角に立つと，誰もが重厚で整然としたビル群の景観に圧倒される.パリは中世の建造物がそっくり残っているわけではない.18世紀末のフランス革命による荒廃やその後の都市改造などで，都市の姿は大きく変わっている.そもそもパリの景観のシンボルとなっているエトワール凱旋門の建造は1836年，エッフェル塔がその50年後の1886年とそれほど古いわけではない.しかしながら，通りの先に目を向けると，エッフェル塔やアンヴァリッド[17)]，グラン・パレ[18)]などのパリを代表する建造物が看板や広告などに邪魔されず見通すことができ，建物の高さもファサードも揃っているので，パースペクティブの印象もきわめて安定している.そして，パリに限らず，フランスのほとんどの都市で見られるこうした都市中心部の景観の保全は，フランスが国として法で景観を規制してきた歴史抜きには語れない.

フランスの景観保全については，歴史的建造物周辺の景観保全を規制手法や建造物監視官（後述）などの視点から論じた「フランスにおける歴史的建造物の周囲の景観保全」（白井・和田・藤井・須藤・竹内 2007）[19)]や，ワイン生産地の景観について論じた「フランスに於けるワイン用葡萄畑の景観保全に関する研究：一般的実態の整理とサン・テミリオン管轄区の事例分析」（鳥海・斎藤・平賀 2013）[20)]など多くの先行研究があるため，本稿ではフラ

**表 4-3　フランスの都市景観保全の法制度**

| | |
|---|---|
| 1913 年 | 歴史的建造物に関する法律 |
| 1927 年 | 歴史的建造物の登録制度制定　改修や再利用には文化省の許可が必要 |
| 1943 年 | 歴史的建造物の周囲半径 500 m以内の景観保全制度制定 |
| 1946 年 | フランス建造物監視官の配置 |
| 1962 年 | 保全地区の制度化 |
| 1967 年 | 土地占有計画（POS）成立 |
| 1977 年 | 住環境改良プログラム事業（OPAH）スタート，フュゾー法制定 |
| 1983 年 | 建築的・都市的・景観的文化遺産制度（ZPPAUP） |
| 1979 年 | 広告・看板規制法制定　建設省は各県に県建築局を設置 |
| 1993 年 | 景観法制定 |
| 1996 年 | 県建築局に代わる県建築・文化遺産局（SDAP） |
| 2004 年 | 都市連帯再生法（SRU 法）制定 |

ンスの理解のための最低限の景観保全の歴史を記述するにとどめたい．

まず，フランスの都市景観を保全するための法律や制度の制定のうち重要なものを年代順に列挙すると表 4-3 のようになる．

ちなみに日本では，歴史的建造物の集中地区の保存のための法整備としてようやく 1975 年に「重要伝統的建造物群保存地区制度」が制定，さらに国民共通の資産として良好な景観の形成を促進するため，国，自治体，住民の責務や各種の規制などを定めた「景観法」が制定されたのは 2004 年になってからである．

フランスでは，このように 100 年以上前から歴史的建造物やそれを取り巻く景観の保存に間断なく法律や制度を整備し続けてきたことが読み取れる．このうち，とくに重要なのは 1943 年の歴史的建造物の周囲半径 500m 以内の景観保全制度の制定と建造物監視官の配置，そして景観法の制定である．これらがもたらした影響については，以下の各項で述べたい．

### (5) 調査対象その 1：アルビ司教都市

#### 1) アルビ司教都市の概要

「アルビ司教都市」（英名 Episcopal City of Albi，仏名 Cité épiscopale d’Albi）は，2010 年にフランスで 36 件目の世界遺産に登録された．「司教都市」とは，中世ヨーロッパの都市の一形態で，司教や修道院長が支配していた大聖堂や修道院が所在する都市を指す．フランスでは，ボルドー，トゥール，ルーアン，ドイツではケルン，マインツ，ウォルムスなどがその代表例である．ケルンは「ケルン大聖堂」「ブリュールのアウグストゥスブルク城と別邸ファルケンルスト」と2件の世界遺産があり，前者が司教座が置かれた教会，後者が大司教が住居として建てた宮殿で，ともに司教と密接なつながりがあるが，1,073件を数える世界遺産で「司教都市」の名が冠せられた都市はアルビだけである．

アルビは，フランス南西部のオクシタニー地域圏[21]タルン県の県庁所在地である．県名の由来となったタルン川の両岸に市街地が広がり，タルン川を下ると本流のガロンヌ川に合流し，ボルドーの先で大西洋に注ぐ．町の歴史は古く，ローマ帝国時代に既に集落が形成されていた．中世にはカトリックの異端であるカタリ派がこの付近に起こり，アルビの街の名を採ってアルビジョワ派とも呼ばれた[22]．ローマ教皇とフランス王は異端への攻撃を行い，事実上独立していたこの地域は，この攻撃により完全にフランスに組み込まれるようになった．13世紀前半に行われたこの征服軍は一般にアルビジョワ十字軍と呼ばれ，中世キリスト教史における重要な出来事のひとつであったとされている．

その後，アルビは，カトリックの司教が支配する「司教都市」となり，派遣された司教により要塞の機能も備えた司教館（ベルビー宮殿）とサント・セシル大聖堂が建設された．旧市街の中心にそびえるこの2つのシンボリックな建造物と周囲の中世の面影を残した旧市街の一部が世界遺産「アルビ司教都市」の主要な構成資産となっている．

アルビは，現在はタルン県の政治・経済・文化の中心であるとともに，オクシタニー地域圏の中心都市でフランス第四の都市であるトゥールーズの衛星都市的な色彩も帯びている．トゥールーズとの間には早くからフランス国鉄（SNCF）の鉄路が敷かれていたが，近年になって高速道路でも結ばれ，45分程度で行き来できるまでに時間距離が短縮されたことで，トゥールーズの通勤通学圏に組み込まれた．トゥールーズには，エアバスの本社や組立工場が置かれるなどヨーロッパ最大の航空産業の集積があるほか，トゥールーズ大学，高等科学技術学院，国立民間航空学院などフランスの高等教育の拠点にもなっており，スプロール化が進むトゥールーズよりも周囲に緑野が広がるアルビへと住居を移すケースも見られる．このため，アルビの人口は1990年の46,790人から2006年には48,712人，2013年には49,342人と増加を続けている（ただし，フランスは出生率の回復や移民の流入によりこの期間に5,658万人から6,370万人へと総人口自体も増加しており，その増加率に比べれば，アルビの増加率は若干低い）．

### 2) 中世の街並みを残す旧市街

アルビの街の玄関となるのは，旧市街から少し離れた国鉄のアルビ駅である．とはいえ，旧市街まで徒歩で15分程度，路線バスも頻発しており，アクセスは比較的良い．また，旧市街にほぼ隣接する形でバスターミナルがあり，近郊へとバス路線が延びているが，トゥールーズとはもっぱら鉄道が公共交通機関の役割を担っているので，駅が街の玄関といってよい．

市街地は，かつての城壁で囲まれた旧市街とそれを取り巻く新市街に大きく分けられる．また，街を東西に流れるタルン川が地形的に街を二分しており，旧市街はほとんどが川の左岸（南側）となっている．

前述のように世界遺産の登録地域は，サント・セシル大聖堂❻，大聖堂に隣接する司教館（ベルビー宮殿）に加え，11世紀に建設されたサン・サルヴィ参事会聖堂の3つの施設とそれを取り巻くカステルヴィエル，カステルノー，コンプなどの中世以来の旧市街，それにタルン川の対岸に接した部分のおよそ19万 m$^2$ となっており，それを取り巻く旧市街のほぼ全域64万 m$^2$ がバッファゾーンとなっている．

2つの教会は無料で見学ができるほか，ベルビー宮殿は，1905年から美術館として公開されるようになった．1922年には，アルビ生まれで19世紀末のベル・エポック期のパリで活躍した画家アンリ・ド・トゥールーズ=ロー

❻タルン川から望むサント・セシル大聖堂

トレック（1864-1901）の作品を収めた美術館となり，現在も世界最大のトゥールーズ=ロートレックのコレクションを誇る美術館として，多くの観光客，美術愛好家を集めている．年間の入場者数はおよそ17万5千人[23]で，フランスの地方美術館としては最も多い数字となっているほか，ロートレックは日本人にも比較的人気が高く，1994（平成6）年10月の天皇皇后両陛下のご訪欧の際には，美智子皇后の強い希望によりこの美術館への訪問が実現している．

また，日本ではあまり知られていないが，18世紀後半に活躍した探険家ラ・ペルーズの出身地でもあり，規模は小さいが彼の博物館があるほか，トゥールーズ=ロートレックの生家近くに彼が一時期を過ごした邸宅も保存されている[24]．なお，アルビには国家レベルで重要と考えられる「歴史的建造物（classement au titre des monuments historiques）」（日本の重要文化財に相当）が10件ある（表4-4）．

### 3）世界遺産登録への道のり

アルビ市では1990年代から世界遺産への登録を検討，1996年9月には「タルン県のアルビに残るレンガ造りの都市建造物群，大聖堂，ベルビー宮殿およびタルヌ川にかかる橋」の名称で世界遺産暫定リストに記載され，世界遺産への登録の足がかりを構築した．

**表 4-4** アルビの歴史的建造物

| 名　　称 | 登録年 | 世界遺産の資産 |
|---|---|---|
| サンサルヴィ参事会聖堂 | 1846 | ◎ |
| サンサルヴィ参事会聖堂回廊 | 1922 | ◎ |
| サント・セシル大聖堂 | 1862 | ◎ |
| ベルビー宮殿 | 1862 | ◎ |
| トゥールーズ＝ロートレック美術館 | 1965 | ◎ |
| レイニス家邸宅 | 1862 | |
| アンジャルベールの家 | 1921 | |
| ポン＝ヴュ（古橋） | 1921 | ◎ |
| マリー通り 8 番地の建物 | 1927 | |
| ドレシュ教会 | 1995 | |

その後，前市長フィリップ・ボンカレーヌ（Philippe Bonnecarrene）氏が積極的に登録のための施策を推進，それまでは街のシンボルであるサント・セシル大聖堂前に自由に車が入り，隣接する広場が駐車場となって聖堂周辺の景観が悪化していたことから，2005 年前後に大聖堂の東にあるマーケットの建物の地下と，旧市街の外縁部に当たるヴィガン広場の地下に新たに駐車場を設置し，大聖堂付近の美観の再生と旧市街を走る車の抑制を進めたほか，旧市街の空き家の解消と宿泊施設不足の解消の 2 つを一気に解決するために，使われていない建物や部屋をホテルや部屋貸し（Chambres d'hôtes シャンブル・ドット）の施設に変更するなどの施策にも力を入れた．

2010 年 7-8 月にブラジルの首都ブラジリアで開かれた第 34 回世界遺産委員会で，中世に司教が支配した都市の特徴および煉瓦を用いた南フランスのゴシック建築の特徴がよく残されていることなどが評価され，文化遺産の登録基準である「(4) 人類の歴史上重要な時代を例証する建築様式，建築物群，技術の集積または景観の優れた例」および「(5) ある文化（または複数の文化）を代表する伝統的集落，あるいは陸上ないし海上利用の際立った例．もしくは特に不可逆的な変化の中で存続が危ぶまれている人と環境の関わりあいの際立った例」に該当するとして，世界遺産リストへの記載が決定した．

### 4）登録後の観光客の増加

世界遺産に登録されても顕著な変化が現れにくいヨーロッパの世界遺産にあって，アルビはその変化がよくわかる都市であるといってよい．まず，入込客数の変化であるが，アルビ市が発行する広報誌『Albi Mag』によれば，登録前の観光客数が概ね60万人前後で推移していたのが，登録2年後の2012年には，先述のトゥールーズ=ロートレック美術館のリニューアルによる増加もあって120万人を大きく超え，翌年も120万人と登録前のおよそ2倍を維持していること，うち外国人はおよそ30％で，ピレネー山脈を隔てて隣り合うスペインからがそのうちの30％，イギリスが15％などとなっている．

登録後の大きな変化は，引き続き旧市街内外ともに宿泊施設が増加していること，街並みや道路の修景が進み，中世以来の街並みが残っているとはいえ，くすみ寂れた印象がぬぐえなかった旧市街が輝きを取り戻したこと，一方で旧市街では自動車の乗り入れが規制されたため不便になり，日用品を買う店も少なくなってきたことから，若年層が大型のショッピングセンターなどがある郊外に移住する傾向が強くなっていることなどが挙げられる．

宿泊施設は，旧市街に限っても，3件のホテルが新設もしくはリニューアルされているほか，ここ数年で市の指導もあり，空室を部屋貸しにするケースが多く見られ，旧市街を歩くとフランスの部屋貸しシステムのチェーンに加盟していることを示す共通の標識が多く見られるようになっている❼.

❼フランスの「貸し部屋」チェーンの標識

そのほかの変化として，観光客向け（あるいはもともと地元向けだが観光客も意識した造りに変更したところも含む）のレストランが旧市街やそれに近接する新市街でも増えている一方で，富岡製糸場など日本では必ずといってよいほどおきる土産物品を扱う売店の増加という点については，世界遺産登録以前からサント・セシル大聖堂やトゥールーズ=ロートレック美術館を訪れる観光客向けに地元の食品や名産品を扱う店がサント・セシル広場にあったほか，そのすぐ近くに世界遺産の登録と時を同じくして同様の土産物店が開業した程度で，ほかにはチョコレート店でアルビやトゥールーズの古くからの名産である青い染料が採れる植物パステルやスミレなどを練りこんだチョコレートを土産用に売るようになったこと，雑貨を扱う店で同様のチョコレートやワインなどを観光客を意識して置くようになった店が1軒目についた程度で，見た目はほとんど変化はない．

### 5) アルビの景観保全の努力

フランスの一般的な景観保全，街並み保全の仕組みは，もちろんアルビにも適用されており，世界遺産に登録される以前からサント・セシル大聖堂をはじめとする歴史的建造物があったアルビでは，その周囲500mは景観保全が義務付けられるという制度の対象でもあった．

したがって，世界遺産に登録されたからといって，サント・セシル大聖堂周辺の地域が突然法的に規制が厳しくなったわけではないが，ユネスコや諮問機関であるイコモスによる厳しい目もあり，いっそう景観保全には力を入れるようになってきている．

国から派遣される建造物監視官は，景観を損なう建造物の外壁や看板，表示などへの強制的な指導力を持つが，世界遺産登録後も監視官による指導や助言が当然継続的に行われている．

世界遺産の核心ともいえるサント・セシル大聖堂のすぐ脇にある3階建ての建造物では，2012年に外壁の塗り替えが行われることになったが，監視官から大聖堂を望む景観を損ねないよう色と形状に厳しい注文がついた．その結果，周囲の建物の壁と同系色の落ち着いた色が採用されている．

アルビの旧市街を歩いていて真っ先に気づくことは，前述したように自動車の進入規制により，多くの街路・路地で車の心配をすることなく歩けることと並んで，電柱や電線が全くなく，街並みの上方の空間が広く抜けて景観を妨げられないことである．富岡市では，製糸場の正門に続くメインストリートである城町通りでさえ，比較的狭い街路の両側に電柱が製糸場までずっと続き，道路沿いだけでなく道路に覆いかぶさるように電線が張り渡されており，著しく視界が遮られているが，アルビの旧市街では電柱も電線も全く見られなかった．フランスではパリで早くから無電柱化が100%となっているほか，地方を含めても無電柱化率は42%（2013年）[25]と日本に比べてはるかに高い[26]．地中化はパリでは自治体と電気事業者による契約で，地方都市では主に都市計画で推進されているが，アルビでも旧市街はもちろんのこと，調査した範囲では新市街でも地中化されており，景観保全の面ではきわめて有効であることが実感できた．

さらに，登録地域内の路地でも，景観に配慮しつつ，歩きやすい石畳への改修工事が訪問時にも継続して行われていた．

また，アルビ市では世界遺産登録の翌年に，その年で最も優れた民間による建物の改修・改装工事に対して「遺産（patrimoine）賞」を選定し授与するという施策を始めた．旧市街の街並みを維持し，改修によりさらに景観が中世風に統一されるようにとの願いをこめて行われた施策である．❽にある建物は2013年の「遺産賞」を受賞した建物で，パリに本部のあるポピュレ

❽遺産賞を受賞した銀行の入口

ール銀行（Banque Populaire）のアルビ支店の建造物である．支店に必ず掲げられる銀行共通のロゴをあえてはずし，中世以来の街並みに近づける努力を行ったことが評価されての受賞であった．ちなみにこのファサードをデザインしたのは，サント・セシル大聖堂近くの建造物の壁の塗り替えを担当した建築家であり，この銀行の修景への貢献で，銀行当局や作業を担う職人とともに個人としても遺産賞を受賞している．

一方で，旧市街エリアの外には，アルビでも斬新な建造物が建てられることになり，市民の意見を二分する議題となった．新文化センター「ル・コルドリエ」の建設計画である．これまでの劇場に代わり，パリの国立フランス図書館新館（1996年開業）や大阪・梅田の大阪富国生命ビル（2010年開業）などを手がけたフランスの建築家ドミニク・ペローの計画案が発表されると，賛否の意見が激しく戦わされることになった．話し合いでは結論が出ず，最終的には住民投票が行われ，僅差で新文化センターの建設が決定し2013年に完成した．世界遺産のバッファゾーンの外であり，歴史的建造物の周囲500mの規制の対象外でもあるが，旧市街に接する位置にあることや，国鉄の駅から旧市街に向かうメインルートに接するように建てられることから，反対意見も多かった．新文化センターは，中世のしっとりとした街並みに見慣れた目で眺めると違和感がないでもないが，ここから先は新市街だという区切りのアクセントになっており，旧市街の景観には影響していないという意味では，許容される斬新さであったのであろうと実際に目にして感じた．

景観保全にはことのほか厳しいパリでも，先述のポンピドゥーセンターやデ・ファンスの新凱旋門のような斬新な建造物が建ち，新たな景観として時を経て周囲に溶け込んでいく．アルビの新文化センターの建設は，そうしたある種の前衛性が，景観保全地区外，あるいは世界遺産のバッファゾーン外であれば許される，あるいは歓迎されるフランスならではの象徴的な出来事であった．

現在，この劇場では多くの公演やイベントが開かれ，話題性もあって近隣からアルビへの集客に一役買っているといわれており，ただ古い街並みの維持に固執するだけではないフランス人の国民性がアルビの街に注目が集まることにつながっているといえよう.

### 6) アルビの世界遺産登録に対する評価

アルビでは，世界遺産の登録で大きく2つのことが変わった．旧市街の内側では駐車場の地下化や修景作業の進展で，アルビを訪れる観光客だけでなく，市民からも美観が向上したと捉えられている．また，いわゆる「空き家」に関しても，景観に配慮しながら建物全体がホテルとなって開業したり，空室を部屋貸しなどで埋める努力がされて，こうしたことも景観の向上に役立っている.

一方，多くの市民がマイカーに依存しているため，旧市街への車の乗り入れの制限や駐車場の地下化は，郊外に展開している大型ショッピングセンターなどの影響もあり，市民が旧市街を敬遠したり，若年層を中心に郊外に移り住む動きも見られており，旧市街の住民の高齢化や住民そのものの流出の傾向も生まれてきている.

トータルでは，世界遺産の登録により，知名度や注目度が上がって市民に誇りが生まれた一方で，景観の保全や観光客を意識した美観の向上と市民の利便性との間には，乖離した部分も見られる．とはいえ，景観の保全や美観の向上の真のメリットは数年で成果が明示されるわけではない．修景は現在も続けられており，世界遺産登録による評価を下すのはもう少し先にすべきなのかもしれない.

なお，余談だが，今回，アルビ在住の何人かの日本人の方に直接お会いしてお話を伺ったり，電子メールで情報をいただいたりした．それによると，世界遺産登録前には日本人（パートナーがフランス人である方も含めて）は3家族のみだったが，登録後に次第に増加し，現地調査をした2017年2月現在，郊外も含め15家族ほどが暮らしているそうである．もともと日本で暮らしていたが，世界遺産の登録翌年に発生した東日本大震災の原発事故で放射能に汚染される可能性を考えてパートナーが母国への移住を決断したケースがあるなどの事情もあるにせよ，大幅な増加である．観光客も対象にした銀細工の店を旧市街に構えたり，主に日本人向けの旅行会社を経営するなど，アルビの世界遺産登録により街が注目されたり，具体的に観光客が増加していることが，日本人の移住者の増加にも間接的に影響していると考えられる．

### (6) 調査対象その2：モンサンミシェルとその湾

#### 1)「モンサンミシェルとその湾」その歴史と現状

2例目の事例報告は，フランス北西部のモンサンミシェル（世界遺産登録の英名 Mont-Saint-Michel and its Bay，仏名 Mont-Saint-Michel et sa baie）である．こちらは，様々な面でアルビとは対極にある世界遺産である．同じカトリックの信仰に関連する遺産ではあるが，立地条件，日本での（あるいは世界での）知名度，観光客の動向などは正反対の側面がある．その一方で，景観の保全という意味では未来に向けた長期的な戦略が見られる点では共通している部分も多い．ここでは，モンサンミシェルの観光を取り巻く環境を中心に現地で行った見学とヒアリングの内容をまとめたい．

モンサンミシェルは，ノルマンディ地域圏南西部，広大なサンマロ湾に接するように浮かぶ岩山（モンサンミシェル島）に，中世に築かれた修道院とその周囲に広がる建造物群の総称である．モンサンミシェルの歴史は，8世紀はじめ，修道士オベールに大天使ミカエルからこの岩山に修道院を築くようお告げがあり，現在の修道院の基礎となる建物が建造されたことに始まる．モンサンミシェル島は，干潮のときだけ陸地につながる陸繋島（りくけいとう）[27]で，修道士や巡礼者は短い干潮の合間を縫って島との間を往復していた．13世紀には現在見られるような巨大な修道院に発展し，多くの巡礼者を集めるようになった．その後，宗教戦争などにより修道院としては次第に廃れ，フランス革命により修道院は完全に閉鎖され，以降70年ほどは牢獄として使われた．再び修道院として息を吹き返したのは1865年のことであった．その翌年には，初めての写真付きの観光旅行用のガイドブック『モンサンミシェルへの旅』が刊行されている．

モンサンミシェルに大きな変化がもたらされたのは，19 世紀末に大陸と島を結ぶ堤防が築かれ，道路の他，1901 年には当時の鉄道の終点だったポントルソンから蒸気機関車が牽く鉄道が通るようになったことである．これまで島に渡るには，潮の干満に細心の注意を払わねばならず，潮目を読んだとしても干満の差が大きいため，一気に潮が満ちその流れに足を取られて命を落とすケースが少なくなかった．堤防の完成は，モンサンミシェルが熱心な巡礼者向けの宗教施設から，一般の観光客を迎え入れる一大観光地へと転換する契機となったのである．

20 世紀に入り，二度の世界大戦や世界恐慌など，観光にとっては逆風となる事情が頻発したものの，第二次大戦後の復興，経済発展，EU の成立，欧州域内の国境検査を廃止するシェンゲン協定[28]の発効，マスメディアの発達による観光情報の浸透などにより，欧州域内を中心とする観光客の増加で，モンサンミシェルはフランスでも有数の観光地となった．さらにモンサンミシェルを世界的な観光地に押し上げる大きな契機のひとつが，1979 年の世界遺産への登録であった．

### 2) 世界遺産としてのモンサンミシェル

1978 年に最初の登録物件が誕生した世界遺産制度だが，フランスに初めての世界遺産が誕生したのはその翌年の 1979 年のことである．「モンサンミシェルとその湾」のほか，「ヴェルサイユ宮殿と庭園」，「シャルトル大聖堂」など一気に 5 物件が登録された．なお，エッフェル塔やルーブル宮などパリの主要観光地が「パリのセーヌ河岸」として一括して登録されたのは，それより 12 年遅い 1991 年のことである．

名称にモンサンミシェルだけでなく「その湾」とついているように，登録範囲は資産が 6,560ha，緩衝地域が 57,510ha と，きわめて広いエリアが世界遺産の範囲となっている．自然遺産については顕著な普遍的価値は認められていないため，複合遺産ではなく文化遺産としての登録だが，地理的に比較的近いオランダからデンマークにかけての干潟「ワッデン海」[29]が世界自然遺産の登録となっていることや，世界でも指折りの干満差を有し，動物相が豊かでラムサール条約の登録地ともなっていることを考えると，現在であれば，自然遺産の要素も包含する複合遺産としての登録であってもおかしくなかったと考えられる．

また，モンサンミシェルは別の世界遺産である「フランスのサンティアゴ・デ・コンポステーラへの巡礼路」[30]の構成資産ともなっており，世界遺産の二重登録地でもある．

なお，モンサンミシェルは，島内だけでひとつのコミューン（日本でいう自治体）を形成しているが，人口は今回のヒアリングによれば，現在27人しかいない．そのほぼすべてが修道院関係者とホテル・レストランなどの経営者の一族である．かつては200人ほどが住み，島内に小学校まであったが，交通の便などを考えて多くが対岸に移り住むようになり，人口は著しく減少した．現在，島民の暮らしぶりが多少偲ばれるものと言えば，修道院とは別のサン・ピエール教会という村人が信仰する聖堂くらいしか見当たらない．

### 3）観光の現状

モンサンミシェルの観光の現状については，現地で，モンサンミシェル修道院の管理をするCentre de monuments nationaux（国立遺跡センター）のAdoministreur（行政官，事実上の責任者）であるグザビエ・ベイリー（Xavier Bailly）氏と，西ノルマンディ商工会議所のステファン・ルゾヴァージュ（Stéphane Lesauvage）氏にヒアリングした内容をもとに，データ等を用いて示したい．

表4-5は，フランスの観光施設別の入場者数を多い順に示したものである．

モンサンミシェル修道院への観光客数は，2015年の統計ではおよそ126万人で，フランスの観光施設の中では第18位となっている．世界的に著名な観光地としては順位が低いが，表を見ると，ルーブル美術館，エッフェル塔などパリ市内の著名な施設が10か所と近郊のヴェルサイユ宮殿と園内の

**表 4-5**　フランスの観光施設の入場者数上位 20（2015 年）

| 修道院 | 施設名 | 所在地 | 2015 年観光客 |
|---|---|---|---|
| 1 | ユーロディズニーランド | Marne-la-Vallée | 14,800,000 |
| 2 | ルーブル美術館 | Paris | 8,422,000 |
| 3 | エッフェル塔 | Paris | 6,917,000 |
| 4 | ベルサイユ宮殿 | Versailles | 5,886,000 |
| 5 | オルセー美術館 | Paris | 3,439,832 |
| 6 | ポンピドゥー・センター | Paris | 3,060,000 |
| 7 | ル・ピュイ・ド・フー（テーマパーク） | Les Epesses | 2,050,000 |
| 8 | シテ科学産業博物館 | Paris | 2,013,046 |
| 9 | アステリックス・パーク（テーマパーク） | Plailly | 1,850,000 |
| 10 | フツロスコープ（テーマパーク） | Chasseneuil-du-Poitou | 1,830,000 |
| 11 | 凱旋門 | Paris | 1,760,694 |
| 12 | グラン・パレ国立ギャラリー | Paris | 1,738,089 |
| 13 | オマハアメリカ人墓地 | Colleville-sur-Mer | 1,733,574 |
| 14 | 軍事博物館（アンヴァリッド内） | Paris | 1 410,191 |
| 15 | ベルサイユ大噴水祭 | Versailles | 1,388,400 |
| 16 | ブルターニュ大公城 | Nantes | 1,324,507 |
| 17 | ケ・ブランリー美術館 | Paris | 1,301,277 |
| 18 | モンサンミシェル修道院 | Mont-Saint-Michel | 1,259,873 |
| 19 | パリ音楽博物館 | Paris | 1,203,056 |
| 20 | ボーバル動物園 | Saint-Aignan | 1,100,000 |

資料：フランス政府観光局調べ．（網かけはパリとその近郊の施設）

イベントの 2 件が含まれている．パリがフランスでは際立って観光客が多い都市であることを考えると，これらを除外し，さらにユーロディズニーなど家族連れを対象としたテーマパークも除くと，パリ以外の歴史的施設では，第二次大戦時の連合軍のノルマンディ上陸に関する史跡である「オマハアメリカ人墓地」，西部の都市ナントの「ブルターニュ大公城」に次いで第 3 位となっている．

なお，モンサンミシェルへの観光客数の統計には，島を訪れた観光客を数えたものと，修道院内への入場者を数えたものの 2 種類がある．2015 年の統計では，来島者数は 248 万人で，修道院入場者数のほぼ倍である．せっかく島まで来たのに島唯一の見どころである修道院を訪れる観光客が半数程度しかいないのは，修道院が岩山の最上部にあり，200 段以上の石段を登らないと修道院の主要部にたどり着けないため，高齢者や足の弱い人などでは入場を断念する客が半数程度いるからである．

図4-6は，過去8年のモンサンミシェル修道院への入場者をフランス人と外国人に分けて表したものである．総数は120万人前後でほとんど変わっていないが，2014年と15年は外国人が減って逆にフランス人が増えている．

1979年の世界遺産登録時からのモンサンミシェルへの日本人観光客の推移のデータはないが，日本で世界遺産が注目されるようになるのは，日本で初めての世界遺産登録物件が誕生した1993年以降で，2000年前後を境にフランスへの団体ツアーにモンサンミシェルが組み込まれることが一気に増え，現在もフランス北部へのツアーでは，モンサンミシェルを訪問することが最大の集客の条件になっているだけでなく，夕景や夜間のライトアップが見られることを売りにした「モンサンミシェル地区に泊まれる」ツアーが増加している❾.

図4-7は，モンサンミシェルへの外国人観光客数の国別の割合を示したものだが，日本人が近隣のヨーロッパ諸国を抑えて圧倒的に多いことがわかる．フェリーでモンサンミシェルの近くのサンマロやシェルブールまで気軽に来

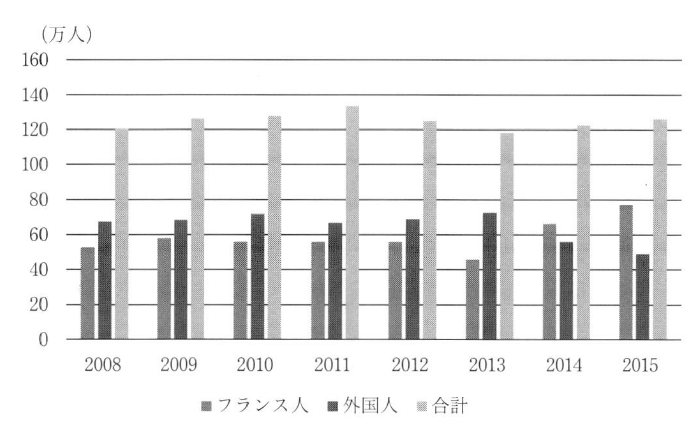


資料：ノルマンディ観光局調べ.

**図4-6**　モンサンミシェル修道院の入場者数の年次推移

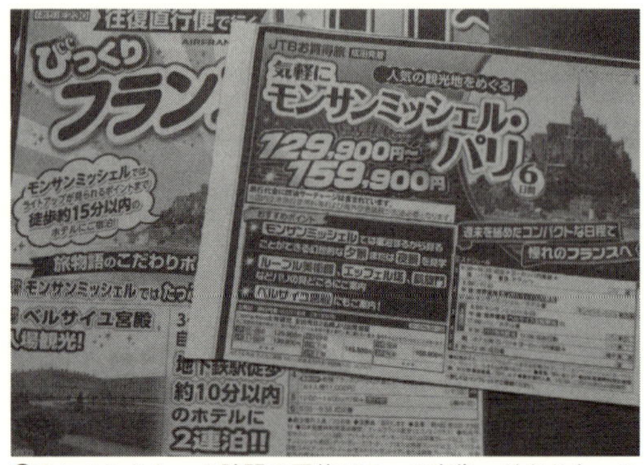


❾モンサンミシェル訪問の団体ツアーの広告．どちらも，モンサンミシェルの夕景やライトアップが「売り」になっている（2017年10月9日朝日新聞より）

られるイギリス人や，フランスと陸続きで国境を接しているスペイン人，ベルギー人よりもはるかに多いのである．

### 4）変わらない島内，変わる対岸

モンサンミシェルの観光客の受け入れ態勢についてここ30年の変化を探るため，日本で発行される海外旅行用のガイドブックの経年変化を追ってみた．日本で最もよく読まれている海外旅行ガイドは，ダイヤモンド社発行の『地球の歩き方』[31]であるが，1979年，ちょうどモンサンミシェルが世界遺産に登録されたのと同じ年に初めて発刊され，当初は「アメリカ編」と「ヨーロッパ編」のみであったが，1985年から「フランス編」[32]が刊行されている．

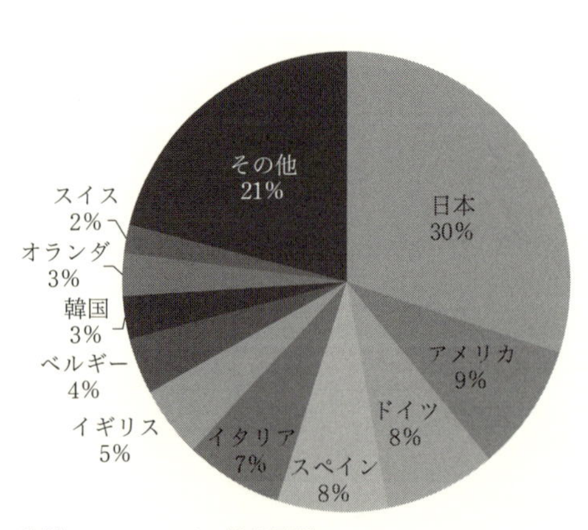


資料：ノルマンディ観光局調べ．

**図4-7**　モンサンミシェルへの国別訪問者数（2015年）

この初版では，モンサンミシェルについては3ページしか記述がなく，世界遺産であることには全く触れられていない．この頃，日本ではまだ世界遺産については一般には全く関心がなかったことの反映である．

これを見ると，当時のモンサンミシェルへのアクセスは，5キロほど離れた鉄道の終着駅であるポントルソンからのバスか，ブルターニュ地方の港町サンマロからのバスの２通りであること，紹介されている宿泊施設は島内の３軒のホテルとポントルソンの２軒のホテルのみであることがわかる．

モンサンミシェルが世界遺産であることの記述が始まったのは1996年前後からである．また島への公共交通機関でのアクセスがフランス国鉄の高速鉄道TGVの大西洋線の開通（パリ・モンパルナス〜ル・マン間が1989年に開通）により，ポントルソンやサンマロからのバス連絡に加えて，TGVが直通するレンヌからバスでの接続ルートが確立し，その結果，パリから公共交通でも日帰りができるようになったのが1998年ころである．

取り扱いの分量も次第に大きくなり，最新の2017年版では，７ページが割かれている．さらに，島内ではなく対岸地区のホテルの記述が2000年ころから始まっている．島内には古くから老舗のホテルがあったが，土地が狭く拡張できないため，軒数も規模も基本的には全く変わっておらず，しかも料金も高い．需要を満たすために，島の対岸[33)]が新たに開発され，次第にホテルが増加，現在はここがモンサンミシェル観光の拠点になっており，ホテル７軒，土産物店１軒のほか，レンヌ，ポントルソンからのバスおよびマイカーの観光客はすべてここで下車し，島への無料のシャトルバスに乗り換えることになっている．とはいえ，ここは世界遺産の登録地内であり，景観面で厳しく規制されるため，建物はすべて３階建て以下となっている❿．モン

❿対岸地区のホテルはすべて低層となっている

サンミシェルで最も見晴らしの良い修道院のテラスからであっても，この地区のホテルは肉眼では全く見えないよう高さに規制がかかっているためである．

この対岸地区のホテルの宿泊者は，実は圧倒的に日本人が多い．筆者も今回の調査の際この地区のホテルに宿泊したが，アクティビティや結婚式をPRする日本語のパンフレットが目立つように置かれ，ロビーでも日本語が飛び交う．ヨーロッパの観光客はフェリーの便がよいイギリスはもちろん，他の西欧諸国からもマイカー利用が多いため，ホテルのキャパシティが限られ価格が高いモンサンミシェル地区は敬遠され，近隣の部屋貸しか宿泊施設が充実したサンマロへ宿泊し，車でモンサンミシェルを訪れる観光客が多くなっている．景観を守るために宿泊施設の立地に制約がある一方，モンサンミシェル地区に宿泊したいという需要の多い日本人のために対岸地区のホテルがにぎわうという構図がモンサンミシェルでは見られるのである．

なお，対岸地区のホテルの新規の建設も現在は法律で規制されてできないとされており，2014年以降は新規建設はない．2015年以降，フランスや近隣のイギリス，ベルギー，スペインなどでテロが頻発している影響もあって，当面外国人観光客が著しく増加する可能性は低いため，島内の老舗のホテル，対岸の比較的新しく規模の大きなホテル，湾一帯の部屋貸しや民宿のような小規模な滞在型の宿泊施設，そして車で移動する観光客が利用するサンマロやグランビルの宿泊施設というようにすみわけを続けながら景観を守り，喧騒を遠ざける施策が継続されそうだ．なお，2017年7月には，これまで在来線と線路を共有していたTGVアトランティック線のル・マン～レンヌ間にTGVの専用線が開通し，パリからレンヌまでの所有時間が最速2時間04分から1時間25分へと大幅に短縮された[34]．パリからのモンサンミシェル日帰りツアーの増加を後押しする可能性を秘めた新線の開通であった．

### 5）風力発電への懸念

ユネスコでは，世界遺産の登録物件について，定期的にモニタリングを行っているが，2010年ごろからこの地区に風力発電施設が作られる懸念が世界遺産委員会などで報告されるようになった．

自然エネルギーへの転換が進む欧州各国ではドイツや北欧などのゲルマン圏だけでなくフランスやスペインなどのラテン圏でもその動きが顕著で，風力発電に適した北海沿いには発電用の風車が林立している．サンマロ湾も海風を受けるには最適な立地で，民間の電力会社が風力発電をこの地で行う計画を立案した．しかし，ノルマンディおよびブルゴーニュ地域圏では，歴史的建造物であるモンサンミシェル修道院から見える範囲には建造物・構造物は建てられないという原則から，サンマロ湾内の風力発電設備の建設は拒否しており，現在のところ，建設計画は収まっている状況である．サンマロ湾沿いには現在も高い建造物は全く建っておらず，はるか先まで見通せる状況なので，湾内はほぼ全域が「見える範囲」であり，なおかつ世界遺産の資産内でもあるので，湾内からモンサンミシェルを遠望する際に景観をさえぎるものは建てられない．二重の意味で当面は風力発電設備の建設はほぼ不可能であると考えてよいだろう．

### 6）堤防の撤去と陸繋島の復活

橋で本土と結ばれてアクセスが格段に便利になり，巡礼地から一般の観光地へと変貌したモンサンミシェルは，代わりに堤防による土砂の堆積で環境が激変するという大きな問題に直面した．土砂により湾に注ぐ川の流れや海の流れが変化することにより，景観そのものが変わりかねない危機に対し，地元では長い間議論を続け，観光客に不便を強いても環境を回復させることを優先した．その結果，堤防を撤去し，海流の妨げにならないよう新たに仮設の橋を架けることになった．工事は2012年から始まり，2016年に完成，これまで島の入口まで車を乗り入れることができた観光客は，対岸の駐車場に車を停めてシャトルバスに乗り換えることになった．また対岸地区のホテルへの車の乗り入れもゲートを開ける許可を事前にホテルに取った上で車1台1泊12ユーロ（およそ1,600円）を支払うこととなるなど，経済的にも手続きの面でも煩雑になった．しかし，大きな混乱なく移行し，現在は水の流れが元に戻りつつあるかどうかモニタリングが行われている．これまで365日24時間，対岸と島の間で行き来できていたのが，橋への転換により大潮の時間には橋が水面下に沈み，通行できない時間が生じるようになった．観光客はもちろんのこと，対岸から通うホテルやレストランの従業員もその時は足止めされてしまうので，出退勤の時間をずらすなどの自衛策が必要になっている．このような不便な状況を考えれば，100年以上にわたって観光客にとっても島の住民や通勤者にとっても当たり前になっていた堤防を撤去するという決断は，きわめて難しい判断だったはずである．しかし，長い目で見て水流を確保するほうが景観の保全につながり，モンサンミシェルの価値が持続可能となるという大局的な判断がなされた．ヒアリングをした両氏も，これは賢明な判断だと考えているとのことであった．

景観は自然に守られるものではなく，あるときは利便性が後退することもいとわず大胆に方針転換をする判断を行うことにより守っていくというフランスの一貫した姿勢をあらためて強く感じる今回の調査であった．

### (7) まとめ

景観や街並みの保全については，各国の歴史や法制度など固有の事情もあり，どこかの国の制度をそのままそっくり移入すれば成功するというものではない．また，「世界遺産」という共通のくくりはあっても，ユネスコが各登録資産の周辺景観の保全に直接介入することはなく，また日本のような先進国に景観保全のための資金を提供することもない．あくまで危機が迫った場合に「危機遺産リスト」に記載するというイエローカードの発行権くらいしか力を発揮できない．

こうした中，フランスでは歴史的建造物の周囲を守る法律を制定し，それを徹底して推し進めることで，世界遺産制度ができるよりかなり早い段階から，景観の保全を実践し続けてきた．もちろん，世界遺産への登録はそれぞれの地域で景観や環境を見直す大きな契機となってきたことは，世界遺産登録の前後で旧市街の修景を進めるアルビや，世界遺産としての環境を後世に残すべきだとの判断から風力発電の風車を拒否し，100年間も観光客を島に運んだ堤防を撤去する決断をしたモンサンミシェルの動きを見れば明らかである．

また，今回は2件の世界遺産の調査にとどまったが，著者がこれまでに訪れたフランスの世界遺産16件の景観を振り返っても，市街地に立地する世界遺産である「シャルトル大聖堂」(1979年登録)，「歴史的城塞都市カルカソンヌ」(1997年登録)，「中世市場都市プロヴァン」(2001年登録）などで，域内の自動車の乗り入れ制限や遺産の眺望を妨げる建造物の建築制限といった策が徹底して採られている．

翻って，問題意識の出発点となった世界遺産「富岡製糸場」の周辺の旧市街地にあらためて目を向けると，市の景観条例が次第に徹底されるようになり，新規の出店では景観への配慮がなされつつあるし，登録以前からの店舗や駐車場についても，改築や代替わりなどのタイミングで周囲に溶け込むような形での修景が少しずつ進んでいる．製糸場周辺の道路の舗装も明るい色へと塗り替えられつつある．

しかし，その一方で，製糸場の正門に続く城町通りでは徒歩の観光客が多いにもかかわらず，車の通行量が多く危険であり，アルビで見たような通行制限の必要性も感じつつも，それでは住民の利便性を削ぐことにもなり，一朝一夕では決めづらい．大きな声で呼び込みをする賑やかな土産物店が立ち並ぶ様子についても，町の賑わいを創出していると捉える見方もある一方で，登録前の静かな商店街を知る者からは違和感を感じるという声もある．観光客の受け入れと景観の保全とのバランスについては，地域住民の理解もきわめて重要であり，引き続き議論が続くであろう．

## 4. 海外の事例 II：イギリス

### (1) イギリス調査の目的

富岡製糸場周辺の景観のあり方について考察する際の比較研究として，フランスとともに取り上げたもうひとつの国がイギリスである．イギリスは中世以来の歴史的な街並み，産業革命の揺籃期の遺構などを中心に，海外領土も含めて31件の世界遺産を有するだけでなく，50万件に及ぶ国が指定する歴史的建造物を保存し，景観保全の世界的な運動の端緒となったナショナル・トラストの発祥地でもあり，歴史景観・自然景観の保存における先進地としてよく知られている．

ナショナル・トラストは，イギリスの影響を受けて日本でも同様の保存運動が鎌倉や知床などで起きてからすでに50年あまりが経過し関心も高いため，近年の論考を拾っても，様々な諸外国の制度の中にナショナル・トラストの活動を位置づけた『自然環境の保全と活用に関する国際的制度の諸相』（目代邦康2017）や，ナショナル・トラストの管理資産を実際に歩いて調査した『英国ナショナル・トラスト探訪紀行〜歴史的建造物や自然を守る英国の考え方』（有村理2014）など数多くあるが，世界遺産と絡めてナショナル・トラストの活動や思想を整理した論考は管見ながらまだ出されていない．

そこで，この論考では，主に世界遺産に登録されたナショナル・トラストの管理地を中心に2017年6-7月に現地調査を行った内容を，富岡市の市街地の景観の保全に何らかのヒントが得られないかという視点からまとめた．

なお，今回の調査で訪問した，ナショナル・トラスト運動の発祥の地で，「ナショナル・トラストの聖地」とも呼ばれる「湖水地方（Lake District）」は，調査から帰国した翌日に世界遺産委員会[35)]の審議で，世界遺産への登録が決定した．今更世界遺産に登録されなくても，景観保全の観点からは特に問題はなく，むしろ登録によって一時的な観光客の増加が見込まれ悪影響を及ぼす懸念もある中で，なぜ今世界遺産登録を目指したのか，ナショナル・

トラストと世界遺産とはどのようにリンクし，どのように影響を与え合うのか，そうした経緯や議論を現地でヒアリングできたという意味でも好タイミングの訪問となった．

### (2) イギリスの世界遺産とその所有・管理者

イギリスの世界遺産は，2017年の世界遺産委員会で上述の「湖水地方」が登録されて31件となった．イギリスで最初に世界遺産が誕生したのは比較的遅く，世界遺産の登録が始まってから8年後の1986年のことである．31件のうち25件が文化遺産であること，産業革命の発祥地ならではの特徴としていわゆる「産業遺産」の範疇に入るものが8件もあること，かつての大英帝国の名残から，イギリス本土から遠く離れた南太平洋，南大西洋，カリブ海にそれぞれ1件ずつ遺産があることがイギリスの世界遺産の特徴である．

一方，大英博物館，バッキンガム宮殿，ケンブリッジやオックスフォードといった大学都市，シェークスピアの生地であるストラットフォード=アポン=エィヴォン，ドーバー海峡などの世界的に知られた著名な観光地や歴史的な都市でもまだ未登録の場所や資産も多く，文化遺産や自然景観の保全に世界遺産以外の様々な制度や仕組みが存在していることもイギリスの大きな特徴であるともいえる．多様なファンドや財団がこうした保全に大きな役割を果たしているケースが多いが，その中で最もこうした資産の保全に力を注いでいるのが「ナショナル・トラスト」と「イングリッシュ・ヘリテージ」である．

この2つの組織はどちらも英国全土に100か所以上の歴史的資産や自然資産を保有しているが，そのうちのいくつかが世界遺産に登録されている．

ナショナル・トラストが管理している世界遺産には，「ジャイアンツ・コーズウェイ」，「スタッドリー王立公園」「バース市街（そのうちの一部の資産）」「西デヴォンとコーンウォールの鉱山遺産（そのうちの一部の資産）」，「エーヴベリー・ストーンサークル」が，イングリッシュ・ヘリテージが管理している世界遺産には,「ハドリアヌスの長城（『ローマ帝国の国境線』の一部）」,「ストーンヘンジ」「聖アウグスチヌス修道院（カンタベリー）」,「アイアンブリッジ峡谷」がある．主要な資産についてはこの後詳述する．

### (3) ナショナル・トラストの誕生

イギリスの歴史的建造物・自然景観の保全・活用・公開に大きな役割を果たしているのが，民間のボランティア団体「ナショナル・トラスト（National Trust．正式名称は，National Trust for Places of Historic Interest or Natural Beauty）」である．ナショナル・トラストについては，上述のようにまとまった先行研究も多いので，このあとの論考にかかわる歴史的経緯を簡単にまとめておくにとどめたい．

18世紀の後半に始まったイギリスの産業革命は19世紀に最盛期を迎え，とりわけ1825年に蒸気機関車が発明されて初めての鉄道がリバプール〜マンチェスター間に開業し，全土に鉄道網が広まっていったのにあわせ，各地で急速に工業化が進展していった．ロンドンはいうに及ばず，マンチェスター，リバプール，グラスゴー，バーミンガムなど数多くの都市が工業化の洗礼を受け，都市の環境は悪化の一途を辿った．こうした都市化の波は，次第に英国人が心の癒しを求めて訪れる田園地帯にも波及し，市街地から遠く離れた大自然にも及ぶようになってきた．

こうした背景の中，英国人にとってまさにオアシスとも呼ぶべきグレートブリテン島中西部に位置するカンブリア地方の山野と湖沼が織りなす「湖水地方」の美しい景観にも危機が迫り，その景観を守るために3人の活動家によって1895年に結成されたのが「ナショナル・トラスト」である．その3人とは，主にロンドンで住宅の改善などに取り組んだ社会改革者のオクタビア・ヒル（Octavia Hill, 1838-1912），弁護士のロバート・ハンター（Robert Hunter, 1844-1913），湖水地方で永年自然保護運動に携わってきた英国国教会の牧師ハードウィック・ローンズリー（Hardwicke Rawnsley, 1851-1920）の，いずれも19世紀末期から20世紀初頭にかけて活躍した活動家たちである．

湖水地方が「ナショナル・トラストの聖地」と呼ばれるのは，このようにナショナル・トラスト運動のきっかけとなったことに加え，イギリスを代表する詩人と童話作家がこの湖水地方を舞台に様々な作品を残しながら，ナショナル・トラスト運動の先鞭をつけたり，志を同じくして没後も運動の精神的な支柱であり続けたことによる．

前者が，英国ロマン派を代表する詩人のウィリアム・ワーズワース（Sir William Wordsworth，1770-1850），後者が代表作「ピーター・ラビット」が今も世界中の子どもたちに親しまれているビアトリクス・ポター（Helen Beatrix Potter，1866-1943）である．

ワーズワースは，湖水地方で一生を過ごし，大自然と人々の営為が溶け合うさまを数々の詩の中で発表し，大自然は征服するものではなく寄り添うものだとの自然観を英国人に与え続けた．その湖水地方に鉄道の敷設計画が持ち上がった際には率先して反対し，ナショナル・トラスト運動への素地を作った．彼の生家（湖水地方北部のコッカマス）や創作活動を行った家（湖水地方中部のグラスミアにあるダブ・コテッジ）[36]は，今も主要な観光施設として公開されている．

一方，ロンドン生まれのポターは結婚後湖水地方に移り住み，周囲の農場や大自然をテーマにした多くの作品を童話として発表しただけでなく，設立直後のナショナル・トラスト活動への関心を高め，積極的に農場などを買い取ることで，自身で環境保全に力を注いだ．没後は遺言により，4,000エーカー（およそ16.2km$^2$）の土地と15の農場などをナショナル・トラストに丸ごと寄贈，それがきっかけでナショナル・トラストは湖水地方で積極的に土地の購入を続け，現在では湖水地方の全面積の4分の1がナショナル・トラストの保有となっている．

### (4) ナショナル・トラストの概要

ナショナル・トラストの成立から12年後の1907年，英国政府はナショナル・トラストの活動を支える画期的な法律を制定した．その名も「ナショナル・トラスト法」である．国はナショナル・トラストの活動を一切支援しない代わりに，ナショナル・トラストが管理する土地や資産は永久に譲渡不可能と定めたのである．これは国がナショナル・トラストの活動を正式に認めただけでなく，景観の管理・保全に強大なお墨付きを与えたことを意味する重要な決定であった．

設立から120年が経過し，ナショナル・トラストはイギリス最大の環境保護団体であるばかりでなく，民間では英国で最大の土地所有者に成長した．管理している資産は，350か所を数え，その中には前述のように世界遺産の登録地も含まれている．営利を求める企業でもなく，税金からの補助も基本的にはないナショナル・トラストの活動の財源は，主に会員からの会費と寄付，それにナショナル・トラストの資産を公開したり利用したりすることで発生する入場料・利用料などの収入である．とりわけ「会員制度」はナショナル・トラストの活動の根幹を支えるきわめて重要な施策となっている．

会員数は2016年現在およそ458.8万人で，英国の総人口6,550万人のおよそ6.9%にあたる．会員全員が英国人だとすれば（実際にはほとんどが英国人である），およそ14.5人にひとりが会員となっている計算になる．会費は2016/17年度[37]の場合，大人が年間64.8ポンド，日本円で1万円程度である．2015/16年度の会費収入は1億7808万ポンド（およそ267億円）で，総収入のおよそ34%に当たる．会員は，ナショナル・トラストが保有・管理し一般に公開しているすべての施設（ナショナル・トラストでは，これらの施設をプロパティと呼んでいるので，この論考でも以後プロパティとする）に無料で入場・見学できるほか，有料の駐車場も無料で利用できる⓫．

ナショナル・トラスト運動は英国以外にも広がり，後述するように日本でも1960年代からナショナル・トラストによる景観の保全が各地で進められてきた．日本では，知床[38]や柿田川[39]など自然景観の保全が目立つので，ナショナル・トラストというと自然景観に特化した活動をしているようなイメージを受けるが，英国では実に多様なプロパティを保有・管理している．主

⓫ナショナル・トラストの会員証（左上），車に貼る無料駐車票（左下），プロパティ紹介ガイドブック（右）の3点が会員に付与される

に郊外にある伝統的な貴族の館であるマナーハウスやビートルズのメンバーの家[40)]のような著名人ゆかりの建物や庭園，農場だけでなく，都市部の工場労働者用住宅を宿泊施設に改装して利用に供したり，老朽船を買い取ってリニューアルし，観光船として運航するなど活動の幅は文化資産だけとってもかなり広いといってよい．

## (5) ナショナル・トラストが管理する世界遺産①：湖水地方

### 1）2017年，世界遺産に登録される

こうした多様なナショナル・トラストのプロパティがどのように保存・活用されているのか，現地調査の結果を中心に考察したい．

ナショナル・トラスト保有の世界遺産のうち最も新しいのがナショナル・トラスト運動の“聖地”である「湖水地方」である（図4-7）．先述のように2017年7月にポーランド・クラクフで開かれた第41回世界遺産委員会で英国31番目の世界遺産に「文化遺産」として登録された．

今回の登録に関しては，湖水地方という自然景観に優れた地域であるのに，なぜ自然遺産ではなく文化遺産として登録されたのか，また著名な観光地で自然保護・景観保全の先進地であるにもかかわらず，なぜ英国で最初に世界遺産が登録されてから30年も経過した今になってようやく登録されたのかという2つの素朴な疑問につきあたる．その鍵を握るのが「文化的景観」という概念である．

文化的景観とは，人間と自然との相互作用によって生み出された景観を指す比較的新しい概念である．1992年に世界遺産委員会で示された「世界遺

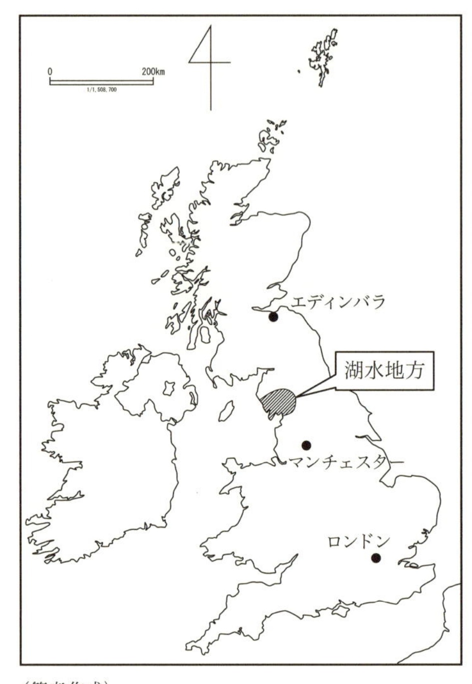


（筆者作成）

**図 4-7**　湖水地方の位置

産条約履行のための作業指針」で初めて示され，それ以降，多くの文化的景観が世界遺産に登録された．日本では，2004 年に登録された「紀伊山地の霊場と参詣道」，2007 年に登録された「石見銀山とその文化的景観」が文化的景観としての登録である．

湖水地方が自然遺産ではなく文化遺産として登録されたのも，豊かな自然景観を背景に丘陵地に農家が点在し牧畜を中心とした農業が行われて，人間が自然に働きかけて作られた景観が維持されていることが登録の決め手となったからである．

それでは，なぜ登録がこれほど遅れたのか？　湖水地方が世界遺産への登録を目指したのは，今から 30 年ほど前の 1980 年代であった．しかし，当時ユネスコ側には，こうした人間と自然との相互作用によって生まれた景観を世界遺産の登録の要件の 1 つだとして認める考え方がなく，この時点では申請があったにもかかわらず，登録は見送られた[41]．その後，ユネスコでは 1990 年代になってようやく文化的景観の価値が認められるようになったものの地元では登録の機運が失われてしまっていた．

今世紀に入ってから再び登録への機運が高まり，地元の自治体や国立公園当局，そしてナショナル・トラストなどが登録に向けた協力体制を敷いて運動を始め，ようやく 2016 年に推薦書をユネスコに提出し，今年の登録に漕ぎつけたという経緯がある．湖水地方は，世界で最も有名な民間の環境保護団体が４分の１もの土地を所有し，国立公園としての歴史も長く，今更世界遺産の称号が必要な状況ではないように思えるが，今回の世界遺産登録を推進したナショナル・トラストの世界遺産担当プログラム・マネージャーであるアレックス・マッコスクリー（Alex McCoskrie）氏は，その疑問に対し現地で行ったインタビューでこう答えている．

「世界遺産の登録に期待するのは，ベネフィットの増加である．観光客の増加による観光収入の増加に期待するのはもちろん，世界遺産のステータスを得ることにより，注目が高まり，ナショナル・トラストへの寄付が集めやすくなることを期待している」．

ナショナル・トラストにとっては観光客の増加によるプロパティの利用収入の増加とともに，知名度のアップによる寄付の増加に期待を寄せているというのである．

また，世界遺産の登録のために，ナショナル・トラストのほかカンブリア観光局，カンブリア大学などの地元の様々な組織・団体と，ナショナルパーク・オーソリティ，英国農場主連盟（NFU），王立野鳥保護協会（RSPB）など併せて 25 の組織も登録を推進するパートナーに加わった．これらの団体の中で，自然保護の立場から RSPB が登録後の開発に懸念を示した程度で，ナショナル・トラストも含めそれ以外の組織は世界遺産登録がこの地域を豊かにするとの思いで一致して運動を推進してきたとのことである．ナショナル・トラストはこれらの組織の中心となって調整役を果たしてきた．

世界遺産に登録された翌日のイギリスの全国紙および地元紙では登録のニュースが大きく報じられたが，湖水地方の経済の活性化への期待を込めた記事が多かった．その中で，「デイリー・テレグラフ」紙[42]は，湖水地方で生まれ育ったダンカン・アンディソン（Duncan Andison）記者が，「Could World Heritage status spoil the Lake District?」（世界遺産の地位は湖水地方を台なしにするのか？）というタイトルで，19 世紀以来の湖水地方の景観保全の歩みが世界遺産登録によって岐路に立っているという記事を掲載した．世界遺産がその価値を認めた，人間が働きかけて形成された「景観」への認識を，登録を機に深めていこうという決意が示されており，経済的なメリットが強調される中で，世界遺産への登録を地域の文化的価値を高めることにつなげていくという発想が地元のジャーナリストに芽生えていることが確認できる記事である．

### 2）湖水地方の概要

今回登録された世界遺産の正式名称は「英国の湖水地方（The English Lake District）」．湖水地方国立公園に指定されている 2,300km² の範囲とほぼ同じエリアで，これは英国で最大の面積を持つ世界遺産となっている．このエリアは，比較的平坦な英国本土の中ではイングランド最高峰のスコーフル・パイク（標高 978m）を擁するなど山岳地帯となっており，氷河が削ったＵ字谷や圏谷に水が溜まってできた細長い湖，いわゆる氷河湖が数多く点在する⓬．ケンダル，ウインダミア，ケズウィックなど湖水地方への玄関となる街の他は，広大な公園内に観光やウォーキング，キャンピングなどの拠点となる小さな集落が散らばり，宿泊施設も比較的大きなホテルから 2～3 組しか宿泊できない小規模な B&B まで，これも公園内の各地に立地している．湖水地方は，英国人にとってはもっとも身近な山岳・高原リゾートで，年間の観光客数はここ数年ほぼおよそ 1,600 万人で推移している．

⓬レイ・キャッスルから見たウインダミア湖の景観

主要産業は観光業の他，ローマ帝国時代から続く牧畜で，農家の多くは湖水地方の固有種であるハードウィック種の羊やベルティック・ギャロウェイ種の肉牛をこの地方独特の石垣（ドライストーン・ウォール）で囲まれた農地で飼育しており，この農村の景観が湖水地方を代表する文化的景観となっている．厳しい自然の中で営々と千年以上にわたって羊や牛とともに暮らしてきた人々が生み出した景観である．

観光客の多くは湖で可能な様々なアクティビティ（ヨット，ボートなど）のほか，無数に張り巡らされた「フットパス」と呼ばれるウォーキングコースを散策したり，ビアトリクス・ポターやワーズワースゆかりの施設を見学するなどして，この地で何日か滞在しリフレッシュする．保養地としての歴史も長く，滞在のための施設も整い，イギリスで最も成熟したリゾート地のひとつとして認知されているエリアが世界遺産の仲間入りをしたことになる．

### 3）ビアトリクス・ポターゆかりの施設

この湖水地方でナショナル・トラストが保有・公開するプロパティは24か所，そのうち歴史的建造物や庭園が11件，ウォーキングなどのために管理されている地域が13件である．そのほか，ナショナル・トラストが保有する農地を貸し出して，農園として運営されているところが数多くあり，そのうちのいくつかは直売所やカフェを設けて観光客や住民が利用できるようになっている．

その中で最も人気が高い施設がビアトリクス・ポターが創作活動をした「ヒル・トップ」と，彼女が初めて湖水地方を訪れた時に滞在した「レイ・キャッスル」である．

ヒル・トップは，湖水地方最大の湖ウインダミア湖の西岸にほど近いニア・ソーリーという村落にある農家で⓭，1905年からポターが居住，晩年まで過ごした．代表作の『ピーター・ラビットのおはなし』⓮など多くの童話をヒル・トップのあるニア・ソーリー付近を舞台に描き，住居だけでなく村全体がポターファンの聖地となっている．2015/16年の入場者数はおよそ

⑬ニア・ソーリー村

⑭『ピーター・ラビットのおはなし』オリジナル版

9万3千人．住居は狭いため，観光客はチケット売り場で入場時間を指定され，それに従って入場するシステムが採られている．敷地内にはピーター・ラビット関連の商品を中心に扱うショップが設けられている他，周辺にはレストランやB&Bも数軒ある．

一方，レイ・キャッスルは，ウインダミア湖を見下ろす丘の上に建つ貴族の別荘で，周辺には多くのフットパスが張り巡らされているため，その休憩ポイントとしても利用されている．

湖水地方は，国立公園内であることから生じる法的な規制により，高層の建築物や電柱，看板などに規制がかけられているほか，ナショナル・トラストが保有する公園内の4分の1の土地は，ナショナル・トラスト自身が景観を守るために買い取ったり寄贈を受けた土地であることから，現状の変更は基本的には行われないために，村全体でポターが暮らした100年近く前の景観がそのまま守られている．公共交通機関は1時間に1本程度観光の拠点となる街からバスの便があるが，観光客の多くは車を利用するため，ヒル・トップも含め公共駐車場が園内の主要観光地の周辺に整備されており，夏のピーク時の日曜日でも駐車待ちの車の行列ができたり，路上駐車が目立つような場所は確認できなかった．

湖水地方では，他にもポターの夫が弁護士事務所として使用していた17世紀の家屋をギャラリーとして活用した「ビアトリクス・ポター・ギャラリー」がナショナル・トラストのプロパティとしてホークスヘッドという村で公開されている．

### 4）蒸気船と農場

湖水地方にあるナショナル・トラストのプロパティのうち，他の地域にはないユニークなものに，動態保存された蒸気船「スチーム・ヨット・ゴンドラ」がある．1860年代に建造され，湖水地方で運航されていたヴェネツィアの木製ボートが老朽化し廃船となっていたものを，ナショナル・トラストが修復・再生し，湖水地方の観光地の1つ，コニストン湖で観光船として直営で運航する「動くプロパティ」のことである．夏のシーズンは，1日に4～5回，大勢の観光客を乗せて湖を半周するクルーズを行っている．

船内には19世紀に造られて活躍していたころから廃船となって湖に半ば沈んでいた様子，そしてナショナル・トラストが修復している様子などが写真とパネルで紹介されており，単なる観光船ではなく，ナショナル・トラストが歴史的に重要な交通手段を再生し，その運航まで手掛けていることをわかりやすく紹介しており，ナショナル・トラストの多様な活動を紹介する“動く展示施設”としての役割も果たしている．船には操舵手，エンジン技師，助手がナショナル・トラストのエンブレムをつけた衣装で乗り込み，船尾にはナショナル・トラストのシンボルマークがついた旗が翻る．多くの観光客にナショナル・トラストの活動を訴える手段としても有効な働きをしていると言える．

また，ナショナル・トラストは，直接所有・管理・運営するプロパティの他，農場のようにプロの農家が運営したほうが良い分野では，管理・運営を任せているケースが湖水地方でいくつもある．その代表的な例が，ポターが所有し没後ナショナル・トラストに寄贈した農場の1つ，「ユー・ツリーファーム（Yew Tree Farm）」である．

2002年から2016年まで運営を任されていた経営者は，園内にカフェとB&Bを設けて観光客が休息したり宿泊できるようにしていたが，その後経営者が変わり，2017年夏現在，カフェとB&Bは休止している．湖水地方の二大家畜であるハードウィック種の羊およそ1,200頭とベルティック・ギャロウェイ種の肉牛を飼育し，肉を国立公園内のレストランに出荷するほか，ここに立ち寄る観光客や地元住民に肉製品や羊毛などを直売しており，私がヒアリングしている間もひっきりなしに購入客が訪れていた．

農場の経営者は「ナショナル・トラスト」の看板を掲げることができる代わりに，土地はナショナル・トラストの所有なので，売り上げの一部をナショナル・トラストに納める．ナショナル・トラストの収入の内訳を2015/16年の年次報告で見ると，プロパティの入場料収入が2,634万ポンドであるのに対し，賃貸収入が4,467万ポンドと入場料収入を上回っており，こうした所有する土地からの収入がナショナル・トラストの大きな財源となっていることがよくわかる．訪問時には，ご主人のジョン・ワトソン（John Watson）氏は作業中で不在だったため共同経営者でアーティストとしても創作活動をするジョー・マクグラス（Jo McGrath）さんに世界遺産への登録について聞いたところ，「登録は率直に歓迎している．訪れる人が増えれば農場経営にはプラスだと思う」と楽観的な答えが返ってきた．描いた作品の販売や展示にとっても，登録によるチャンスの増加が見込まれるからであ

⑮ジョー・マクグラスさんと自家製の肉

ろう⓯.

世界遺産への登録により湖水地方が今後どのように変わっていくのか，こうした楽観的な期待だけで済むのかどうかは，一定の時間の経過を経なければわからないが，ナショナル・トラストが多くの土地を所有しているだけでなく，地域においても，また全国的に見ても大きな発言力を持っているだけに，新たな課題が出てくればその解決に向けて正面から取り組んでいくことが予想される．ナショナル・トラストが，それだけ湖水地方へ強い思い入れを持っていることを十分体感できた今回の調査であった．

### (6) ナショナル・トラストが管理する世界遺産②：「ジャイアンツ・コーズウェイ」と「スタッドリー王立公園」

2017年に新たに登録された湖水地方の他に，ナショナル・トラストではすでに4件の世界遺産を保有・管理している．1986年に登録された北アイルランドの自然遺産「ジャイアンツ・コーズウェイ」，イングランド中部にある修道院跡を中心とした公園である「スタッドリー王立公園」，それにイギリス南西部の「コーンウォールと西デヴォンの鉱山景観」のうち，「イーストプール鉱山」「レバント炭鉱とビーム・エンジン」の2か所，そして「ストーンヘンジとエーヴベリーのストーンサークルと関連遺跡」のうちのエーヴベリーのストーンサークルである．エーヴベリー以外の3件については，今回の調査では時間の関係で訪問していないが，2013年と2014年に現地に足を運んでいるので，簡単に触れておきたい．

「ジャイアンツ・コーズウェイ」は北アイルランドの柱状節理の海岸で，1986年，イギリスで最初に世界遺産に登録された6件のうちのひとつである．ナショナル・トラストが管理する唯一の自然遺産だが，ナショナル・トラストは現在英国の海岸を守るために海岸沿いの土地を購入する「ネプチューン・プロジェクト」を展開し，775マイル（1,247km）をすでに購入している⓰⓱.

2012年夏には，ジャイアンツ・コーズウェイを訪れる観光客の拠点とな

⑯ジャイアンツ・コーズウェイを代表する柱状節理の海岸

⑰ナショナル・トラストによるジャイアンツ・コーズウェイの案内看板

る「ビジター・エクスペリエンス」がリニューアルオープンした．1,850万ポンドを費やして造られた，チケット売り場，博物館，売店，レストラン，トイレ，シャトルバス乗り場が入る大型の施設で，屋上に芝を貼り目立たないように景観に配慮して建てられた低層の建物である．柱状節理の海岸は世界中にあるが，その上を自由にかつ安全に歩ける場所は珍しい．英国にあるナショナル・トラストのプロパティでは最も訪問客が多い施設で，2015/16年度の入場者は58万9千人となっている（表4-6）．

自然景観であるから本来は誰でも自由に散策できるようになっていても不思議ではないが，海岸全体を厳密に管理するため，このビジターセンターでチケットを購入しないと海岸へは入れないようにすることで，保全を徹底している．入場料（入場の他オーディオガイドの使用料，駐車場代込み）は大人9ポンドだが，公共交通機関もしくは自転車か徒歩で訪れた見学客と，近くのブッシュミルズ村からパーク・アンド・ライドのシステムを利用した場合は，2ポンド割引となっている．つまり環境保全のため，車の利用者の入場料を割高に設定しているのである．直営の宿泊施設も併設されており，ナショナル・トラストが管理

**表 4-6**　ナショナル・トラストのプロパティ別入場者数上位 10 施設（2015/16 年度）

| 順位 | プロパティ名 | 所在地 | 入場者数 |
|---|---|---|---|
| 1 | Giant's Causeway | 北アイルランド | 589,405 |
| 2 | Stourhead | ウイルシャー | 423,332 |
| 3 | Cliveden | バッキンガムシャー | 404,520 |
| 4 | Attingham Park | ウエストミッドランド | 403,508 |
| 5 | Belton House | イーストミッドランド | 402,390 |
| 6 | Waddesdon Manor | バッキンガムシャー | 390,127 |
| 7 | Fountains Abbey Estate | ノースヨークシャー | 373,767 |
| 8 | Larrybane | 北アイルランド | 353,730 |
| 9 | Polesden Lacey | サリー | 339,396 |
| 10 | Anglesey Abbey | ケンブリッジシャー | 338,028 |

注：National Trust Annual Report 2015/16 から抜粋．網掛けは世界遺産．

および公開・活用に最も力を入れているプロパティであることが伝わってくる．湖水地方と並んで，ナショナル・トラストを代表する資産であると言ってよいだろう．

一方，イングランド中部，ノース・ヨークシャーにあるスタッドリー王立公園は，ジャイアンツ・コーズウェイと同年の 1986 年に文化遺産に登録された．正式名称「ファウンテンズ修道院遺跡を含むスタッドリー王立公園」が示すように，1132 年，ベネディクト会によって創設された修道院が 16 世紀に閉鎖されたのち，政治家ジョン・エズラビーが周辺の土地を買い取り，水路や川を利用した公園として整備したものである．1983 年からナショナル・トラストが管理しているが，修道院跡の部分だけは史跡として後述する英国の政府系機関であるイングリッシュ・ヘリテージが管理している．広大な敷地に川から引いた水路が縦横に廻り，散策コースとしても市民に親しまれており，入場者数も年間 37.3 万人とナショナル・トラストの全プロパティで 7 位となっている．カフェや売店も充実しており，遠来の観光客だけでなく，近在の市民の散策コースとしても愛されている施設である．

### (7) ナショナル・トラストが管理する世界遺産③：バース旧市街とコーンウォール

前項で述べたジャイアンツ・コーズウェイやスタッドリー王立公園のようにナショナル・トラストがエリア全体を管理する仕組みではなく，世界遺産のエリア内にある一部の建造物だけを管理するケースもある．そのうち2つの例を見ておきたい．

1つは，イギリス南西部のバース旧市街である．バースは，ローマ帝国時代にすでに温泉が発見され，ローマの植民都市として発展した．帝国の滅亡後は町は廃れたが17世紀に入ってジョージ1世・2世の時代にロンドンの貴族や富裕層の保養地として再び温泉が脚光を浴び，この時代にクリーム色の石灰岩を使ったジョージアン様式と呼ばれる統一した建築によって美しい街並みが形成された．1987年に旧市街一帯が「バース市街（City of Bath)」として世界遺産に登録されている．ナショナル・トラストは，このうち，「バース・アッセンブリールーム」，「プライオリーパーク・ランドスケープガーデン」の2つの資産と，バース市街を取り巻く丘の稜線を歩くツアーである「バース・スカイライン」の運営を行っている．

「アッセンブリールーム」は，現在のバースの街並みを造った建築家ジョン・ウッド父子の息子が1771年に設計したバースの社交界の集会場で，舞踏会や茶会が催されたバース繁栄の名残をとどめる中心的施設である．第二次大戦の戦禍で焼失したがのちに復元され，ホールは無料で開放されている．なお，地下にはファッション博物館があるが，これはナショナル・トラストとは別の団体の運営になっている．また，「ランドスケープガーデン」は，バースの市街を取り巻く丘の上に広がる広大な庭園で，バースの眺望の素晴らしさで知られている．市街地から徒歩によるアクセスしかなく（付属の駐車場も付近の駐車場もない），観光客向けというよりは，市民の憩いの散策地となっている．バースには，そのシンボルとなっている「ローマ浴場」やバースを代表するジョージアン様式の建築である「ロイヤル・クレッセント」などの著名な観光対象の建造物があり，ナショナル・トラストが所有・

運営する施設は世界遺産の市街地全体からすればそのウェイトはきわめて小さいが，それでも一般にバースはナショナル・トラストが守っているという印象が定着している．市内にナショナル・トラスト保有の施設があるだけで，その印象を植え付けるだけの存在感があることに驚かされる．

もう1か所は，イングランド南西部のコーンウォール地方と隣接する西デヴォン地方にまたがる「コーンウォールと西デヴォンの鉱山景観」である．17の地域に点在する銅や錫を産出する鉱山の跡地が2006年に世界遺産に登録されたが，そのうちの「イースト・プール鉱山」および「レヴァント鉱山」の遺構をナショナル・トラストが管理しており，2013年8月に「イースト・プール鉱山」を訪れた⓲．この世界遺産は，特にこれといった中心的な施設がなく，東西50kmほどの間に100近くの鉱山遺構が点在している．イースト・プールは，コーンウォール中部の鉱山集中地帯に建つ2基の巨大な坑道用エンジンを納めるエンジンハウスの遺構で，規模は大きくないが残存状態は良好で，2月から11月までの火曜日から土曜日まで（2017年現在は3月から10月までに短縮）週5日間ナショナル・トラストの手によって公開されている．構成資産全体から見ればナショナル・トラスト所有の施設は少ないが，それぞれ多様な組織が所有・管理する中にナショナル・トラス

⓲イースト・プール鉱山

トも含まれていることで，世界遺産全体の保存活用への動きが高まっており，イースト・プールの西方 5km ほどのところにある鉱山遺構も 2012 年から「ハートランド」という新たな組織で一般に公開されるようになった.

このように，ナショナル・トラストが遺産全体を保有しなくても，世界遺産の構成資産の一部を保有することで，資産全体の保存活用策に好影響を与えていることが見て取れる.

### (8) イングリッシュ・ヘリテージとの共通管理で守るストーンヘンジ

イギリスで最も有名かつ世界的に見ても代表的な先史時代の古代遺跡がストーンヘンジである．北に 30km ほど離れたエーヴベリー・ストーンサークルなどとともに，「ストーンヘンジ，エーヴベリーのストーンサークルと関連する遺跡群」の名称で，1986 年に世界遺産に登録されている.

エーヴベリーは遺跡とその周囲全体が単独でナショナル・トラストのプロパティであるのに対し[43)]，ストーンヘンジは，中心の遺跡群と遺跡が立つ土地はイングリッシュ・ヘリテージが管理し，その周囲に広がる広大な草原や農地はナショナル・トラストが保有・管理しており，政府系の文化財保護機関と民間の保護団体が共同で保護をしているユニークな例である⓳.

イングリッシュ・ヘリテージは，1983 年にイングランドの歴史的建造物

⓳ストーンヘンジ．右側の国道が唯一ストーンヘンジから見える人工の施設

を保護する目的で政府により設立された組織で，全イングランドで100か所を超える遺跡や歴史的建造物を管理している．運営資金は税金で賄われているが，ナショナル・トラスト同様，会員制度[44]を取っているため会費収入があるほか，公開している施設からは入場料収入や売店の売り上げが計上される．なお，2015年4月には，法令保護の機能を継承した「ヒストリック・イングランド」と，資産の管理・運営を行う「イングリッシュ・ヘリテージ・トラスト」に分割されている．

ストーンヘンジは，両組織が管理にかかわっていることから，イングリッシュ・ヘリテージの会員，ナショナル・トラストの会員ともに18.2ポンド（およそ2,700円）の見学料は無料である．私がチケットオフィスで並んでいると，イングリッシュ・ヘリテージの係員がどこから来たかを聞いて，国内であれば会員となることを，海外からの観光客だとわかればその場で旅行者用のパスを購入することを勧めていて，ナショナル・トラスト同様，会員の獲得や歴史的資産の見学者の増加に重点を置いているのが伝わってきた．

ストーンヘンジでは，2013年末，これまで遺跡の近くにあった観光客用の駐車場とチケット売り場・売店を2.4kmほど離れた場所に移転，2,700万ポンド（およそ44億円）を費やし周囲の景観に溶け込むようなビジターセンターが完成した．これにより，ストーンヘンジの遺跡からは，南側を通る国道以外，人工的なものはほとんど見えなくなり，遺跡が築造された6,000年前の景観が甦った．観光客は全員がビジターセンター前でバスや乗用車から降り，センター内に設けられた博物館で遺跡の概要や360度のスクリーンに投影される四季のストーンヘンジの映像を見てから，遺跡への無料のシャトルバスに乗り換えて見学するよう改められた⓴㉑．

また，ビジターセンターの完成を機に，入場は原則として事前予約制となり，オンラインで日時を指定して予約をし，現地のチケットブースで入場券と引き換える方式を採用し，混雑を緩和している．サグラダ・ファミリア贖罪聖堂（バルセロナ），ルーブル美術館（パリ），ピサの斜塔（イタリア），バチカン美術館（バチカン市国）など欧州の主要な世界遺産ではこうしたオ

⑳ストーンヘンジの新ビジターセンター

㉑ビジターセンターとストーンヘンジを結ぶ無料のシャトルバス

ンラインによる事前予約制度が導入されているところが多く，イギリスでもロンドン塔（世界遺産），マダム・タッソー蝋人形館などがすでに導入しているが，ストーンヘンジでも遅ればせながら導入されたことになる．また，遺跡を見る際に各国語で説明が聴けるハンディタイプの音声ガイドも，日本語を含め10か国語に対応したものを貸し出している．

フランスのモンサンミシェルが堤防の撤去により，対岸からシャトルバスで島を訪れるように変更されたのと同様，利便性を犠牲にしても景観や環境を優先して観光客が乗る乗用車やバスを遺跡から遠ざけたのである．

ナショナル・トラストが直接所有・運営しているもう一方の「エーヴベリー・ストーンサークル」は，知名度こそストーンヘンジの後塵を拝しているが，先史時代のストーンサークルとしては世界最大規模を誇る遺跡である㉒．ナショナル・トラストは，遺跡に隣接する農家や教会，マナーハウスを買い取り，公開するだけでなくビジターセンター，ギフトショップ，カフェ，宿泊施設として活用している㉓．エーヴベリーは巨石が円を描く広大な遺跡の中心部に農村集落があり，一部はレストランを経営するなど観光産業に従事している家もあるが，基本的には今も農業で生計を立てている．遺跡の保護，農業従事者の生活環境の維持，そして見学客向けのビジターセンターやカフェ・ミュージアムショップの運営とボランティアガイドによる案内といういくつものミッションを，ナショナル・トラストが中心となって成り立たせている．行政や地域住民だけではなかなかなしえない生業と観光と遺産保護の持続的な両立の要として，ナショナル・トラストが重要な役割を果たしている好例である．

㉒エーヴベリー・ストーンサークル

㉓ナショナル・トラストが運営するエーヴベリー博物館

また，ストーンヘンジの他にイングリッシュ・ヘリテージが所有・管理する世界遺産として，「ハドリアヌスの長城」（「ローマ時代の国境」の一部）のハウスステッド・ローマ要塞など24の遺跡群，「アイアンブリッジ峡谷」の峡谷博物館，「聖アウグスチヌス修道院」（世界遺産「カンタベリー大聖堂，聖アウグスチヌス修道院，聖マーガレット教会」の構成資産）があり，やはり公開に力を入れている．現地を訪れても，シンボルマークなどの表示がなければ，ナショナル・トラスト，イングリッシュ・ヘリテージのどちらが管理しているのかわからないほど，両者の管理物件に大きな特徴的な差はない．

### (9) ナショナル・トラストの本部とスウィンドン

話を再びナショナル・トラストに戻したい．ナショナル・トラストの本部は首都ロンドンではなく，鉄道や高速道路でロンドンから西へ1時間あまりのウィルトシャーの工業都市スウィンドンにある．2005年にロンドンから

㉔スウィンドンのナショナル・トラスト本部

ほぼ全面移転し，ロンドンにはごく一部のスタッフしか残っていない．町の中心であるスウィンドン駅の北側の巨大なアウトレットに隣接して建つ3階建てのモダンな建物である㉔．

スウィンドンは，英国人には蒸気機関車の街として知られている．ロンドンから港町ブリストルやウェールズ，のちには船を介してアイルランドへ乗客を運んだ鉄道である「グレート・ウエスタン・レイルウェイ（GWR）」の分岐駅が設置され，19世紀半ばには駅に隣接して英国最大級の蒸気機関車の修理工場が建設されて，鉄道の街としてにぎわった．高崎線と東北本線の分岐駅となり，鉄道工場や操車場が設置されて鉄道の街となった埼玉県の大宮市（現，さいたま市）とよく似た立地だったといえる．

1986年に工場が閉鎖されたのち，工場群の建物は15.2haの広大な敷地にそのまま放置されていた．しかし，21世紀に入り，歴史的な遺産を活かした再開発が進められ，工場群の建物は多くが巨大な「マッカーサーグレン・デザイナー・アウトレット」に生まれ変わった．内部は当時の工場の様子が一部そのまま残され，蒸気機関車も1両静態展示されている．また，2棟の工場がGWRの鉄道博物館として公開されている．蒸気機関車の修繕の様子や当時の駅やプラットフォームの再現，そしてここで整備されたGWRの蒸気機関車や客車の実物が数多く展示されており，世界最大級の鉄道博物館であるイングランド中部ヨークの国立鉄道博物館には及ばないものの，その充実した展示には驚かされた．

ナショナル・トラストは，この歴史的な建造物群に囲まれるようにして 10 年前に新築された建物を本部としている．1 階が受付，ショップ，カフェ，2 階以上がオフィスで，吹き抜けの天井の一部がガラス張りとなっており，自然光が入るよう工夫されている．屋根にはソーラーパネルが設置され，中庭では野菜の栽培と養蜂が行われ，館内の食堂の食材として利用されている．スタッフは通勤で車を使用する際も複数で乗車することが義務付けられている．徹底したエコロジーが貫かれているのである．

本部では，登録官のエミール・デュ・ブラン（Emile de Bujlin）氏にヒアリングを行った．資金の調達，ボランティアの確保，ブリグジット（Brexit＝英国の EU 離脱）の影響などの課題について，丁寧な回答を得た．

ナショナル・トラストの最大の課題は，会員の確保である．会費は重要な収入源であるが，ナショナル・トラストの会員は，階級社会がいまだに残る英国の上位層が中心で下位層の入会率は低い．大英帝国時代の名残で，インドやアフリカ諸国など旧植民地からの移民がもともと多い英国だが，EU による域内移動の自由化と旧東欧諸国の EU 加入で，英国内の移民は一貫して増加している．給与水準の高さや EU 内の大国で唯一英語が公用語であることが，移民の英国流入が止まらない大きな理由である．寄付やボランティア，あるいはノブレス・オブリージュ（社会的地位が高い人が負う義務）といった英国に根付いた伝統に支えられるナショナル・トラストにとって，低所得層の移民の増加は活動の理解の低下を招きかねない状況となっている．

本部では，これまで白人，高齢者を主要なターゲットしてきた会員獲得の方針を転換，次世代の会員の獲得のために子どもを含むファミリー層への訴求を強めたり，いわゆるマイノリティ（有色人種，移民など）を意識した広告の展開などに舵を切っている．近年ホームページのロゴを一新したが，これも若者に親しまれるための変更だとのことである．ナショナル・トラストのホームページや現地で入手した冊子を見ると，黒人などのマイノリティを被写体にしたイメージ写真が目立つが，これも最近の施策の一環である．

㉕路線バスに大きく掲げられたナショナル・トラストの広告．トラストの理念である「参加，寄付，訪問，ボランティア」と記されている

会員の獲得は，それぞれのプロパティごとに競わせており，どのプロパティでも会員になると数か所のプロパティに行くだけで元が取れたり，駐車場が無料になることを大きくPRする掲示や看板が目立っていた．獲得数が多いと，優先してそのプロパティに資金の一部が回され，スタッフの居住空間の快適性の向上などのインセンティブにつなげているとのことであった㉕.

また，所有するプロパティの維持管理にかかる費用も莫大なものになり，英国最大の歴史的資産・自然景観の保全団体とはいえ，保全が必要な資産はまだまだ英国全土にいくらでもあり，どれだけ資金があっても足りない状況である．ストーンヘンジでイングリッシュ・ヘリテージと連携したように，今後もナショナル・トラスト単独ではなく，様々な保護団体[45)]などと連携していくことが重要だとの認識をブラン氏は示した．

また，今回の英国での調査では，ナショナル・トラスト・サポートセンター英国事務局長を務める日本人の小野まり氏に現地でヒアリングを行い，英国人にとってナショナル・トラストがどういう存在であるかを中心に見解を伺った．

ナショナル・トラストは，会員となった1人ひとりの市民やボランティアが支える非営利の団体として120年を超す歴史を通して，「イギリスの良心」の地歩を築いてきた．老後の過ごし方をイギリス人に問うようなアンケートでは，常に「ナショナル・トラストの会員になってプロパティをゆっくり楽しむ」「ナショナル・トラストのボランティアをして社会に貢献する」という項目が上位に入るし，ナショナル・トラストへの就職は，一流企業への就職とほぼイコールの意味合いを持つようになった．市民のイメージでも1人ひとりの受信料で支えられる英国放送協会（BBC）と共通する「良質な公共財」という立ち位置を獲得しているように思える．ブランドの確立に成功したと言ってよいだろう．これについては，ナショナル・トラスト本部のブラン氏も同様の見解を示している．

地域のストーリーを紡ぐ歴史的建造物の保存や自然景観・文化的景観の維持という本来の役割だけではなく，公開することでガイドや売店のスタッフなどの雇用を生み，比較的自由な時間のある高齢者にボランティアとして社会参加を促し生きがいを提供する．また，ショップで扱う商品は基本的に各プロパティから半径60マイル以内で生産された地場産品を扱うことを原則にしており，地域経済にも貢献している．そうした意味でも，会費と寄付，入場料等の収入で賄う純粋な民間機関とはいえ，地域にとってはその存在がまさに，「地域住民の公共財」であるといえよう．

### (10) 日本のナショナル・トラスト運動

「ナショナル・トラスト」が英国で始まった活動であるにもかかわらず多くの日本人にその言葉が知られているのは，日本でも戦後の高度成長期に危機に陥った国内の自然環境などを保全するため，ナショナル・トラストを模範にした運動が進められ，一定の役割を果たしてきたからだと考えられる．

そのきっかけは，1960年代に鎌倉市の中心部に位置する鶴岡八幡宮の裏山である「御谷（おやつ）山林」に開発の手が伸びようとしたことに始まる．1964年，古都の聖地を守ろうと地元住民が反対運動をおこし，鎌倉にゆかりの深い文化人も呼応したため全国的な関心を集めた．これをきっかけに鎌倉風致保存会が誕生し，1966年には山林のうち1.5haの買い取りに成功した．その後風致保存会は，市内2か所の果樹園や緑地を購入したほか，保存会の会長を務めた作家の大佛(おさらぎ)次郎の茶亭を保存するなど，精力的な活動を続け現在に至っている．これが日本のナショナル・トラスト第1号誕生の由来である．

1977年には，のちに世界遺産に登録される北海道・知床の国立公園内に残った民有地を乱開発から守る「100平方メートル運動」が始まり，20年を経て目標の95%の土地を保全し，世界遺産登録につなげた．地元の斜里町は基金で買い取った土地と周辺の町有地を原則として譲渡不能とする条例を定め，保全を強化した．英国のナショナル・トラスト運動の仕組みを利用した点から，鎌倉の例と並ぶ日本におけるナショナル・トラスト運動の実質的な先駆けとなった事例である．その後も，宮崎駿監督の代表作として知られるアニメ『となりのトトロ』のモチーフとなったとされる埼玉県の狭山丘陵の里山の保全や，富士山からの湧水が川となって流れる静岡県の柿田川周辺の森なども同様の手法で守られるようになり，次第に運動が全国に広がってきた．

また，「ナショナル・トラスト」の名を冠した全国組織も生まれた．1992年に設立された公益社団法人「日本ナショナル・トラスト協会」は会員数17万人，トラスト地として13,250ha（うち協会が直接保全するのは1,727ha）を保全している．一方，英国のナショナル・トラストをモデルに財団法人「観光資源保護財団」が1968年に設立されており，92年には「日本ナショナル・トラスト」と名称変更され，現在は公益財団法人となっている．同じナショナル・トラストの名前を冠した2つの組織があるためその違いはわかりにくいが，前者は環境省が主管となり，自然遺産の保全を主として行っている．後者は，運輸省（現，国土交通省）を主管として設立され，主に文化遺産を保全しているという違いがある．

社団法人の「日本ナショナル・トラスト協会」では知床の一部を保全し，財団法人の「日本ナショナル・トラスト」が岐阜県の白川郷の合掌造りの民家2棟を保有しているなど，どちらも世界遺産の構成資産の保全にもかかわっている．日本では知名度や規模，影響力などを見れば，本場英国の足元にもまだまだ及ばない状況ではあるが，地域の自然や環境を守りたいという住民の運動と結びつきながら，一定の役割を果たしてきたと言えよう．

### (11) イギリスの遺産保護と今後

イギリスの文化財の保護法制は1882年に制定された「古記念物保護法」に始まり，その改定となった「1953年歴史的建造物および古記念物保護法」，さらには「1962年地方庁（歴史的建造物）法」「1974年都市・農村アメニティズ法」「1979年古記念物および考古学地区法」など，それぞれ異なる目的で関連する法律が整備されてきた．

歴史的建造物は，「登録記念物（Scheduled Monument）」と「登録建造物（Listed Building）」に分類され，前者は「1979年古記念物および考古学地区法」に基づいて，2万件近い記念物がスポーツ・情報・文化省のリストに掲載されている．登録建造物は，「特別な建築的または歴史的価値を有する建造物の法定リスト」に記載されたもので，イングランドとウェールズでは「グレイドⅠ」「グレイドⅡ*」「グレイドⅡ」の3種類，スコットランドでは，「カテゴリーA・B・C」の3種類，北アイルランドでは「カテゴリーA・B・B$^{+}$・B1・B2」の5種類に分類されている．イングランドではこの3種類のグレードで37万件を超す建造物がリスト入りしており，日本の国指定・登録の文化財の建造物の数の10倍以上となっている．このリストの作成・追加を行っているのが，イングリッシュ・ヘリテージである．

また，街並み全体の保存については，「1990年計画（登録建造物及び保存地区）法」により，「保存地区」として景観を守る制度が整備されていて，英国全体で9,000を超える地区が制定されている．この制度により，130万件もの歴史的建造物が保護されているといわれている．

そのほか，都市の景観を守るために建築物の高さを規制する「戦略的眺望」の制度や広告の規制なども景観保全においては重要な制度となっている．

こうした主に国による個々の建造物や景観を守る制度と，ナショナル・トラストやイングリッシュ・ヘリテージによる土地や建物の所有・委託による管理，そして世界遺産の資産と周辺の緩衝地域による保護など，何重にもわたる保存制度によって，英国の歴史的建造物や景観が守られている．そして，単なる保存ではなく，歴史の生きた証人としての学習の場，市民の憩いの場，外国人観光客の消費による外貨獲得の場としても機能するよう，様々な取り組みが組み合わされている．

ナショナル・トラストのような制度をいきなり全国規模で導入するのは国情の違いなどから難しいにせよ，限られた予算と人的資源で資産を次世代に伝え，それをベネフィットの創出にも活かせるようにすること，その明確な姿勢はわが国でも参考にすべき点の１つであろう．

## 5. 世界遺産と地域づくりへの政策的視点

これまで見てきたようなフランス・アルビの中世そのままの街並みや英国湖水地方の文化的景観に代表される，ヨーロッパの整然とした，あるいは“絵本から抜け出たような”とよく形容される美しい街並みと比べて，日本のごみごみした家並みや市街地の景観，あるいは個性がなく全国どこでも同じような駅前の風景や郊外のロードサイドの情景は，日本には景観を保護する文化がないことの象徴として語られることが多い．アメリカ人の東洋文化研究者アレックス・カーは，『ニッポン風景論』（集英社，2014 年）の中で，日本の不揃いな街並みや景観を破壊する看板や電柱の醜悪さについて，多くの写真を交えて繰り返し強調している．

しかし，日本に美しい家並み，街並みを形成する文化が昔から存在しなかったわけではない．江戸期に整備された，会津西街道の大内宿（福島県下郷町），中山道妻籠宿（長野県南木曽町），東海道関宿（三重県亀山市）などの宿場町は建物の高さも造りも統一された街並みが続き，今もその景観がきわめて良好に保存されているし，埼玉県川越市の蔵造りの通りに代表されるように，明治以降に火事などの災害から再建された家並みにも，その美しさが観光資源となるほどの景観を有するところがいくつもある．さらに，中国の遼寧省大連市の中心部に位置する中山広場など，戦前には日本の植民地においても美しい街並みを造り出した時期があった．江戸時代の日本橋界隈の絵図を見ても，景観が統一された美しい家並みがこの時期には確実に存在していたことがわかる．決して日本は統一された景観の形成やその維持に無関心だったわけではないことは，こうした史料や現在に残る重要伝統的建造物群保存地区などを見れば瞬時に理解できる．

ではなぜその後，景観保全に熱心な西洋文化が流入し，戦後，一気にその西洋を模倣しようとしたわが国で，逆に景観が守られなくなってきたのだろうか．

これは，一論文の考察では手に余る大きな命題だが，戦後一気に市街地や農村の景観が大きく変わったのは，価値観が大転換し，経済最優先の考え方が浸透し，古いものを捨てて新たなものを造ることこそが進歩と発展の象徴だとの考え方が徹底して推し進められたことが大きな理由であると考えられる．東京の街のシンボルのひとつである日本橋の真上に高速道路を通して橋の周囲の景観を台無しにしたり，下町の風情ある路地を家とともに更地にし，自動車のための幅の広い道路が造られたりしたのも，戦後の復興から高度成長期にかけてのできごとだった．これは単に景観だけの問題ではなく，情緒のある昔ながらの商店街が郊外の大型ショッピングセンターの影響でシャッター通りに変わってしまったり，欧米では復権が進む路面電車がモータリゼーションの進展で邪魔者扱いされ，東京・名古屋・大阪・福岡などの大都市でごく短い区間を除いて根こそぎ廃止され，地下鉄に置き換わることにより，地上から人の賑わいが薄れてしまったりした変化などとも共通するものがある．

歴史をたどれば，一時はイギリスでも産業革命の進行で工業化が進み，歴史的な街並みが工場等に変貌しているし，フランスでも日本と同様，戦後の一時期，路面電車をあらゆる都市から一掃してしまった歴史を持つ．こうして見てくると，日本には景観を保全する文化がなく，欧米にはアプリオリにそうしたDNAが宿っていると一概には決めつけられない．むしろ，どの国も近代化の過程で古いものを壊し，新たなものに作り変えていくという事態は共通して起きており，打ち捨てた建物や景観に価値があることに気付く時期の違いに過ぎないといっても良いのではないだろうか．

イギリスはこの章で見てきたように，産業革命で一気に景観が変わったことへの反省がいち早く19世紀の後半には見られるようになった．フランスは1980年代ごろから市街地の活性化に軽快でおしゃれな路面電車＝トラムを再活用するようになり，2017年現在，20余の都市でトラムが復活するとともに，中心街に車が入れないショッピングモールなどを整備し，旧市街の景観の保全と一方でその地区を回遊する賑わいを多くの都市で取り戻した．

さらに，フランスでは単に古い街並みを保存するだけでなく，景観に配慮しながらも未来を見据えた新たな街づくりも各地で行われている．先に触れたパリ中心部のポンピドゥー・センターや郊外の新凱旋門だけでなく，2017年2月の調査で立ち寄ったフランス南西部にある中世からの大学都市モンペリエでは，旧市街に隣接して，目を瞠るようなモダンなデザインの建造物が連なる広大な新都市が建設され，その未来的なビルの間を旧市街地と結ぶ，フランスでも一番カラフルなトラムが行き交う光景を見て，驚きを通り越して感動を覚えた㉖．石造文化の国だから，木造で建て替えることが宿命の日本文化とは根底から違うという，よく持ち出される建築素材の問題にすり替えて美観への意識の差を論じるのは的外れであることがわかるだろう．

一方で，ヨーロッパだからといってすべてがうまくいっているわけではな

㉖モンペリエの新市街のビル群

く，ユネスコによる危機遺産リストへの記載地となったリバプールやウイーン以外にも，景観の保全や観光客の増加への対応が十分ではないところも散見される．筆者は，2017年8月にポルトガルの世界遺産12件を訪れたが，ポルトガルは空前の観光ブームで，リスボン近郊の世界遺産「シントラの文化的景観」では，その景観の主要な構成資産であるペーナ宮殿周辺で，狭い道路に自動車やバスなどが集中し，道路の両側に駐車する車両が後を絶たず，混乱状態であるところに遭遇した．また，ポルトガル第二の都市で旧市街が世界遺産に登録されているポルトでは，2011年に構成資産の中心地に観光客用のゴンドラが架けられ，古い街並みの景観が一変していた．

問題意識の出発点となった世界遺産「富岡製糸場」の周辺の旧市街地は，市の景観条例の徹底により，新規の出店では景観への配慮がなされつつあるし，登録以前からの店舗や駐車場についても，改築や代替わりなどのタイミングで周囲に溶け込むような形での修景が少しずつ進んでいる．しかし，それでも呼び込みをする賑やかな土産物店が立ち並ぶ様子は，登録前の静かな商店街を知る者からは違和感を感じるという声もある．富岡市では，2008年12月に「富岡市景観計画」を，2011年に「富岡風景づくりガイド―富岡市景観形成ガイドライン―」を策定し，上記の景観保全への取り組みを進めているが，「店先をもてなしの空間にする」，「外壁に自然素材を使い，落ち着いた色とする」など一部実行に移されつつある項目もあるものの，本文でも指摘した「電柱等の地中化」は「富岡風景づくりガイド」に明記されてはいても電気事業者等との調整が必要で，まだほとんど実現できていない．観光客の歩行の安全・快適性を担保する路地への自動車の通行規制も同様である．フランスやイギリスで採られている方策の導入にあたっては，地域住民の理解がきわめて重要であり，観光客の受け入れと景観の保全とのバランスについて議論を重ねながら進めていくべきであろう．

ヨーロッパの世界遺産とその周辺の景観の保全策の調査先として，今回選定した英仏の登録地が数多くの世界遺産登録地の中で適当であったのかどうかという問題や，どの地区も様々な制約上1〜2日しか滞在できていないため，十分なフィールド調査にいたらなかった点など，景観保全のあり方の国情の違いの調査としてはまだまだ検討すべき点が多いこともまた事実である．

今回の調査をきっかけに，さらに異なった先進事例を探してより具体的な提言に結び付けられるような調査を進めていきたい．

世界遺産「富岡製糸場と絹産業遺産群」には，周辺の景観や商業地の盛衰の問題だけでなく，他にも課題が山積している．「はじめに」で述べた富岡製糸場以外の3資産への見学客が富岡製糸場以上に落ち込んでいる状況，富岡製糸場では現在，西置繭所の大規模な修復工事が行われているが，今後保存・修復のために100億円以上の資金がかかることが確実視されていることも，喫緊の問題であろう．さらに，登録により衰退の一途を辿っていた蚕糸業に再び注目が集まり，富岡市に養蚕農家の後継者が生まれたり，新たに工場での養蚕に参入する企業が地元以外で誕生しつつある[46]が，富岡市あるいは群馬県がこうした動きを蚕糸業の再生への道筋につなげ，併せて地域振興へと展開していけるかどうかもきわめて大きな課題であり，今後の研究課題としたい．

**注**

1) 世界遺産の登録に際し，同じテーマ，ストーリーでくくられる資産群を1つのまとまりとして関連づけ，全体として世界遺産の要件を満たす「顕著な普遍的価値」を有するものとして資産を推薦すること．シリアル serial は連続する，連続性のある，ノミネーション nomination は指名，推薦を意味する．
2) 2015年度の富岡製糸場の見学者数は1,144,706人，一方「高山社跡」は36,431人，「田島弥平旧宅」はおよそ22,000人と大きく水をあけられ，2016年度はさらにその差は拡大している．
3) 登録資産を保護するためにその周囲に設けられる利用制限区域のことで，世界遺産ではない．世界遺産への推薦に際しては，資産の周辺に遺産を守るのに充分な緩衝地帯を設けることが求められる．
4) 2017年1月12日には，製糸場への入場者数がわずか222人となるなど，1，2月は500人を切る日が続いた．
5) 1830-1901．埼玉県深谷市生まれ．渋沢栄一の従兄であり義兄で，幼いころの渋沢の師でもある．渋沢に頼まれ，富岡製糸場建設の日本人側の責任者となり，操業開始後は4年間にわたって場長を務めた．

6)　1823-98. 尾高惇忠の使用人の子として生まれ，製糸場建設時には資材調達の任を務め，開業後は賄い方として草創期の製糸場の発展に尽くした.
7)　「富岡製糸場周辺における観光客満足度調査」(2015 年) ほか.
8)　義肢メーカーの「中村ブレイス」と，衣類・雑貨販売の「石見銀山生活文化研究所」の 2 社.
9)　この間に新規出店した雑貨屋は丁銀屋，小さな店，釜屋の 3 店，カフェはカフェカリアーリとカフェのぼせもん，食品は和田珍味と大判焼銀兵衛（雑貨も兼営），料亭は咄咄庵，レンタサイクルは貸し自転車弥七である．そのうち，大判焼銀兵衛，釜屋，咄咄庵，丁銀屋とそれ以前に出店していた朝日屋（うどん・そば）は 2016 年の調査では消えている．2010 年以降に新たに進出したのは，カフェと宿泊施設がそれぞれ 1 軒である.
10)　2015 年 10 月に進出した，「パン　ベッカライ・コンディトライヒダカ」.
11)　1977 年に制定された眺望景観保全のための建築物の規制の条例．歴史的記念物に対する一定の眺望点からの景観を阻害する建築物を規制するために設けられた.
12)　『都市計画制度から見たパリの景観保全の取組（特集 日本と欧州における都市景観を活かしたまちづくり）；ヨーロッパにおける景観保全政策』(2010，垣内) などがある.
13)　1977 年，パリ 4 区にレンゾ・ピアノとリチャド・ロジャースの共同設計で開館した特異な外観を持つ総合文化施設．正式名称「ポンピドゥー芸術文化センター」.
14)　1989 年に建造された門の形をした高層ビル．正式名称は「la Grande Arche de la Fraternité（友愛の大アーチ)」だが，一般にグランダルシュ，あるいは新凱旋門と呼ばれている.
15)　『「世界遺産」の真実－過剰な期待，大いなる誤解』(佐滝剛弘，2009) 19-24 頁.
16)　2013 年に登録エリアが拡大され，名称も「ヴィエリチカとボフニアの岩塩鉱」に変更された.
17)　1706 年に完成した傷病兵を収容するための施設．日本語では廃兵院と訳され，地下の墓地にはナポレオン=ボナパルトら著名な将軍の墓があるため観光施設でもある.
18)　1900 年のパリ万国博覧会のために建設，現在は展示会場，美術館として利用されている.
19)　白井清文，和田幸信，藤井健友，須藤義徳，竹内亮司「フランスにおける歴史的建造物の周囲の景観保全 1～4」学術講演梗概集 . F-1, 都市計画，建築経済・住宅問題 2007，1059-1066，2007-07-31.
20)　鳥海基樹，斎藤英俊，平賀あまな「フランスに於けるワイン用葡萄畑の景観保全に関する研究 : 一般的実態の整理とサン・テミリオン管轄区の事例分析」日本建築学会計画系論文集 78（685)，643-652，2013.
21)　ランクドック=ルシヨン地域圏とミディ=ピレネー地域圏が再編されて 2016 年 1 月に成立した.

22) ただし，カタリ派の中心が必ずしもアルビであったわけではない．
23) 出典はフランス観光開発機構プレス資料「トゥールーズ=ロートレック生誕150年」2014年4月24日．
24) 北海道とサハリンの間にある宗谷海峡の正式な国際名称は，初めてこの海峡を通過したヨーロッパ人がラ・ペルーズであったため，彼の名を採り「ラ・ペルーズ海峡」となっている．
25) 三菱総合研究所「海外における無電柱化実態調査報告」(平成26年度 電力系統関連設備形成等調査事業) 2015.2，8頁．
26) 2010年現在，東京の無電柱化率は道路延長ベースで7%，大阪で5%程度．
27) 砂州によって陸地や大きな島と陸続きになった島を指し，日本では神奈川県藤沢市の江の島や福岡市の志賀島が代表的な例として知られている．
28) 欧州の国家間で国境の検査なしで国境を自由に越えることができる取り決めで，1985年にフランス，西ドイツ，ベネルクス三国で署名．現在，26カ国で適用．ノルウェー，スイスなどEU非加盟国が参加している一方，EU加盟国のイギリス，アイルランドなどは参加していない．
29) 2009年，オランダとドイツの沿岸が世界遺産に登録．2014年にデンマークまで拡張．全長およそ500km，1万平方キロに及ぶ広大な干潟である．
30) 中世に隆盛となったスペインのサンティアゴ・デ・コンポステーラへ向かう4本の巡礼路が登録されている．モンサンミシェルは，4本の巡礼路からは外れているが，ここから4本の道の基点のひとつトゥールまでが巡礼路に準じるルートとされることから，巡礼路としても登録されている．
31) 2014年には全118タイトルで年間800万部を突破している．
32) 『地球の歩き方　パリとフランスのすべて』1985年11月発行．
33) 巡礼が盛んな時代には，島の対岸は巡礼者向けの病院や療養所が数多くあったとされるが，今はその面影は全くない．
34) 延伸に合わせ，これまでのTGVの呼称が新たなブランド名「In Oui（イヌイ)」に改称された．
35) ポーランドのクラクフで，2017年7月2日から12日まで開かれた第41回世界遺産委員会．
36) ワーズワースの生家はナショナル・トラストが管理しているが，ダブ・コテージは，「ワーズワース・トラスト」が管理している．
37) 2016年3月から2017年2月まで．
38) 2005年，世界自然遺産に登録．
39) 静岡県駿東郡清水町を流れる，富士山からの湧水を水源とする全長1.2kmの一級河川．1980年代に地元有志によるナショナル・トラスト運動が始まった．
40) ジョン・レノン，ポール・マッカートニーが育った家がナショナル・トラストのプロパティとなっており，ナショナル・トラストが主催するツアーに参加すると見学することができる．

41)　第11回世界遺産委員会（1987年）で複合遺産として審議されたが見送られ，さらに第14回世界遺産委員会（1990年）では文化遺産として申請されたが，適用する基準などをめぐって委員会審議がまとまらずに見送られた．
42)　1855年に創刊された高級紙で，一般紙サイズの新聞では最も発行部数が多い．
43)　ただし，遺跡そのものの保存管理はイングリッシュ・ヘリテージが担当している．
44)　会員は英国在住者のみ．海外の観光客は専用パス（9日間有効31ポンド，16日間有効37ポンド）が利用できる．
45)　英国には，規模はナショナル・トラストほどではないが，例えばロッタリー・ファンド（宝くじ基金）や各地のワイルドライフトラスト（野生生物保護団体）など多くの基金組織や保護団体がある．
46)　新潟県十日町市の「きものブレイン」，熊本県山鹿市の「あつまるやまがシルク」が2017年から本格的な養蚕工場を稼働させている．

**参考文献**

Christopher Young, Amanda Chadburn, Isabelle Bedu, *Stonehenge World Heritage Site Management Plan 2009*, English Heritage, 2009.
Gerard Dalmas, *Mont-Saint-Michel*, Centre des monuments nationaux, 2008.
Laurence Catinot-Crost, *Autrefois Albi*, Atlantica, 2004.
National Trust, *National Trust Annual Report 2015/16*, 2016.
National Trust, *National Trust Handbook 2017*, 2017.
Matthias Arnord, *Toulouse-Lautrec*, Taschen, 2001.
Philippe Poux, *Albi et les Albigeois*, Grand Sud, 2003.
UNESCO, *The World's Heritage The bestselling guide to the most extraordinary places*, Harper Collins, 2011, p.58, p.813.
アレックス・カー『ニッポン景観論』集英社，2014年．
稲森公嘉『フランスにおける歴史的建造物の周辺地域の保護』法学論叢，京都大学法学会，147,148巻，2000年．
イングリッシュヘリテージガイドブック学芸員部門『ストーンヘンジ』イングリッシュ・ヘリテージ，2015年．
ヴァンソン藤井由実，宇都宮浄人『フランスの地方都市にはなぜシャッター通りがないのか　交通・商業・都市政策を読み解く』学芸出版社，2016年．
オギュスタン・ベルク，篠田勝英訳『日本の風景・西欧の景観』講談社，1990年．
大橋竜太『英国の建築保存と都市再生　歴史を活かしたまちづくりの歩み』鹿島出版会，2007年．
大室幹雄『志賀重昂「日本風景論」精読』岩波書店，2003年．
小野まり『英国ナショナル・トラスト　美しいイギリスを遺した人々』河出書房新社，2016年．

河村清美，深町加津枝，柴田昌三『京都市における世界遺産バッファゾーン内の景観の変遷』日本森林学会大会発表データベース，2016年.
黄斌，松本圭太『世界遺産西湖：景観保全の課題と遺産影響評価』岩手大学平泉文化研究センター年報　第4集，2016年.
志賀重昂『日本風景論』講談社，2014年（※初版は政教社から1894年刊行）.
地球の歩き方編集室『地球の歩き方　パリとフランスのすべて』ダイヤモンド社，1985年以降，同地域を扱う『地球の歩き方　フランス』2017年まで，各年版すべて.
独立行政法人文化財研究所東京文化財研究所国際文化財保存修復協力センター『ヨーロッパ諸国の文化財保護制度と活用事例［ドイツ編］』（叢書［文化財保護制度の研究］）2003年.
富岡市都市建設部都市計画課『富岡風景づくりガイド―富岡市景観形成ガイドライン―』2011年.
富岡市都市建設部都市計画課『屋外広告物ガイド―富岡市屋外広告物ガイドライン―』2012年.
文化財保存全国協議会編『文化財保存70年の歴史　明日への文化遺産』新泉社，2017年.
和田幸信『フランスの景観を読む　保存と規制の現代都市計画』鹿島出版会，2007年.

# 第5章
# 近代日本の蚕糸業
## ―戦前史と戦後史―

石 井 寛 治

ご紹介いただいた石井です．私が与えられた課題はこれまでの四報告に対するコメントですが，私自身が研究しているのは近代日本の経済史，特に蚕糸業の歴史ですので，前半の髙木報告と西野報告に対するコメントが中心になり，後半の大島報告と佐滝報告については若干の感想だけを述べさせていただきます．

### はじめに：蚕糸業の分析方法

最初に考えてみたいのは，蚕糸業を扱っているわけですけれども，これは一体どういう性格の産業であって，どういうふうに調べたらいいんだろうかという問題です．言うまでもなく生糸は古代からあって国際貿易の対象になっており，そういう意味では世界商品なわけです．ですからある国の蚕糸業が発展するか縮小するかということは国際的な条件によって大きく左右されざるを得ない，そういう特徴があります．国際競争力を決めるのは何かというのはいろんな条件があり，生産技術がどうなっているかということも大事ですけれども，どういう労働力がどのように使われているかという問題が大きいと思います．

と申しますのは，この産業には昆虫である蚕に桑の葉っぱを食べさせて繭を作らせるという大変手間の掛かる養蚕という作業が入っているわけです．養蚕の過程を中心として，製糸も，桑作もそうですが，大変たくさんの人手が必要な，そういう特徴を持っている．労働力がたくさん要るという意味で，労働集約的という言葉がありますけれども，そういう性格を持っているわけです．そうしますと，たくさんの人手の賃金が高いか低いかによって競争力が違ってくるだろうということでありまして，安い労働力がたくさんある発展途上国が技術に関しては進んだ先進国の技術を取り入れて蚕糸業を発展させようとすると，非常に有利である．この産業は発展途上国向けの産業だというふうによくいわれるんですが，私もそのとおりだと思います．

蚕糸業の議論をする場合にはこの点を頭にしっかりと刻み込んでいかなければならないと思うんです．この問題は蚕糸業の歴史を世界的に研究してきたイタリアのジョバンニ・フェデリコ教授という私の友人がいるんですが，この方が前から強調されておりました．群馬県が世界遺産の登録にコミットしようとした時に，いろんな人を呼んできて勉強したわけですけれども，フェデリコさんにも来てもらって話をしてもらいました．その時に，彼は，イタリアの製糸業と日本の製糸業の比較をやってくれました．お配りしたプリントの左側のほうのグラフ（図 5-1）を見ればお分かりかと思いますが，近代のイタリア製糸業と日本の製糸業というのは大変なライバルで競争しているんですけれども，1900 年代を通して急に日本の製糸業の生糸輸出の量が伸びてイタリアを圧倒する，凌駕（りょうが）します．この点を説明するに当たって，フェデリコさんは何と言ったかというと，これはイタリアの経済の力が日本と比べて相対的に衰えてきて負けたんだというふうには全然考えていない，そうではなくて，イタリアの経済全体が発展して賃金水準が上がってきた，そのために，当然ながら競争力が衰えたので日本に席を譲ったんだと，決してイタリアは負けていない，ということをおっしゃったのが大変印象的でした．確かに明治時代の日本はある意味では発展途上国で，一生懸命先進国を追い掛けていたわけですね．そうした日本にやられてしまうのは先進国化を進めているイタリアとしては当然なんだという説明をされ，なるほどと思いました．先進国化すると賃金水準が上昇するわけで，それを克服するためにはそれをカバーできるような労働の生産性の上昇がないと駄目なわけです．それが 1900 年代のイタリアで充分にあったかというと，なかったので，当然な

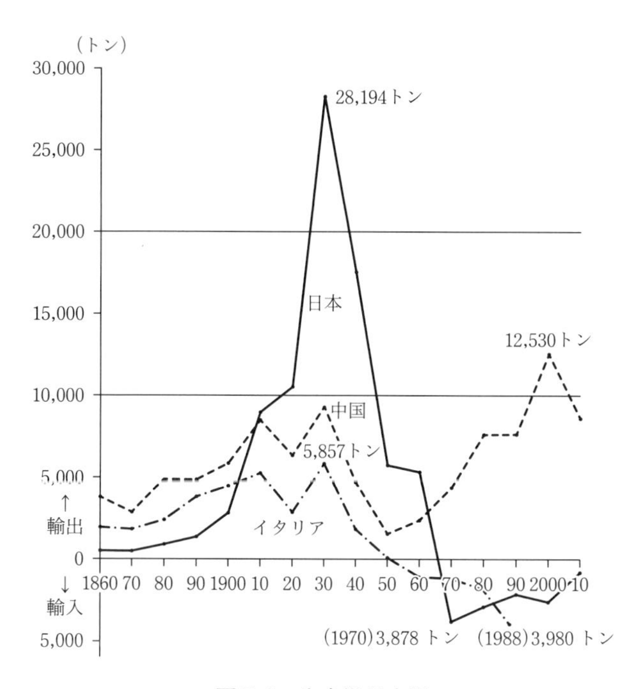


**図 5-1** 生糸世界市場

がらイタリア，フランス並みの技術をわがものにした日本に追い越されてしまったのだと，そういう話をされました．とくに問題になるのは，生糸のコストの８割，80％は原料繭の価格ですから，この繭の生産，繭の価格がどれくらいになるかということが最終的には大きな決め手になるということを感じたわけであります．

## 1.　戦前の生糸世界市場における日・伊・中三国の競争

そこで戦前史の話に入りますと，お配りしたプリントは非常に大ざっぱなグラフなんですけれども，世界の生糸貿易の主役であった日本と中国とイタリア，この３カ国の輸出量ないし輸出に当たるようなイタリアの生産量を示してあります．この変化を見てみますと，戦前の生糸市場というのは，1859年に日本も開港して，初めてこの世界市場に入ってくるわけですけれども，この日本生糸が先輩格である中国生糸あるいはイタリア生糸，これを次第に追い上げて，1910年にはトップになる，少なくとも量的にはトップになるということであります．その後も日本の生糸の輸出はものすごく伸びて，1930年の数値で3万トン近い量になっている．日本生糸独り勝ちの姿ということになっているわけです．

それに対して，1945年以降の戦後のグラフを見ますと，日本もある時期までは頑張っているんですが，中国がそれを追い越して輸出の中心になっていきます．ただ，2000年の数字でも中国の輸出は1万トンそこそこということで，絶対的に見ると戦後の生糸貿易はかなり縮小している．これはなぜかというと，今まで日本の生糸をいっぱい買ってくれたアメリカが買わなくなったためなのですね．1930年ころのアメリカは，特に絹の靴下になる生糸を日本から買っていたんですけれども，その後の戦争中にナイロンができて，ナイロンの靴下，これは質的にも非常に優れたもので，生糸に匹敵するということで，戦後，アメリカは靴下のために買っていた日本の生糸を買わなくなってしまう．もうナイロンでできるからいいということで世界の生糸市場からアメリカはずっと後退して，小さくなってきた．ですから，輸出するほうも小さくならざるを得ないというのが大ざっぱな変化であります．

戦前のこのグラフには，日本，中国，イタリアしか出ていませんで，富岡製糸場の製糸器械を提供したフランスが入っていません．もちろん，フランスでも生糸生産は行われていましたから，その最新の技術を日本はフランスから導入したわけです．ただ，フランスでは，この明治の初めにかけての時期に微粒子病という蚕の病気がヨーロッパではやっていた．特にフランスが病気の出発点だったんで，えらくやられてしまいまして，その前はイタリアの3分の2ぐらいの生糸を作っていたんですが，イタリアの3分の1ぐらいの生産量になって，その後も停滞してだんだん駄目になっていきます．

これはなぜかといいますと，イタリアとの競争がやっぱりあったんですね．

**表 5-1**　1人当たり GDP（1990 年国際ドル）

| 年次 | フランス | イタリア・A | 日本・B | 中国・C | A/B | B/C |
|---|---|---|---|---|---|---|
| 1876 | 1,876 | 1,499 | 737 | 530 | 2.0 | 1.4 |
| 1913 | 3,485 | 2,564 | 1,387 | 552 | 1.8 | 2.5 |
| 1950 | 5,270 | 3,502 | 1,926 | 439 | 1.8 | 4.4 |
| 1973 | 13,123 | 10,643 | 11,439 | 839 | 0.9 | 13.6 |

出典：マディソン『世界経済 2000 年史』.

フランス製糸業とイタリア製糸業とが競争しています．安いイタリアの生糸がだんだんフランスにたくさん入ってきて，フランスの製糸業がやられたということです．プリントの左上に 1 人当たりの GDP でもって賃金水準に相当するものを示してありますけれども（表 5-1），フランスのほうがイタリアより 1 段階ちょっと上を行っているんです．1870 年代から，もう既にそうなっていまして，フランスのほうがイタリアよりも先進国なのです．やっぱりフランスはどうしてもコストが高くなって，イタリア生糸にかなわないというので，輸入を防ぐための関税をフランスはつくり，特にイタリア生糸には課税をするという関税を立てたんですけれども，これは尻抜けでして，ドイツとかスイスを通って入ってくるイタリア生糸を防げないかたちなのです．なぜそうなったかというと，リヨンの絹織物業者が厳しい規制をするのに反対をしまして，安いイタリアの生糸を全面的に排除はできないと言い張って，それで尻抜けの関税になってしまった．そのためにどんどんイタリアの生糸が入ってきて，フランスの製糸業は没落していく．1892 年には「蚕糸業奨励金」が交付されるようになりますが，それは生糸輸入を防げなかったことへの代償でした．フランスはむしろ絹織物業に特化するようになりました（石井寛治『日本蚕糸業史分析』1972 年，27-9 頁）．

ところが，そのイタリアの製糸業も，先のグラフを見ると，1910 年辺りで，ちょっとがくっと下へ折れていますね．1920 年にかけては第一次世界大戦がありますので，その影響もあるんですが，1910 年ごろで，もう行き詰まってきたということがイタリアの中でも問題になりまして，何とか保護しようという政策が政府から議会に出されるんですけれども，否決されてしまいます．日本から調べにいってみると，どうもイタリアの製糸業はおかしくなっている，近来，職工賃金の上昇とアジア生糸の圧迫が強くなっているということの結果だという報告がされており，アジア生糸との競争はもちろん入っているんですが，同時に内部的な要因として，イタリア経済そのものが発展して賃金水準が上昇している，そのために生糸生産のコストがかなり高くなって競争力が低下しているということが，1910 年段階の日本政府の調査によって指摘されております．そういう意味で，フェデリコさんの言うとおりの事態が起こっているのです．

ただ，問題は中国なんですね．中国は日本以上に発展途上国だったわけで，賃金水準が低い．1 人当たり GDP を見ると，日本との差がどんどん開いています．1876 年から 1913 年にかけて中国は横ばいなんですが，日本は倍増している．日本の賃金水準はどんどん上がっている．つまり，日本のほうが相対的には中国に対して先進国になっているんですが，その中国がどんどん伸びるかと思うと伸びないんですね．むしろ日本に圧倒されている．相対的な先進国の日本がなぜ中国に勝てたのかなというのが戦前の蚕糸業史の 1 つの謎になります．フェデリコ説に反する事態が起こったわけです．

これは，中国には日本と違って先進国の技術が入ってこなかったためではないかという疑問もあるかもしれませんが，そういうことではない．上海には 1890 年代，日清戦争前後にたくさんの，富岡製糸場とほとんど同じ規模と設備を持った製糸場が十幾つもできるんです．フランス人やイタリア人の技術者を雇い，良い生糸を作ってどんどんアメリカに輸出する．フランスにも輸出する．当時の日本の製糸業者は，日本の生糸のほうがやられるんではないかという恐怖感にとらわれていました．ただ，その後の上海製糸業の伸びがあんまりよくないんです．まず，労働の生産性が一向に伸びない．その間に日本のほうはどんどん毎年のように生産性を上げていって追い抜いていくと，そういうことが起こりましたし，それから第一次世界大戦期には繭の品質も一代交雑種という新しい蚕種を作って，それで良い品質の繭を作り，良い品質の生糸を作って，上海の器械製糸業を圧倒していくんです．

そういうふうに見ていきますと，結局，中国ではイノベーションができなかった，技術革新ができなかったので，最新型のヨーロッパの技術を入れたけれども，その後伸びなかった．日本は賃金は伸びるけれども，技術も伸ばしていった，生産性も伸ばしていったということで中国を圧倒できたということだと思います．では，なぜ中国はそうなったのかということについては，昨年，この研究所から出ました『富岡製糸場と群馬の蚕糸業』に私は論文を書いたんですけれども，中国では欧米の技術をそのまま入れてきて富岡と同じようなものをいっぱい作った．大商人とか大地主しか金を持っていませんから彼らが製糸場をつくる．そして自分では経営しないで，経営者にレンタル契約で貸すんです．しかも 1 年間ごとの短期契約なんですね．これは中国風の独自のレンタル方式．イギリスは 21 年なんですけれども，中国では 1 年です．ですから，1 年間借りて，その間にその設備を変えようと思っても変えられない．元のままの状態がずっと続くということになったということが分かった．フェデリコ説が前提にしていた，技術移転の場合に経済的な合理性を持った経営システムができるということが，中国では成り立たなかったということであります．

## 2.　戦後の生糸世界市場の変容と日本生糸

時間がないので少し急ぎます．問題の戦後の蚕糸業ですけれども，戦後については司会者の西野先生が言われたように，これまで縮小過程に入った日本についての本格的な研究もないし，世界的な研究もあまりない．そういう意味で，今回のシンポジウムでの髙木報告，西野報告というのは初めて，日本に限ってですけれども，縮小過程とその原因を分析した大変貴重な報告だったと思います．ただ，私はここでは国際的な比較を入れてその過程を考えてみたいと思って，グラフを作ってみたわけです．

まずイタリア蚕糸業との比較ですが，アメリカ生糸市場で日本の生糸はだんだん駄目になるけれども，これは中国糸やイタリアの糸との競争もありますが，1960 年代前半までのアメリカ市場というのは，もう生糸が売れなくなってきている．ナイロンの靴下でいいというわけですから，生糸は戦前と比べると 10 分の 1 以下しか売れなくなっている．その後，中国糸が増えてきて，イタリア糸も日本糸もアメリカでは全く売れなくなる．むしろイタリアで注目すべきなのは，イタリアへの生糸の輸入が増えていったことではないでしょうか．イタリアの製糸業がだんだん駄目になり，その代わりに生糸輸入をどんどん増やしていった．グラフを見ますと，1950 年のところでは，輸出と輸入が差し引きでゼロに近いんですけれども，それ以降，若干の輸出はあるけれども，輸入がどんどん増えているのです．『蚕糸業要覧』は 1990 年刊までしかないので，その後の『シルクレポート』を見ると，そこにはイタリアの統計は載っていません．ですから，ここでは一応 1988 年までしか分からないのですけれども，生糸生産はどんどん減って，1988 年にはイタリアへの生糸輸入が 4,044 トンで，輸出は僅か 64 トン，差し引きで 3,980 トンの輸入超過となっています．

この時，日本はどうなっていたかというと，日本はその前に一遍，輸入が増えて 1970 年には 1988 年のイタリアへの輸入生糸と同じぐらいになっていますが，それがだんだん減ってくる，輸入が減るということは輸入糸を押し戻して防衛しているわけです．何を防衛しているかというと，プリントの右上にあるように 1984 年で見ると（図 5-2），日本もまだまだ中国の半分ぐらいの量の生糸を作っている世界的な生糸生産大国なので，その生糸生産を防衛しようとしていたのです．

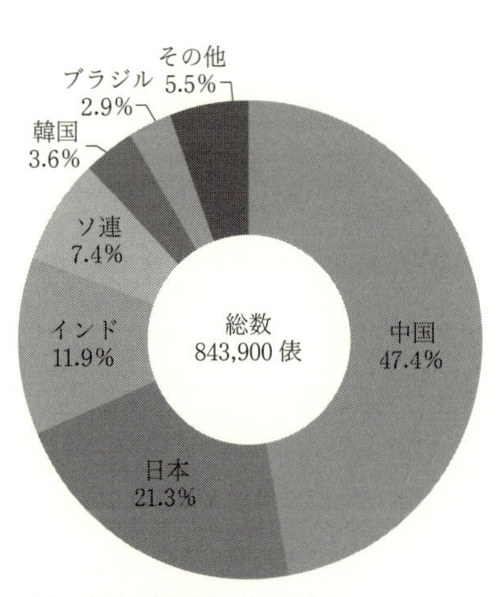


出典：『蚕糸業要覧』(1986 年).

**図 5-2**　生糸生産量（1984 年）

日本では養蚕農家や製糸業者が，中

国の生糸が入ってくるのは困るというので，先ほど髙木先生が言われたように輸入をストップさせる一元的な，政府がコントロールするような措置をして，輸入を減らしていく．それに対してイタリアは，これはどこまで輸入が増えたか確かめていませんけれども，そういう政策を採った形跡はなくて，むしろ製糸業はつぶれていくのに任せて，80年代は年産10トン程度で，ほとんどもう生産していません．国内で必要な生糸のほとんどは輸入しております．

何のために生糸を輸入したかというと，イタリアの絹織物業のためです．これは戦前にはほとんどなかった産業です．戦前のアメリカとかフランスなどに比べるとほとんどなかったのですが，戦後，輸入した生糸を使って絹織物業を盛んにしている．世界的にも有名なブランド製品をいっぱい作って，素晴らしいスカーフなどを世界に輸出するような絹織物業国になった．製糸業が壊滅して生糸生産の利害が国内になくなったため，スムーズな転換ができたのかもしれないけれども，どうしてイタリアで絹織物業が発展したかというのは，調べる価値がある問題だと思います．

それから中国の蚕糸業は，先ほど言いましたようにどんどん伸びて世界の中心になっていくわけですが，これは戦後，中国が共産主義国になったので商人とか地主はいなくなり，レンタル方式もなくなった．したがって経営が合理化されて，日本から一代交雑種の技術とか多条繰糸機とか，こういう先端的な技術は，戦前に既にもうある程度入ってきていたのですが，戦後，それをどんどん増やしていった．戦後に日本では自動繰糸機ができて，これで勝てると思ったら中国のほうにもそれが輸出されたのです．

中国は日本でつくられた最先端の技術を入れて，盛んなイノベーションをやる．日本との賃金格差が大きくなる一方ですから，ますます日本に対する競争力が強くなった．技術的には日本と同じところまで行きますので，賃金の差がコストの差となって出てきて競争力に大差がついたことは，お二人の報告で詳しくご説明いただいたとおりです．

## 3. 日本蚕糸業縮小の真の要因はなにか

私が先ほどから言ってますように，労働集約的な産業としての蚕糸業が先進国化した戦後の日本で伸びていくというのはやっぱり難しい．そういう問題を産業自体が持っていたのではないかと思います．ですから対策も，産業のそうした性格自体を変えるような抜本的な方式が1つあります．つまり第1番目には生産の在り方を変えて，高賃金の先進国日本でも国際競争力を持てるように製糸業，養蚕業を変えていくという対策があると思うんですが，それが試みられたということがご報告にもありました．2番目には需要の問題．これも報告にありましたけれども，独自の新製品を開発して国内外の需要を広げていくということをやらなければいけない．あるいは，3番目には政府の輸入規制に頼って途上国からの輸入圧力を政治的に減らすという，そうした対策も行われました．このような3つの対策が報告されたわけですが，1番目と2番目の生産と需要の在り方そのものを変えるというのはなかなかうまくいかないということで，3番目の政府の力に大きく頼るということになり，それも成果を上げることができないというご報告だったと思います．

その点で，まず1番目の技術革新の問題ですけれども，これは要するに労働集約的性格そのものを，つまり産業の基本的性格を変えようという話で，真正面からの対策だったといっていい．生糸を作る繰糸工程の技術革新は自動繰糸機までいきます．戦後の日本では，片倉製糸とかグンゼとかが必死になって開発を進め，日産等々の力で素晴らしい自動繰糸機ができます．これで生糸を作るところでの生産コストはうんと下がったから，製糸業の起死回生の切り札ができたということで，当時は喜んだとグンゼの社史などでも書いてあるのですけれども，問題はコストの8割をなす原料繭の価格が下がらないことにある．この原料繭の生産方法が変わらないと，全体のコストは下がるといっても，上の2割だけで減らしても駄目だ，下の8割のところが変わらないと駄目だということが分かってきた．

もちろんその点は日本の政府でも考えて，髙木報告で言われた先進国型養蚕業を確立する事業，先進国でも養蚕業をやっていけるような養蚕業をつくろうという努力をしたわけです．これは，労働集約的な性格を変えなければいけないということですね．そのためにちょっと遅いなという感じもするんですが，1990年代に入ってから，ともかくやってみたけれども，うまくいかなかったという報告でした．

私は，この試みは戦前の日本でもあったと思うんです．それは，鐘淵紡績会社の社長の武藤山治という人が，昭和の初めに鐘紡製糸会社を作って，製糸業に進出し，しかも生糸をうんと安く作ろうということを考え，工場で養蚕をやれないかと言って，大きな企画を昭和3年に立てています．鐘紡製糸では100万貫の原料繭を毎年使っていたのですが，半分の50万貫を自給しようというので，九州の南のほうの広い原野を2,000町歩ほどまず買い占めて，そこにどんどん桑の木を植えたんですね．そして労働者を雇って，暖かいですから年10回以上養蚕ができると考えて，工場養蚕といわれるものを始めたわけですけれども，3年ぐらいで諦めてしまった．

諦めたのは武藤さんが鐘紡社長を辞めた後で，津田信吾さんという次の鐘紡の社長が「消極方針」で行く，撤退だと言ったのです．理由は世界大恐慌のど真ん中でやっていたわけですから繭の価格が下がってどうしようもない，これでは，やっぱり工場養蚕自体がうまくいったとしても駄目だろうというんでやめたと言われているわけです（『鐘紡製糸四十年史』1965年）．けれども，本当にどうして駄目だったのかということの分析は今まで研究がありません．ですから，戦前のこうした貴重な失敗の経験が何だったかということを，戦後，われわれはもう少し検討してみる必要があったんではないかとい思います．つまり武藤のリーダーシップが強かっただけに，かなり無理な計画，つまり，紡績でもうけて蓄積した金があるから大丈夫だと考えて試みたのですけれども，武藤さんが辞めた後，津田社長が出てきて，「いや，そんなことをやっていたら駄目だ」というのでやめてしまったという，そういう社長のリーダーシップの変化が大きく影響したのではないか，もう少し頑張れなかったのかなというのが私の思いであります．

それから第2番目の需要の開拓については，イタリアは先ほど申しましたように生糸の輸入をして，それを使って新規に絹織物業をやって見事成功するわけですけれども，世界で通ずるいろんなブランド品をいっぱい作って国内外に販売するということをやったのですが，日本の場合はどうしても西陣に代表される和装，着物へのこだわりが強くて，それ以外の新製品の創出というものが必ずしも成功しなかった．いろいろやったんですけれども，成功しなかったというふうに思います．

その中でグンゼは製糸業界の大資本ですけれども，早くから織物のほうもやっていまして，それでアパレルに進出して，パンティーストッキングとか，メリヤス肌着とか，そういうのでグンゼ製のものがいっぱい出てきますでしょう．そういうふうに切り替えていって成功した珍しい事例だと思うんですけれども，グンゼ自身は必ずしもうまくいかなかったと述べています．企画力とか意匠力，デザイン力がなかったとか，洋装のほうの新しい，和装じゃなくて洋装のアパレルの創造ができなかったということをいろいろ社史では反省して書いております．どうして日本では新製品の開発がイタリアなどに比べてうまくいかなかったのかということを，もう少し掘り下げて考える必要があるのではないかと思います．

それから3番目に，技術革新も需要開拓もなかなかうまくいかないというので，結局政治に頼るということになったわけで，生糸や繭の安いのが入ってくるのを阻止してしまったわけですね．阻止すると全体の価格が高くなる．つまり絹織物として見ると原料の生糸の値段が上がってしまうわけですから，それを使って作るとどうしても値段が高くなってしまうので売れなくなる．

生活スタイルが先ほど西野報告が言われたように変わってくると，ますますマーケットが狭くなる．狭くなったマーケットに高いものを売ろうと思っても売れないということで，じり貧になっていったという話をお二人が縷々されたわけですね．その場合，結局蚕糸業のほうが糸を供給する側で，絹織物のほうはそれを使って製品，織物を作るわけですが，蚕糸業界と絹織物業界が分裂してしまったということを盛んに言われた．外からの圧力を政治的に防いだために，一旦はうまくいくかに見えたけれども，最終的にはやっぱり両方の何か分裂した立場がそのままになってしまって，それぞれの存続の余地を狭めたというのがお二人の結論だったと思います．

その問題をもう少し分析するためには，そもそも戦前と戦後の両業界の関係はどうなっていたか，蚕糸業界と織物業界の関係がどうなっていたかということを調べる必要があるので，西野報告が，戦前の大衆の和服の生地は玉糸を使った銘仙であるということを言われたのは非常に大事な指摘だったと思います．大衆は，伊勢崎銘仙とか秩父銘仙とか，ああいうのを着ているわけです．西陣で作った高級なものはそんなに普及していかず，みんなが使ったのは安価な銘仙なのですが，それは玉糸を使ったという話になっているわけで，これは輸出用の生糸を作っている大規模製糸は国内の機業地とあまり関係がなかったということを明らかにした点で大事な指摘だと思います．ただ，玉糸については愛知県の豊橋の話ばかり述べていますが，玉糸生産はもともとは群馬県の前橋が盛んだったのです．小渕志ちさんという人がたまたま豊橋のほうに行って技術を伝えたというので，これは伸びていくんですけれども，明治37〜38年までは，前橋のほうが玉糸生産中心で伸びており，後から出てきた豊橋のほうがやがて中心になっていくわけです．そういう点も含めてもう少し分析が必要だと思うし，戦後に関しても大規模製糸の方では国内に売らなければいけないといって，西陣とか北陸とか，いろんなところで，製糸資本と機業家とのつながりができてくるわけですが，そこがどういうふうに普段機能していたのかということを踏まえた上で政策がどう介入したかということを分析する必要があると思います．

政策的な介入の点については，私は，監督官庁が妙なふうに分かれていることが気になります．農商務省という官庁が，大正の終わりに商工省と農林省に分かれます．その時に農林省のほうに生糸と養蚕が行くんですね．絹織物業は工業だというので商工省が監督することになっています．これは輸出向けの関係でそうなったのかもしれませんけれども，ともかく工業でありながら製糸業は工業扱いされないで，商工省のほうの監督を受けないのです．そういう意味では，どうも製糸業と織物業というのは違った監督官庁の下にあるために，つながりが悪いということがあったのかもしれないと私は思うので，そのことが戦後の場合にいろんな問題が出てきた時に，対策がうまくいかない１つの理由かもしれないと思います．この問題については，そうした諸利害の調整役であった高木先生に，教えていただきたいと思います．

## 4．群馬絹遺産の世界遺産への登録を活かす途

最後に一言だけ，大島報告と佐滝報告について申し上げますと，これは丹念な現地報告に基づいたもので，非常に多くのことが分かり，教えられたような気がいたします．日本では，国内では消滅しかけている養蚕技術を何とか次の世代に伝える試みが各地で行われていることが報告されましたし，ヨーロッパの世界遺産というのがちょっと日本と違うなと思うのは，もともと向こうの人々は歴史意識が強く歴史を重んじるんですが，この人たちの歴史意識をさらに高めているということが良く理解できたような気がします．

そこで，富岡などの世界遺産の運動に若干コミットした者として，一体これは何のための運動なのかということを反省してみたいと思うのですけれども，一言で言いますと，世界遺産に登録をして遺産を大事にするという運動は，私は，建造物が大事だということになっていますけれども，建造物は手掛かりであって，やっぱり人間の営みこそが問題なのだと思います．つまりわれわれの先輩たちが歩んできた素晴らしい努力の結晶が建造物というかたちであるわけですが，それを大事にすることによって彼らの努力の跡を学ぶことができるということが目的だろうと思うんですね．そういう意味で，私たちの歴史意識を高めるための運動であったと思います．

ただ，その時に，建造物は客観的な証拠品として大事なんですけれども，同時にそれを見ただけでは何だかよく分からないわけで，一体それは誰によってどういうふうに造られて，それを誰がどういうふうに利用したのか，あ

るいは改善していったのか，そういう人間の営みというものが見えてこないと不味いと思います．ただ設備，建造物を眺めただけでは，詳しいことはよく分かりませんという通り一遍の説明しかできないし，聞いている方も，「ああ，そういうことか」と言って終わってしまう．そのため，だんだん見学者が来なくなると思うんです．

そうではなくて，この建造物を手掛かりにして，おそらくそれに関連した文書はいっぱい残っているはずなので，そうした文書を調べて，これは一体どういう人間の営みだったのかということを研究しなければいけないと思うんです．ですから設備の資料と文書の資料，これをセットで考えなければいけない．実をいうと，世界遺産のアイディアを考えてつくったときには，あの４つの遺産というのはどういう関係にあるのかは，詳しいことは全然分かっていなくて，富岡製糸場についても最初に建設した時のことはいろいろ記録が残っていますが，民間に払い下げられた後，三井工業部，原合名，片倉製糸の人たちによってどういうふうに設備が使われたのかは全然分かっていなかったのです．残りの３つの養蚕関係のものについては，ほとんど研究がないという状態で，何とかみんなで協力してアイディアを寄せ集めて，こんな話じゃないかということでストーリーを作って出したところ，通ったわけですけれども，問題は通ってしまった後ですね．これらの遺産が，本当にどういうものだったのかということをぜひ知りたいと思っています．

今度，富岡に何かそういうセンターができるんでしょう．そこが私は単なる事務的な場所ではなくて，その４つの遺産の研究センターとして調べを深めていって，その成果を展示のところで反映していくということが必要なのではないか．そうすると，リピーターも増えてくると思うんです．今度行ったらまた新しいことが分かりそうだというようなことがあると，やっぱり何度か行ってみようということにもなるので，そういう研究機能というのをぜひ，これはそれぞれの市町村だけでなくて，群馬県が中心となってやってほしいと思います．

産業遺産ですから，これは縮小過程にある蚕糸業をどうするかという問題ともつながってくるので，私はやはり世界遺産になったということが1つのきっかけになって，地域の文化としての蚕糸絹業，これを保存するという営みが重要になってきて実を結んでくる可能性があるだろうと期待しています．

もちろん最初に言いましたように，世界遺産になってみんなが関心を持ったからといって，すぐに縮小産業が復活するということはないと思います．これは途上国向けの産業なんですよ，もともとが．ですから産業の性格自体を変えるということがないと，先進国日本で蚕糸業が復活するということはないと思います．その作業は個人では難しいので，政府系の研究所や何かで持続的にやっていただきたいと思うんですけれども，それをサポートするためにも，やはり産業のともしびというものは消すわけにはいかない．

ですから桑作から始まって織物まで関係者が連携して，細々ながらも，ともかく純日本産の絹織物を作ろうという運動があるようですから，そういう運動も一方では続けていく．その中で，これは政府にある程度は頼らざるを得ないと思うんですが，研究者が何か新しい蚕糸業のあり方，あるいは蚕糸業以外の分野，薬品とか化粧品とか，いろんなものが桑とか蚕を使ってできるという話も出てきていますので，そういう新しい産業をつくることも可能になるかもしれないと期待しております．以上，必ずしも十分なコメントになりませんでしたが，私の率直な意見を言わせていただきました．

# あとがき

2015年4月に発足した地域科学研究所の発足記念として，2016年3月『富岡製糸場と群馬の蚕糸業』（日本経済評論社）を刊行した．正味，半年という研究時間であったが，蚕糸業研究，富岡製糸場研究の第一線で活躍されている方々に執筆をお願いしたこともあり，たいへん充実した研究書を刊行することができた．刊行後に行った研究報告会には，70名の市民，県民のみなさんが聴講に来られ，執筆者の報告を1日かけて熱心に聞いておられた．この研究プロジェクトの全ての原稿が出揃った頃，『富岡製糸場と群馬の蚕糸業』では1篇に留まった戦後の蚕糸業衰退過程の解明を進める必要があるとの意見が出始め，地域科学研究所では2016〜2017年度のプロジェクト研究チームを編成することになった．研究メンバーは，公立大学法人高崎経済大学・髙木賢理事長，本学経済学部・大島登志彦教授，そして筆者に加え，世界遺産登録を審議する国内委員会（イコモス）の佐滝剛弘氏を特命教授として招聘して，4名で編成した．そして，『富岡製糸場と群馬の蚕糸業』刊行に際してもお世話になった日本蚕糸業史研究の第一人者でおられる東京大学・石井寛治名誉教授に助言をお願いすることにした．

髙木理事長は，農林水産省蚕糸課長として実際に実務に当たった経験を持ち，食糧庁長官退官後は大日本蚕糸会会頭を務めておられたことから，戦後の蚕糸業の衰退過程を熟知されている．佐滝特命教授は，イコモスの委員として富岡製糸場に関わっていることから，主に世界遺産を活用した地域振興，観光振興の担当者として依頼することにした．大島教授は，産業考古学の立場から現在も操業している製糸工場を追跡しており，資料館を加えた蚕糸業文化の伝承について担当してもらうことになった．そして筆者は，戦後の蚕糸業の衰退過程に需要面，すなわち呉服産業の盛衰の面からアプローチすることにした．研究会を年２回程度開催し，意見交換をして，それぞれの調査研究を行った．佐滝特命教授には，フランスとイギリスへ出張してもらって，ヨーロッパの世界遺産登録物件の所在地の対応を調査して，富岡市の観光振興の一助になるようにまとめてもらった．

このようにして，本書ができあがった．原稿提出直前の2017年12月9日には，本学において，研究報告会を行い，約50名が執筆者の報告に耳を傾け，石井寛治先生からは本研究の評価をしていただいた．その時のお話を本書に収録させていただいた．

第１章「日本の蚕糸業の縮小過程とその要因」は，髙木理事長が実際に蚕糸行政に従事された時のことも織り交ぜながら書かれた貴重な戦後蚕糸政策史と言ってもよい．生糸の輸入自由化は，対外的に避けて通ることができなかった．安価な輸入生糸が日本の生糸市場に攻勢をかけ，オイルショックを契機とした経済不況による呉服需要の減少は，日本の蚕糸業に大きな影響を与えた．政府は，日本の蚕糸業保護のために輸入の一元化と価格政策を展開した．しかし，この政策は，日本絹産業全体には効果を現さなかった．髙木氏は，蚕糸・絹業双方にとって絹需要が大幅に減退したことが蚕糸業の縮小要因であると同時に，生糸が一般の農産物とは異なる特別の商品であることへの認識が不十分だったこと，蚕糸団体の政治への依存が極めて高かったこと，生糸の一元輸入制度が蚕糸と絹業との間に対立や亀裂を生じさせたことなど，政策上の問題点もあったと述べている．戦後の日本蚕糸業政策を知る貴重な論文となった．

第２章「戦後のライフスタイル変化と蚕糸業の縮小過程」は，筆者が需要サイドから日本蚕糸業の衰退過程を分析したものである．戦前の日本蚕糸業の中心的企業は，いずれも米国を中心とした生糸の生産と輸出に重点を置いていた．国民の大半は，輸出向けの生糸を用いた着物を着ていたわけではなく，玉糸などからつくられた銘仙を着ていた．戦後も，しばらくは輸出が続いたが，米国における生糸需要の減少と入れ替わるように，高度経済成長に沸く日本市場に供給先が変化した．所得が向上するにつれ，国民の高級品購買力がついて，呉服ブームが起こった．この呉服ブームが沸き起こる少し前に生糸の輸入自由化を実施していた．国産生糸が淘汰されたのは，輸入自由化によって韓国や中国から安価な生糸が輸入されたとの見方がある一方，筆者は国産生糸が需要量を満たすことができず価格高騰を招いたこと，オイルショック以降において，生糸需要が減少しているのにもかかわらず，政府の価格支持政策によって，生糸価格が高値を維持したことから機業が国産生糸離れを起こし，日本蚕糸業を衰退させたと論じた．

第3章「日本の蚕糸業の歴史・文化伝承の取り組み」は，大島教授が蚕糸絹文化に関連した博物館や資料館の設立状況を整理している．それによると，1975年から1984年の間に設立された博物館や資料館が多く，蚕糸業の衰退時期に設立されていた．また，学校教育において蚕糸絹文化の伝承が各地で行われている様子を追いつつ，2015年度から群馬県で展開されている「絹文化継承プロジェクト」について考察している．そして，富岡製糸場来場者へのアンケート結果を報告している．

第4章「世界遺産とその周辺の観光振興と環境保全の国際比較」は，佐滝特命教授が日本国内，欧州の世界遺産所在地域における地域振興の状況を取材している．ここでの問題意識は，富岡製糸場が世界遺産となった直後から製糸場付近に出店が相次ぎ，にわかに賑やかになったが，他の世界遺産地域はどのようになっているのだろうかという点にあった．世界遺産となって多くの観光客が詰めかけた島根県の石見銀山は，観光客用に走らせたバスが生活に支障を来すとの住民からの声によって，その運行を止めたことで知られている．報告によれば，生活空間に静けさが戻った一方，石見銀山には2つの企業が本拠を構え，継続して若い人々を雇用し，その結果，人口減少が抑制され，2015年には9人の新生児が誕生するなどしているという．海外では，フランスとイギリスの世界遺産地域の現状を取材している．フランスでは，都市景観保全に関する法制度の下，歴史的景観が守られてきたこと，イギリスでは，民間の運動であるナショナルトラストが国民的運動として展開して，歴史的遺産や景観が守られてきたことなどが報告されている．

以上のように，本書では，戦後の蚕糸業の衰退過程を政策と需要の両面から分析した．そして，蚕糸業の展開が地域文化にどのような影響を与え，伝承されているのかについて整理し，富岡製糸場のある富岡市の地域づくりの参考になるように，国内外の世界遺産地域の現状をレポートした．これらに対して，石井寛治先生からコメントをいただいた．

第5章「近代日本の蚕糸業－戦前史と戦後史－」は，石井寛治先生からいただいたコメントを収録したものである．石井先生は，議論の前提として，蚕糸業という産業は「途上国向け」の産業だったと指摘された．日本と共に蚕糸業が盛んだったイタリアでは，戦後，何ら政策を打たず，製糸業が潰れていくのに任せていたのに対して，日本は政府が一元輸入政策をとって輸入を減らしていったことを述べつつ，労働集約的な産業としての蚕糸業が先進国化した戦後の日本で伸びて行くのは難しかったと指摘されている．髙木報告と西野報告で述べた蚕糸業界と絹織物業界の分裂問題については，戦前と戦後の両業界の関係について分析の余地のあること，大島報告と佐滝報告に対しては，世界遺産に登録して遺産を大事にすることは必要であるが，人間の営みこそを問題にすべきであり，学ぶべきであること，そして，蚕糸絹業を保存していくことによって，産業として復活することはあり得ないとしても，地域文化としての蚕糸業として継承されていくのではないかとのコメントを寄せていただいた．

これらの研究によって，戦前における日本蚕糸業の発展と，戦後の衰退過程が明らかになったとは考えていないが，前著『富岡製糸場と群馬の蚕糸業』と本書によって，おおよそ明らかにできたように思える．ただ，農村地域，山村地域の養蚕衰退後の対応については，必ずしも明らかになっておらず，今後，高崎市の農業史をまとめる中で明らかにしたいとも考えている．また，地域文化としての蚕糸業の伝承，富岡市の地域づくりの方向性については，本書に収録された報告を参考にしていただいて，よりよい議論をしていただければ望外の幸せである．

私事で恐縮であるが，農村地理学，経済地理学を専攻している筆者にとって，戦後，日本蚕糸業がどのような衰退過程を経たのかを知ることは，とくにフィールドとしている山村地域の過疎問題を考える上で重要である．『富岡製糸場と群馬の蚕糸業』では，日本一高齢化の進んでいる群馬県南牧村について，その要因の1つは，養蚕衰退時に木材価格が安定していたことから，桑園に植林を進めたことにあることを明らかにした．これは，これまでの山村研究の延長上ではあったが，本書で分担した「戦後のライフスタイルの変化と蚕糸業の縮小過程」は，日本蚕糸業の衰退過程を需要サイドから追う必要があり，この分野は全くの門外漢であった．こうした研究は，山村研究にとって，遠回しには必要性を感じるものの，本来の地理学研究からは外れる．本書への執筆は所長としての責務でもあったが，積極的に研究を進めたのには別の理由があった．それは，32年前にこの世を去った父が悉皆職人だったことにある．1年前にこの世を去った母も父の仕事を手伝っていた．夫婦で仕事の拠点であった鎌倉に長く滞在することもあった．小学校に入るまでは，父の出張に連れられ，鉄道と自動車で京都と鎌倉の間をよく旅をした．1979年の春，筆者が大学3年の終わり頃，家業は倒産し，生活環境が180度転換した．倒産する直前，仕事部屋には白生地が山積みしてあったことを覚えている．悉皆職人だった父にとっては，白生地が入手できないと，誂えの着物を創作することができなかったからである．それも品質の良い白生地の在庫を抱えている必要があったのだろう．専属に近い絵描き職人も抱えていた．筆者は時々絵描き職人の家に遊びに行って，仕事場の様子も見ていた．父が誂えた着物が専門誌に掲載されたこともあった．倒産後の世間の冷たさと温かさを同時に体験した筆者にとって，なぜ，あの時期に家業が倒産したのか，この研究を通して解明したいという思いがあった．

データを集め，グラフを作成していく過程の中で，1979年は生糸の純内需の下降が既に始まっていた時期であったことを理解した．倒産する前年ぐらいに亡父が「誂えの着物の注文が減った．お得意様に一通りの商品を売ると，後が続かない」と言っていたことを想い出した．それは，高度経済成長期に誂え品を注文してくださったお得意様の年齢層が上昇して，これ以上，着物を作る必要性がなくなったことと，洋服の利便性に慣れた次世代からの注文が減少したことを指していたのだと理解した．時間と手間，費用の要する誂え品の限界もあったことも研究を進める中で理解した．今思えば，父自身は呉服市場の急速な縮小を実感していたのだろう．さぞ無念だったと思うが，そのような時代に遭遇してしまったことが運命を決めたと本書に寄せた原稿を書き終えて理解し，納得もした．還暦を迎えた筆者に，亡父母の歩んだ道を振り返る機会を与えていただいたことに感謝したい．

前著『富岡製糸場と群馬の蚕糸業』の企画は，地域科学研究所の発足を検討する委員会において，地域貢献としてテーマとして取り上げてはどうかという経済学部の矢野修一教授の提案から始まった．筆者が 1988 年 4 月に本学に着任する直前，土砂降りの中，上信電車に乗って片倉工業富岡工場に向かった．見学ができるかどうかわからなかったが，日本史の教科書に出てくる富岡製糸場を見たかったからである．事務所で外観は見学してもよいと言われ，工場内を歩いた．前年に操業を停止し，工場内は静まりかえっていたが，レンガ造りの倉庫を見て，ここから日本の近代化が始まったのかと思うと，言いようのない重みを感じた．あれから 30 年の歳月が流れ，富岡製糸場にまつわる研究の機会が与えられたこと，そして亡父母の歩んだ道を研究する機会を得たことに重ねて感謝したい．

本書の企画，刊行に当たっては，前・石川弘道学長，現・村山元展学長に理解と支援をいただいた．また日頃，地域科学研究所の業務に携わっていただいている研究グループの新井史代グループリーダー，小崎信哉研究支援チームリーダー，青木加奈子氏にお世話になり，刊行に当たっては，日本経済評論社の柿﨑均社長，編集を担当いただいた清達二氏にお世話になった．そして，石井寛治先生には，3 年間にわたって地域科学研究所の研究をご指導いただいた．記して，御礼申し上げたい．

2018 年 1 月 30 日

地域科学研究所長　西野寿章

## 執筆者紹介（章順）

### 髙木　賢（たかぎ　まさる）

弁護士，公立大学法人高崎経済大学理事長．専門は民事法．1943年群馬県生まれ．主な著作に『農地制度 何が問題なのか』（大成出版社，2008年），『逐条農地法』（共著，大成出版社，2011年），『日本の蚕糸のものがたり』（大成出版社，2014年）．

### 西野寿章（にしの　としあき）

高崎経済大学地域政策学部教授，地域科学研究所長．専攻は経済地理学，地域振興論．1957年京都府生まれ．主な著作に『山村地域開発論』（大明堂，1998年），『現代山村地域振興論』（原書房，2008年），『山村における事業展開と共有林の機能』（原書房，2013年）．

### 大島登志彦（おおしま　としひこ）

高崎経済大学経済学部教授．専攻は交通地理学，産業考古学，歴史地理学，交通史．1954年群馬県生まれ．主な著作に『群馬・路線バスの歴史と諸問題の研究』（上毛新聞社，2009年），「群馬県における観光資源としての産業遺産活性化に向けた動向と課題」（高崎経済大学地域科学研究所編『観光政策への学際的アプローチ』（勁草書房，2016年），「製糸工場の盛衰にみる産業考古学からのアプローチ」（高崎経済大学地域科学研究所編『富岡製糸場と群馬の蚕糸業』日本経済評論社，2016年）．

### 佐滝剛弘（さたき　よしひろ）

高崎経済大学地域科学研究所特命教授，イコモス日本委員会委員．専門分野は世界遺産，産業遺産，観光政策．1960年愛知県生まれ．主な著作に『日本のシルクロード—富岡製糸場と絹産業遺産群—』（中公新書ラクレ，2007年），『世界遺産の真実』（祥伝社新書，2009年），『登録有形文化財—保存と活用からみえる新たな地域のすがた—』（勁草書房，2017年）．

### 石井寛治（いしい　かんじ）

東京大学名誉教授．専攻は日本経済史．1938年東京都生まれ．主な著作に『日本蚕糸業史分析』（東京大学出版会，1972年），『近代日本とイギリス資本』（東京大学出版会，1984年），『資本主義日本の歴史構造』（東京大学出版会，2015年）．

# 日本蚕糸業の衰退と文化伝承

2018年3月30日　第1刷発行

定価（本体3500円＋税）

編　者　高崎経済大学地域科学研究所

発行者　柿　﨑　均

発行所　株式会社日本経済評論社

〒101-0062 東京都千代田区神田駿河台1-7-7
電話 03-5577-7286　FAX 03-5577-2803
E-mail : info8188@nikkeihyo.co.jp
振替 00130-3-157198

装丁＊渡辺美知子　印刷・製本／シナノ出版印刷

落丁本・乱丁本はお取替えいたします　Printed in Japan

ISBN978-4-8188-2496-6

## 高崎経済大学地域科学研究所叢書

- 地方製造業の展開―高崎ものづくり再発見―　本体 3500 円
- 富岡製糸場と群馬の蚕糸業　本体 4500 円
- 自由貿易下における農業・農村の再生　本体 3200 円

## 高崎経済大学産業研究所叢書

- デフレーションの経済と歴史　本体 3500 円
- デフレーション現象への多角的接近　本体 3200 円
- 高大連携と能力形成　本体 3500 円
- 新高崎市の諸相と地域的課題　本体 3500 円
- 地方公立大学の未来　本体 3500 円
- 群馬・産業遺産の諸相　本体 3800 円
- サスティナブル社会とアメニティ　本体 3500 円
- 新地場産業と産業環境の現在　本体 3500 円
- 事業創造論の構築　本体 3400 円
- 循環共生社会と地域づくり　本体 3400 円
- 近代群馬の民衆思想―経世済民の系譜―　本体 3200 円

日本経済評論社